DIE ENERGIE DES LEBENS

DIE ENERGIE DES LEBENS

STEFAN BRÖER

Copyright © 2023 by Stefan Bröer.

Library of Congress Control Number: 2023914605
ISBN: Hardcover 979-8-3694-9288-8
Softcover 979-8-3694-9287-1
eBook 979-8-3694-9286-4

All rights reserved. No part of this book may be reproduced or transmitted in any form or by any means, electronic or mechanical, including photocopying, recording, or by any information storage and retrieval system, without permission in writing from the copyright owner.

Any people depicted in stock imagery provided by Getty Images are models, and such images are being used for illustrative purposes only.
Certain stock imagery © Getty Images.

Print information available on the last page.

Rev. date: 10/09/2023

To order additional copies of this book, contact:
Xlibris
AU TFN: 1 800 844 927 (Toll Free inside Australia)
AU Local: (02) 8310 8187 (+61 2 8310 8187 from outside Australia)
www.Xlibris.com.au
Orders@Xlibris.com.au
844114

Inhaltsverzeichnis

1. Die Energie des Lebens 1
2. Ein verpasster Nobelpreis 11
3. Rund um den Arc de Triomphe 46
4. Die Streifengans 84
5. ATP trifft Frankenstein 99
6. Überwinternde Bären 137
7. Mythbusters und Blockbuster 152
8. Hermes überbringt die Botschaft 172
9. Marjorie bereitet den Weg 189
10. Der hydrophobe Staubsauger 203
11. Der Dämon unter dem Mikroskop 213
12. Epilog 236

Referenzen 239

1

Die Energie des Lebens

"Solange man lebt, gibt es Hoffnung. Ich sage... so lange das Herz eines Menschen schlägt, solange das Fleisch eines Menschen zittert, erlaube ich nicht, dass ein Wesen, das mit Verstand und Willen begabt ist, sich selbst aufgibt." —
Jules Verne, Reise zum Mittelpunkt der Erde

Wenn wir das Wort "Energie" verwenden, verwenden wir es in zwei verschiedenen Zusammenhängen. Das eine ist ein psychologischer Zustand, das andere ist Energie als Arbeit und Bewegung. Wir sagen oft: "Ich fühle mich heute energetisiert" oder: "Wir fühlen uns "deprimiert und ohne Motivation". Dies hat wenig damit zu tun, wie unser Körper Energie erzeugt, um Arbeit zu verrichten oder das Gehirn mit Energie zu versorgen. Unser Körper ist immer bereit, mehr Energie zu erzeugen, selbst wenn wir uns deprimiert fühlen. Der größte Teil dieses Buches befasst sich mit der Energie, um Arbeit und Bewegung auszuführen, aber auch mit der Energie, die erforderlich ist, um zu denken, Emotionen zu erzeugen und Organe arbeiten zu lassen. Für all dies verwendet unser Körper nur ein Molekül. Trotz seiner Bedeutung ist dieses Molekül in der breiten Bevölkerung nicht bekannt, aber dieses Buch wird es in den Mittelpunkt stellen.

Unser Molekül heißt ATP oder mit seinem vollen Namen <u>A</u>denosin-<u>T</u>ri-<u>P</u>hosphat (oder Adenosin mit drei Phosphaten, vereinfacht dargestellt in Abbildung 1), das für jeden Biochemiker die Energie des Lebens ist. Der Leser muss keine Angst vor der Chemie haben. Dieses Buch möchte alle Konzepte auf einem Niveau erklären, das für jeden wissenschaftsinteressierten Leser geeignet ist. Ich werde im gesamten Buch keine chemischen Formeln zeigen, aber für ATP mache ich eine Ausnahme, weil es keine andere Möglichkeit gibt, das Molekül richtig vorzustellen.

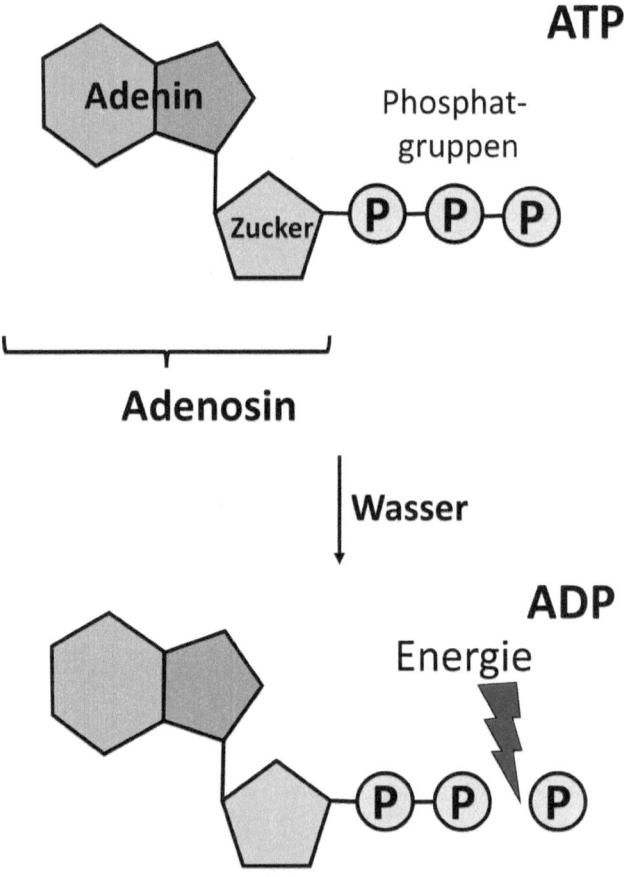

Abb.1: Vereinfachte Darstellung von ATP. Phosphat wird als Kreis mit einem P dargestellt, Adenosin besteht aus einem Zucker plus Adenin. Die Abspaltung eines Phosphats mit Hilfe von Wasser setzt Energie frei.

Adenosin besteht aus einem Molekül namens Adenin, das mit einem Zucker verbunden ist. Wir brauchen seine genaue Struktur nicht, aber der Adenin-Zucker-Teil dient gewissermaßen als Schlüssel, so dass ATP weiß, in welches Schloss es passt. Der geschäftsführende Teil des Moleküls sind die drei Phosphatgruppen, die die Energie liefern. Wenn es mit Phosphaten versehen ist, wird das Ganze als Nukleotid bezeichnet. In Abbildung 1 sind die Phosphate als P dargestellt (Falls der Leser sich fragt: Phosphat ist ein Phosphoratom, das an vier Sauerstoffatome gebunden ist). Phosphat ist sehr stabil und leicht wasserlöslich. Coca-Cola zum Beispiel enthält etwa 0,5 g Phosphat pro Liter. Die Sauerstoffatome können aber auch eine Verbindung zwischen den Phosphatmolekülen herstellen, und so sind die drei Ps in ATP verbunden. Wasser kann verwendet werden, um diese Bindung aufzulösen, und wenn dies geschieht, wird Energie freigesetzt. Es ist ziemlich einfach diese Bindung zu lösen: wenn das Wasser sauer gemacht wird, wird es spontan passieren. Das ist wichtig, weil es zeigt, dass die Energie aus dieser Bindung relativ einfach freigesetzt werden kann. Mit anderen Worten: die Produkte sind stabiler als das ATP. Das solchermaßen verkürzte Molekül wird ADP genannt (Adenosin-Diphosphat).

Die meisten Leute kennen ATP als die *Association of Tennis Players* – das führt mich zu einem Beispiel, um die Rolle von ATP zu veranschaulichen. Eine Tennisspielerin verbraucht in einem Match etwa 23 kg ATP pro Stunde. Das ist erstaunlich, denn die Spielerin verliert nicht 23 kg Körpergewicht, aber verbraucht die gesamte Energie, die durch die Freisetzung von 4,4 kg Phosphatgruppen bereitgestellt wird. Tatsächlich wird sie nur 60 g Körpergewicht pro Stunde in Form von Kohlenhydraten und Fett verlieren. Nach dem Match wird die Waage sagen, dass sie mehr Gewicht verloren hat, aber das ist nur Wasser in Gestalt von Schweiß. Dies erklärt, warum es so enttäuschend ist, nur mit Bewegung Gewicht zu verlieren. Der Unterschied zwischen der Verwendung von 23 kg ATP und dem Verlust von 60 g gespeicherter Nährstoffe deutet darauf hin, dass ATP ständig in ADP und Phosphat gespalten und schnell wieder miteinander verschmolzen wird, um ATP während des Tennisspiels zu erneuern. Etwas wirbelt in ihrem Körper herum und hält ein hohes Energieniveau für ein Spiel aufrecht, das drei Stunden dauern kann. Wie ist das möglich? Wir werden die Reaktionen die ADP wieder zu ATP machen in den nächsten Kapiteln kennenlernen.

Eigentlich ist unser Körper nicht besonders teuer zu betreiben. Wir verbrauchen nur so viel wie eine 100-Watt-Glühbirne, aber ich denke, wir bekommen ein besseres Preis-Leistungs-Verhältnis aus unserem Körper als eine 100-Watt-Glühbirne aus ihrem. Ein Profi-Radfahrer kann weitere 300-400 Watt produzieren, wenn er bergauf fährt und kurzfristig sogar mehr als 1000 Watt produzieren.

Ein effizienter Weg, ATP zu verstehen, besteht darin, es mit Geld zu vergleichen. Ich werde die Wirtschaft in diesem Buch mehrmals als Analogie verwenden, weil unser Körper ein guter Buchhalter für Energieverbrauch und -aufnahme ist. Wir können ATP als Bargeld betrachten, mit dem wir Strom oder Benzin kaufen. Dies versorgt uns mit Energie, die wir für viele Dinge verwenden können, z. B. zum Heizen unseres Hauses (Erhalten der Körpertemperatur), Herumfahren (Laufen), Betreiben eines Computers (Denkleistung des Gehirns) und so weiter. Ein Molekül ATP ist eine kleine Menge Bargeld wie etwa ein Euro. In der Wirtschaft steigen und fallen Währungen im Kurs, so auch ATP. Unser Körper versucht, den Kurs bei 1 Euro zu halten, aber während anstrengender Übungen kann sein Wert schon mal auf 90 oder 80 Cent in der Muskulatur sinken. Dies löst sofort Notfallmaßnahmen aus, um es wieder auf 1 Euro zu bringen. Wenn wir einen Vorrat an ATP und ADP haben, möchten wir 10 Moleküle ATP für jedes Molekül ADP haben. In diesem Fall ist unser ATP 1 Dollar wert. Wenn dies Verhältnis auf 8 Moleküle ATP und 3 Moleküle ADP reduziert wird, geht unsere Körperenergie bereits zur Neige. Muskeln sind einigermaßen tolerant gegenüber Abwertung - Wir werden nur müde und hören auf zu laufen. Anders unser Gehirn oder unser Herz. Ein Herzinfarkt ist so gefährlich, weil ATP sehr plötzlich abgewertet wird und dann das Herz aufhört zu schlagen. Wenn das im Gehirn passiert, spricht man von einem Schlaganfall und unsere Neuronen hören auf zu arbeiten und sterben. Wir werden später viel detaillierter darauf zurückkommen, aber es veranschaulicht schön die Bedeutung von ATP. Wie im wirklichen Leben: wenn wir Geld ausgeben, müssen wir unseren Geldbeutel regelmäßig auffüllen, indem wir einen Job haben, der uns ein Gehalt verschafft. Im Falle von ATP heißt der "Ernährung" und wandelt ADP wieder in ATP um. Kurz gesagt, wir müssen essen, um ATP auf einem Wert von 1 Euro zu halten.

Ich habe ATP mit einem Euro verglichen, in Wirklichkeit aber ist es viel zu klein, als dass ein solcher Vergleich realistisch wäre. Wir können ein paar hundert Euro an einem Tag ausgeben, aber 23 kg verbrauchtes ATP im Tennisspiel entsprechen $2,7 \times 10^{25}$ Molekülen. Um uns eine Vorstellung von der Größenordnung dieser Zahl zu geben, stellen wir uns vor, dass ein Molekül ATP im Vergleich zu den 23 kg wie ein Schuss Whisky im Vergleich zum Gesamtvolumen aller Ozeane auf der Erde ist. ATP ist in der Tat eine sehr kleine Münze und wir brauchen viel davon, weil Bewegung eben viel Energie erfordert.

Welche Art von Energie wird freigesetzt, wenn sich ATP in ADP und Phosphat aufspaltet? Es ist Schwingungsenergie [1]. Wo immer ATP dran hängt, wird es rasseln und schütteln, wenn das Phosphat abgespalten wird. Rasseln und Schütteln eines Moleküls ist dasselbe wie Erhitzen. Wenn Wasser kocht, blubbert es, weil die Wassermoleküle so sehr rasseln und schütteln, dass sie zu einem Gas werden, anstatt flüssig zu bleiben. Die Spaltung von ATP ist wie eine lokale Heizung, die das Molekül auf 3900°C bringt [1]. Es ist schwer, dies in größeren Dimensionen anschaulich zu machen, weil dann alles nur verbrannt wäre. Denn das Wasser würde verdunsten und die organischen Moleküle wären verkohlt. Kaum glaubhaft aber wir verbrauchen mehr Energy pro Sekunde als ein äquivalentes Stück der Sonne abstrahlt [2]. In den von mir hier beschriebenen lokalen Mikrodimensionen hingegen gibt das Rasseln Kraft, etwas zu tun.

Wichtig ist dabei auch, dass das Rasseln nicht auf Wassermoleküle in der Umgebung übertragen wird, da dadurch nur das Wasser aufgeheizt würde. Bis zu einem gewissen Grad ist dies aber doch unvermeidlich und der Grund, warum wir uns aufwärmen, wenn wir trainieren. Doch wird ein guter Teil der Energie verwendet, um etwas Nützliches zu tun. Um ATP herzustellen, muss das Umgekehrte passieren. Wir müssen ganz lokal Energie bereitstellen, um ADP und Phosphate zu ATP zu fusionieren.

Wie wir im Weiteren sehen werden, wird die Vibrationsenergie, die beim Spalten von ATP freigesetzt wird, benutzt, um nützliche Dinge zu machen wie Muskeln anzuspannen, Ionen zu pumpen, chemische Reaktionen zu ermöglichen und Proteine an und abzuschalten.

Die Beziehung zwischen Arbeit, Wärme und Energie wurde während der industriellen Revolution erkannt [3]. Besonders wichtig war die Beobachtung das man verschiedene Formen von Energie ineinander umwandeln kann. Die Dampfmaschine, zum Beispiel, wandelte Wärme in mechanische Energie um. Sadi Carnot (1796-1832) stellte fest, dass Wärme, die von heiß nach kalt fließt, mechanische Energie erzeugen kann. James Joule (1818-1889) demonstrierte dann, dass elektrische Ströme, die durch Wasser fließen, dieses erwärmen. Diese Experimente zeigten, dass verschiedene Energieformen ineinander umgewandelt werden können, aber auch dass die Energie nie verschwindet. Diese und verwandte Beobachtungen begründeten einen neuen Zweig der Physik namens Thermodynamik, der durch James Joule, Julius von Mayer (1814-1878), Lord Kelvin (1824-1907), Hermann von Helmholtz (1821-1894) und Rudolf Clausius (1822-1888) begründet wurde. Julius von Mayer leitete seine Ideen zur Umwandlung von Energie aus biologischen Beobachtungen ab. Als Arzt in der Karibik entdeckte er, dass venöses Blut dort viel heller gefärbt war als in kälteren Klimazonen [3]. Das bedeutet das in den Tropen weniger Sauerstoff aus dem Blut entzogen wird, um dieselbe Energie bereitzustellen. Dadurch erkannte er einen Zusammenhang zwischen Atmung und Wärmeproduktion beim Menschen und der

Umgebungstemperatur: Höhere Umgebungstemperatur reduziert die Wärmeentwicklung, die benötigt wird, um die Körpertemperatur aufrechtzuerhalten und Arbeit zu verrichten. Das heißt Wärme und Arbeit sind nur unterschiedliche Formen von Energie. Julius von Mayer bekam zu Lebzeiten nie die Anerkennung für seine Ideen, weil er sie nur als Konzepte formulierte. Hermann von Helmholtz analysierte anschließend die Umwandlung quantitativ und entwickelte 1847 die thermodynamische Theorie dazu.

Obwohl verschiedene Arten von Energie ineinander umgewandelt werden können, fließt Wärme nur von heiß nach kalt, aber niemals in die entgegengesetzte Richtung. Dies ist der berühmte zweite Hauptsatz der Thermodynamik. Um auf unser Beispiel des ATP-Rüttelns beim Abspalten von Phosphat zurückkommen, so macht es intuitiv Sinn, dass das Rütteln leicht auf benachbarte Wassermoleküle übertragen werden kann, die dann auch etwas mehr Rütteln. Das Rütteln (Hitze) wird auf viel mehr Wassermoleküle verteilt und verdünnt und verteilt sich daher sehr schnell. Demzufolge erhitzt das Brechen des ATP-Moleküls das umgebende Wasser ein klein wenig. Das Gegenteil entspricht nicht unserer intuitiven Erfahrung. Dafür müsste nämlich das zufällige Rütteln von Wassermolekülen gleichzeitig und am selben Punkt zusammenkommen, um ein Phosphat mit ausreichender Kraft in ADP hineinzuhämmern, um ATP herzustellen. Dies ist sehr unwahrscheinlich und erklärt den zweiten Hauptsatz der Thermodynamik. Dieser besagt, dass Wärmeenergie sehr schnell verteilt wird. Es ist statistisch unmöglich, dass eine ausgewählte Gruppe von Wassermolekülen von vielen anderen Wassermolekülen gleichzeitig angestoßen wird, so dass die Moleküle sich in einem lokalen Bereich erwärmen (mehr rütteln), während die benachbarten Bereiche sich abkühlen und weniger rütteln. Deswegen besagt der zweite Hauptsatz der Thermodynamik, dass Wärmegradienten im Universum schließlich alle verschwinden werden. Dann ist keine umwandelbare Energie mehr übrig. Der einzige Weg, den zweiten Hauptsatz kurzfristig zu umgehen (man kann ihn nicht vermeiden), ist die Benutzung von Informationen, eine Methode, die uns dem Geheimnis des Lebens näherbringt. Wir werden im letzten Kapitel auf das Geheimnis des Lebens zurückkommen. Im Moment können wir sagen, dass ATP mehr erzeugen kann als nur körperliche Kraft.

Als Biochemiker bin ich so mutig zu sagen, dass ATP eine Grundbedingung und Anfang dessen ist, was wir Leben nennen, zumindest auf unserem Planeten. Auf einem anderen Planeten möchte es eine andere Währung geben, auf dieser Erde aber gibt es kein Leben ohne ATP. ATP muss sehr alt sein. Wir denken vielleicht nicht darüber nach, aber wir verwenden ein leicht modifiziertes ATP, um DNA herzustellen, nämlich ein Desoxy-ATP[a], um Desoxyribonukleinsäure herzustellen. Die Sprossen und Holme der berühmten Doppelhelix bestehen aus Nukleotidpaaren (A und T bilden ein Paar und G und C bilden ein Paar). A steht für Adenosin, oder Adenin, wenn wir nur auf die Sprossen schauen. Wenn Sie jetzt fragen "Wo sind die Phosphate?", sind Sie auf etwas gestoßen. Wenn Nukleotide, wie Desoxy-ATP, sich zu DNA-Strängen verketten, gehen zwei der drei Phosphate verloren. Ein Phosphat wird zurückgehalten und wird Teil der Holme, die die Zuckerwürfel verbinden. G, C und T haben ebenfalls drei Phosphate und verlieren zwei, während sie verbunden werden. So können lange DNA-Stränge in den Zellen mittels der Energie hergestellt werden, die freigesetzt wird, wenn die beiden Phosphate abfallen. RNA (Ribonukleinsäure) wird auf die gleiche Weise hergestellt, verwendet jedoch unverändertes ATP. RNA ist inzwischen so berühmt wie DNA, weil die ersten verfügbaren Impfstoffe, um die Ausbreitung von Covid-19 zu verhindern, auf RNA basieren und unsere Zellen anweisen, einen Teil des Virus zu bilden, der die Zapfen auf seiner kugelförmigen Oberfläche bildet. Das Leben neigt dazu, erfolgreiche Teile oder Bausteine, wie Biochemiker sie gerne nennen, wiederzuverwenden. Zum Beispiel wird ADP (ATP, nachdem es ein Phosphat verloren hat) in einer ganzen Reihe von

---

[a] Ein ATP das ein Sauerstoffatom (Oxygen) weniger im Zuckerteil besitzt.

Molekülen im menschlichen Körper gefunden. Wie wir später sehen werden, spielen sie alle eine wesentliche Rolle, um uns den ganzen Tag mit Energie zu versorgen.

ATP kann sogar zur Lichterzeugung eingesetzt werden [4]. Wenn wir im Sommer Glühwürmchen sehen, erleben wir eine Reaktion, die Energie von ATP in Licht umwandelt. Dies wird als Luziferin-Luziferase-Reaktion bezeichnet. Für das Experiment, bei dem es entdeckt wurde, erzeugte man einen wässrigen Extrakt des glühenden Teils des Insekts, indem man buchstäblich Glühwürmchen-Hinterteile zermahlte. Der Extrakt leuchtete aber nur kurz auf. Der Prozess konnte wiederholt werden, indem man zwei Extrakte herstellte, nämlich einen heißen und einen kalten. Wenn man die beiden zusammenfügte, leuchtete die Mischung wieder kurz auf. Dies kann durch die Komponenten der Reaktion erklärt werden. Eine Komponente ist das Enzym Luziferase.[b] Enzyme sind Proteine, wie etwa Eiweiß, und werden beim Erhitzen zerstört. Dies zeigt sich daran, dass klares und flüssiges rohes Eiweiß beim Erhitzen weiß und fest wird. Der Kaltwasserextrakt enthält daher das aktive Enzym, das das vorhandene ATP schnell verbraucht, um kurz Licht zu erzeugen. Wenn ATP aufgebraucht ist, geht das Licht aus. In dem heißen Extrakt dagegen bleibt das ATP erhalten, weil alle Enzyme, die es verwenden könnten, zerstört wurden. Durch die Kombination der beiden Extrakte kann die Reaktion wieder gestartet werden.

Ich skizziere diese Art von Experiment hier im Detail, weil frühe Biochemiker, die wir in den nächsten Kapiteln treffen werden, solche Experimente verwendet haben, um zu verstehen, wie Organismen Energie erzeugen. Sie nannten die Enzyme in den Extrakten "Fermente" und die wärmestabilen Moleküle, die in den Reaktionen verbraucht werden, wie z. B. ATP, "Kofermente" (heutzutage nennen wir sie Koenzyme).

---

[b] Ein Enzym ist ein biologischer Katalysator, der eine bestimmte chemische Reaktion bei Körpertemperatur ablaufen lässt, die sonst sehr, sehr langsam wäre.

Doch wie erzeugt ATP Licht? Licht sind Photonen, die entstehen, wenn Elektronen in einem Molekül von einem höheren auf ein niedrigeres Energieniveau fallen. ATP liefert die Energie, damit das fluoreszierende Molekül Luciferin eine "angeregte" Elektronenkonfiguration annehmen kann. In nachfolgenden Reaktionen wird die Elektronenkonfiguration neu angeordnet, das Energieniveau sinkt, und Licht wird emittiert.

Diese kurze Einführung mag Ihnen einen Vorgeschmack darauf geben, was ATP kann und worum es in diesem Buch geht. Wir werden zuerst in die Geschichte zurückgehen und sehen, wie ATP entdeckt wurde. Dann werden wir verfolgen, was ATP in unserem Körper tut. Auf dem Weg erfahren wir auch etwas über die Wissenschaftler, die an der ATP-Forschung beteiligt waren und wie ihre Forschungstätigkeit durch den Aufstieg des "Dritten Reiches" beeinflusst wurde. Weiterhin werden wir viele Nobelpreisträger des 20. Jahrhunderts treffen.

2

Ein verpasster Nobelpreis

"Die Wissenschaft, mein Junge, besteht aus Fehlern, aber es sind Fehler, die nützlich sind, weil sie nach und nach zur Wahrheit führen."
Jules Verne, eine Reise zum Mittelpunkt der Erde.

Um die Entdeckung von ATP zu würdigen, müssen wir einen größeren Kreis ziehen, um die Entwicklung der Energieprinzipien des Lebens zu verstehen. Wir sagen oft, dass wir einige Kalorien "verbrennen" wollen. Das ist nah an der Wahrheit, aber das Verbrennen von Nahrung in unseren Zellen ist keine Verpuffung, sondern ein langsamer Prozess, der in kleinen Schritten abläuft [5]. Wie wir von unserem Auto wissen - es sei denn, wir haben ein elektrisches -, benötigen Verbrennungsmotoren Sauerstoff, um zu funktionieren. Dies ist die Arbeit des Vergasers. Er erzeugt einen Nebel aus Benzin und Luft, die 20% Sauerstoff enthält. Nach der Entzündung des Gemisches durch einen Funken, verbrennt es zu Kohlendioxid, Wasserdampf und einigen weniger wünschenswerten Dämpfen. Chemisch gesehen ist Benzin ziemlich eng mit Fett verwandt. Die Benzinmoleküle sind etwas kürzer und machen es flüssig, während Fett länger und chemisch modifiziert ist, wodurch das Molekül zu einem Feststoff wird. Wenn wir Lebensmittel verbrennen, fangen wir ihre Energie während eines schrittweisen Abbaus dieser Nährstoffe ein bis zur endgültigen Oxidation mit Sauerstoff, um Wasser und Kohlendioxid zu erzeugen. Die Produktion von ATP ist die Hauptaufgabe dieses Prozesses, wie wir später sehen werden.

Joseph Pristley (1733-1804) war der erste, der Sauerstoff durch Erhitzen von Quecksilberoxid isolierte. Er fand heraus, dass eine Kerze in reinem Sauerstoff heller brannte und eine Maus in diesem Gas länger überlebte als in normaler Luft. Priestley nannte es dephlogistisierte Luft, weil er an einer alten Theorie festhielt, die besagte, dass Phlogiston (griech. "verbrannt") eine Substanz war, die aus brennfähigen Gegenständen freigesetzt wurde.[c] Zu diesem Zeitpunkt besuchte Priestley Antoine Lavoisier in Paris (1743-1794) und erzählte ihm von seinen Experimenten. Lavoisier erkannte sofort die Wichtigkeit und wiederholte die Experimente. Später behauptete er, er habe Sauerstoff unabhängig entdeckt, was zu einem erbitterten Streit mit Priestley führte [3]. In Abbildung 2 ist Antoine Lavoisier mit seiner Frau Marie-Anne abgebildet. Sie spielte in seiner Forschung eine wichtige Rolle als Gesprächspartnerin, Protokollantin und Künstlerin, die unter anderem auch die Versuchsgeräte zeichnete. Lavoisiers Verdienst war, dass er erkannte, dass dieses Gas ein neues Element war, das sich mit Metallen verbinden konnte, um Oxide zu bilden. Wichtiger noch für unser Thema verwenden Tiere und Menschen es, um Nährstoffe zu verbrennen, und um Energie und Wärme zu erzeugen. Obwohl Priestley Sauerstoff zuerst entdeckte, war Lavoisier der erste, der das Prinzip der Oxidation und Verbrennung vollständig erkannte. Er nannte es "eminent atmungsaktive Luft" und später "Sauerstoff". Wenn eine Kerze in ein Glas gestellt wurde, verschwand der Sauerstoff und eine ähnliche Menge an Kohlendioxid oder "verbrauchte Luft" wurde erzeugt [6].

Eine der größten Stärken von Lavoisier war seine sorgfältige Buchhaltung und das Ausbalancieren aller Reaktionen. Er

---

[c] Heute wissen wir, dass Feuer die schnelle Oxidation von Gasen ist, die aus erhitzten Materialien wie Holz freigesetzt werden oder von Materialien mit niedrigem Siedepunkt wie Benzin.

verwendete Präzisionswaagen, maß die Menge des in einer Reaktion erzeugten Gases und maß die Erzeugung von Wärme aus dem Temperaturanstieg eines Wasserbades, in das das Reaktionsgefäß eingetaucht war.

Abb. 2. Porträt von Antoine Lavoisier und seiner Frau Marie-Anne. Gemälde von Jacques-Louis David (Wikimedia Commons). Man beachte, dass Lavoisier seine Frau ansieht, nicht den Beobachter.

Lavoisier etablierte das Gesetz der Massenerhaltung, das besagt, dass bei jeder Reaktion das Gewicht aller Substrate einer Reaktion dem Gewicht aller Produkte entspricht. Das Gesetz erklärt auch, warum unsere Tennisspielerin kein Gewicht verlor, denn 23 kg ATP verbinden sich mit 0.8 kg Wasser um 19.4 kg ADP und 4.4 kg Phosphate zu generieren und das umgekehrte passiert, wenn das ATP wieder regeneriert wird.

Mit diesen experimentellen Techniken zeigte Lavoisier zusammen mit dem Mathematiker Pierre-Simon Laplace (1749-1827) 1782-83, dass ein Meerschweinchen Sauerstoff verbrauchte und Kohlendioxid produzierte. Darüber hinaus war die vom Meerschweinchen erzeugte Wärmemenge proportional zur Menge des produzierten Kohlendioxids. Die Menge der erzeugten Wärme war ähnlich, wenn Holzkohle verbrannt wurde, um eine äquivalente Menge Kohlendioxid zu erzeugen wie im Meerschweinchen-experiment.

Diese Beobachtungen legen den Grundstein für unser Verständnis des tierischen und menschlichen Stoffwechsels [6].

Wir können schreiben:

Lebensmittel (mit Kohlenstoff) + Sauerstoff → Energie + Kohlendioxid

Die Umwandlung von Nährstoffen innerhalb der Zelle wird als ihr Stoffwechsel bezeichnet. Für Lavoisier war Wärme eine Substanz, eine masselose Flüssigkeit, die er als "Kalorie" (von lat. calor=Wärme) bezeichnete[d]. Die Theorie war falsch, aber wir verwenden das Wort noch heute, um den Energiegehalt von Lebensmitteln in Kalorieneinheiten zu quantifizieren.

Lavoisier, der in seinem Hauptberuf Steuereintreiber war, wurde Opfer der Französischen Revolution und wurde wegen seines politischen Engagements enthauptet. Der Mathematiker Joseph-Louis Lagrange (1736-1813) beklagte, dass es nur einen Moment dauerte, um Lavoisiers Kopf abzutrennen, dass es aber hundert Jahre dauern würde, um einen weiteren wie seinen zu produzieren [6].

Während Lavoisier annahm, dass Oxidation (Verbrennung) in der Lunge stattfinde, stellten Georg Liebig (1827-1903), Sohn des berühmteren Justus, den wir gleich treffen werden, und Carlo Matteucci (1811-1868) um 1850 fest, dass Oxidation in Geweben auftrat und dass Sauerstoff zu den Geweben durch das Blut transportiert wird [7]. Dies Konzept wurde weiter von Eduard Pflüger

---

[d] Wie wir bereits gesehen haben, ist Wärme das Ausmaß des Rasselns und Aneinanderstoßens von Molekülen.

(1829-1910) in 1872 ausgearbeitet. Der Chemiker Jean Baptiste Dumas (1800-1884) stellte 1841 fest: "Ein Tier stellt in der Tat einen Verbrennungsapparat dar, aus dem Kohlensäure [Kohlendioxid] kontinuierlich freigesetzt wird und in dem folglich Kohlenstoff kontinuierlich verbrennt" [8].

Lavoisier etablierte das Grundprinzip der Energiegewinnung in Organismen, aber die Chemie hatte gerade erst begonnen, eine reife wissenschaftliche Disziplin zu werden, und hatte noch nicht genügend analytische Fähigkeiten entwickelt, um irgendwelche Komponenten oder Reaktionen zu identifizieren, die in einer Zelle auftreten. Dies änderte sich im 19. Jahrhundert, als Justus von Liebig (1803-1873) 1847 Inosinsäure in Muskelextrakten identifizierte [9]. Inosinsäure ist ein Abbauprodukt von AMP, welches seinerseits ATP ist dem zwei Phosphate verloren gegangen sind (ein Schritt mehr als in Abbildung 1 gezeigt). AMP und Inosinsäure entwickeln sich spontan in Muskelextrakten aus ATP^e. Wie wir sehen werden, verzögerte sich dadurch die Entdeckung von ATP um fast 100 Jahre. Justus von Liebig (Abbildung 3) war ein hervorragender Chemiker und verstand die Ernährung von Tier und Pflanze, aber die Biochemie - die Disziplin, die verstehen sollte, was mit Lebensmitteln in einer Zelle passiert, entwickelte sich aufgrund analytischer Einschränkungen erst im 20. Jahrhundert. Die Entdeckung von Inosinsäure war Teil von Justus von Liebigs Projekt, alle Moleküle zu katalogisieren, aus denen ein Organismus besteht [10]. Er etablierte dabei die drei Haupttypen von Molekülen, aus denen ein Organismus besteht, nämlich Kohlenhydrate, Fett und Proteine.

Etwa zur gleichen Zeit isolierte Theodor Schwann (1810-1882) das erste Enzym aus Magensäften, das er Pepsin nannte. Enzyme sind biologische Katalysatoren, die Reaktionen ermöglichen, welche bei Körpertemperatur sonst nur sehr langsam ablaufen würden.

---

[e] Inosinsäure wird immer noch in der Lebensmittelindustrie verwendet, als ein Geschmacksverstärker. Kein Wunder, dass wir den Geschmack von Muskelfleisch mögen.

Enzyme sind Proteine, die zumeist aus Hunderten von Aminosäuren bestehen, welche eine kompliziert gefaltete Struktur bilden. Indessen sollten diese Erkenntnisse erst im 20. Jahrhundert erreicht werden. Magensäfte können, wie Fermentationsprozesse Lebensmittel abbauen, und infolgedessen wurden Enzyme als Fermente bezeichnet. Justus von Liebig war stark gegen diese Ansichten. Er glaubte, dass die Verdauung ein rein chemischer und nicht auch biologischer Prozess sei. Schwann ging noch weiter und schlug die These vor, dass alle lebenden Organismen aus Zellen bestünden, die die Funktionen jedes Organs ausführten. Die Umwandlung von Nährstoffen innerhalb der Zelle, die als Stoffwechsel bezeichnet wird, zeigt sich zum Beispiel bei der Fermentation von Zucker zu Alkohol und Kohlendioxid durch Hefe. Schwann schrieb [8]: *"Zellen... müssen die Fähigkeit haben, chemische Veränderungen in ihren Bestandteilen zu erzeugen. Außerdem können alle Teile der Zelle selbst während des Prozesses ihrer Vegetation chemisch verändert werden. Die zugrunde liegende Ursache all dieser Phänomene, die unter dem Begriff metabolische Phänomene von Zellen zusammengefasst werden können, werden wir als Stoffwechselkraft bezeichnen"*. Justus von Liebig machte sich über die Zelltheorie lustig und zerstörte jede Karriereperspektive für Schwann in Deutschland. Daraufhin verließ dieser Deutschland und wurde Universitätsdozent in Belgien.

Justus von Liebig war auch ein wissenschaftlicher Konkurrent des französischen Physiologen Claude Bernard (1813-1878) (Abbildung 3). Beide hatten ein intensives Interesse, zu verstehen, wie Lebensmittel im Körper verdaut und gespeichert werden. Claude Bernard erkannte, dass Blutzucker der Hauptenergieträger bei Tieren ist und dass Tiere auch ohne Kohlenhydrate in der Nahrung Blutzucker erzeugen können, um den Spiegel im Blut während des Fastens aufrechtzuerhalten [8]. Er erkannte auch, dass die Muskelkontraktion begleitet ist von Ansäuerung durch die Bildung von Milchsäure (Laktat). Darüber hinaus erkannte Claude Bernard das Prinzip der Homöostase. Homöostase ist definiert als die Tendenz, eine konstante innere Umgebung in Organismen aufrechtzuerhalten [11]. Dies ist der Grund, warum wir Thermometer verwenden können, um herauszufinden, ob wir eine Infektion haben. Homöostase lässt uns auch schneller atmen, wenn wir trainieren, weil wir mehr Kohlendioxid ausatmen müssen, das von unseren Muskeln produziert wird.

Abbildung 3. Frühe Pioniere der chemischen Physiologie. Links: Justus von Liebig, Porträt von Franz Hanfstaengl, rechts: Claude Bernard. (Wikimedia Commons)

Wir können auch zum Arzt gehen und einen Bluttest machen lassen. Dieser kann zeigen, ob wir einen erhöhten Blutzucker und möglicherweise einen Typ-2-Diabetes haben. Als letztes Beispiel haben wir in der Einleitung gesehen, dass ATP eine strenge homöostatische Kontrolle hat, so dass sein Wert in der Nähe von 1 Euro bleibt.

Der entscheidende Schritt in der Entwicklung der Biochemie als Disziplin und in der Aufklärung des Zellstoffwechsels war die Entdeckung von Eduard Buchner (1860-1917) (Abbildung 4), dass ein Hefeextrakt die Fermentation von Zucker zu Alkohol wie eine intakte Zelle durchführen kann [12]. Eduard Buchner gewann den

Zellextrakt durch Mahlen von Hefe mittels Quarzpulver, Mörtel und Stößel. Dann drückte er mit einer Presse den Zellsaft aus dem Gemisch. Dieser Extrakt zersetzte sich jedoch bei der Lagerung schnell. Eduards Bruder Hans schlug vor, den Extrakt durch Zucker zu konservieren, wie bei der Konservierung von Fruchtsaft in Marmelade. Als Eduard Buchner dies versuchte, machte er die bahnbrechende Beobachtung, dass der Extrakt zu sprudeln begann und Kohlendioxid produzierte, wie es intakte Hefe tun würde. Louis Pasteur (1822-1895) sagte: *"Auf den Gebieten der Beobachtung begünstigt der Zufall nur den vorbereiteten Geist"*.

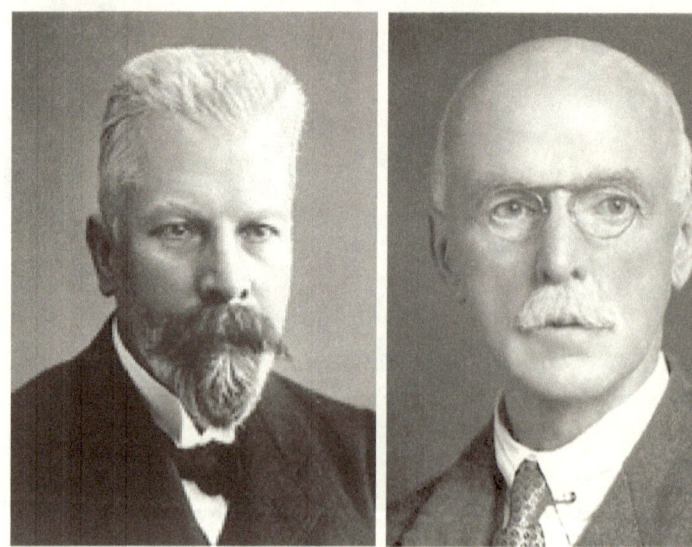

Abbildung 4. Die Anfänge der Biochemie. Links: Eduard Buchner, offizielles Nobelpreisfoto von 1907. Rechts: Arthur Harden, 1927, Nobel Foundation (Wikimedia Commons).

Buchners Schlussfolgerung, dass er einen kompletten Stoffwechselprozess in einem Zellextrakt reaktiviert hatte, kann als Geburtsstunde der Biochemie als Disziplin und als schlagendes Beispiel für Pasteurs Satz angesehen werden. Der Zucker wurde in Alkohol und Kohlendioxid umgewandelt. Diese Beobachtung veröffentlichte er 1897 unter dem Titel "Alkoholische Gärung ohne Hefezellen" [13]. Von nun an konnten Zellextrakten reine

Chemikalien zugesetzt und ihre Wirkung auf den beobachteten Stoffwechselprozess untersucht werden.

Die Disziplin der Biochemie oder physiologischen Chemie hatte etwas früher mit der Berufung von Carl Gotthelf Lehmann als außerordentlichem Professor für Physiologische Chemie an der Universität Leipzig im Jahr 1843 begonnen. Lehmann verfasste in diesem Jahr auch das erste Lehrbuch dieser Disziplin [8]. Vor Buchner beschäftigte sich die physiologische Chemie weitgehend mit der Katalogisierung der Chemikalien lebender Organismen. Eduard Buchner erhielt 1907 den Nobelpreis für seine Entdeckung, nicht nur, weil sie eine neue Disziplin eröffnete, sondern auch, weil sie die Vorstellung begrub, dass lebende Organismen Kräfte oder Prinzipien hätten, die sich von denen unterscheiden, die von chemischen oder physikalischen Gesetzen abgeleitet sind. Befürworter dieser Ansicht, Vitalisten genannt, dachten, dass Zellen eine komplexe Matrix namens Protoplasma enthielten, die die Funktionen des Lebens ausführe. Justus von Liebig war einer der einflussreichsten Vitalisten seiner Zeit, aber Buchners Experimente waren eine vollständige Rechtfertigung für Schwanns Zelltheorie.

Das Protoplasma blieb noch einige Jahre ein beliebtes Konzept, bis voll anerkannt wurde, dass Prozesse wie die Fermentation durch eine Reihe von Enzymen bewerkstelligt werden, die einzelne chemische Reaktionen beschleunigen. Buchner schrieb 1897: "Das Agenz welches die fermentierende Reaktion des Presssaftes ausführt muss als eine gelöste Substanz angesehen werden, ohne Zweifel ein Protein; das Zymase genannt werden sollte [später Enzym]". Franz Hofmeister (1850-1922) unterstützte diese Sicht und schrieb 1901 "jede chemische Reaktion einer Zelle ist mit einem Ferment [Enzym] verbunden" [8]. Wie bereits erwähnt, konnten dem Hefeextrakt reine Chemikalien zugesetzt und ihre Wirkung auf den Fermentationsprozess untersucht werden. Arthur Harden (1865-1940) (Abbildung 4) und William Young verwendeten diese Methode 1906 und fügten Phosphat dem Hefeextrakt hinzu, nur um zu beobachten, dass die Produktion von Kohlendioxid zunahm [14]. Darüber hinaus war die Menge an Kohlendioxid proportional zur Menge des zugesetzten Phosphats. Dies war noch kein Beweis oder eine Entdeckung von ATP, aber es war der erste Hinweis dafür, dass Phosphat ein wichtiges anorganisches Molekül ist, das eine komplizierte Rolle bei der Umwandlung von Lebensmitteln – die nur Kohlenstoff, Wasserstoff, Sauerstoff und Stickstoff enthalten - in Energie und Kohlendioxid spielt. Entsprechend entdeckte Harden auch Zucker-Phosphat-Verbindungen in den Extrakten, behielt aber immer die Ansicht bei, dass diese Verbindungen eine Nebenreaktion beim Abbau von Zucker zu Kohlendioxid und Alkohol waren [15]. Seine letztgenannte Behauptung wurde widerlegt, aber er erhielt 1929 den Nobelpreis für seine Entdeckungen. Seine Ansicht ist nachvollziehbar, weil weder die Ausgangsverbindung Glukose noch die Endprodukte der Hefefermentation, Ethanol und Kohlendioxid, Phosphat enthalten. Darüber hinaus kann in einem chemischen Labor Glukose ohne Beteiligung von Phosphat zersetzt werden.

Arthur Harden absolvierte eine Ausbildung in Chemie und verbrachte einige Zeit im Labor von Emil Fischer (1852-1919, Nobelpreis 1902) in Erlangen, bevor er nach Manchester zurückkehrte. Emil Fischer war der berühmteste organische Chemiker seiner Zeit, der eine fortlaufende Tradition durch die Ausbildung von jungen Wissenschaftlern gründete. Arthur Harden wurde 1897 Leiter der Abteilung für Biochemie am Lister Institute in London und war Gründungsmitglied der British Biochemical Society [16].

Um 1909 hatten Phoebus A. Levene (1869-1940) und Walter A. Jacobs (1883-1967) herausgefunden, dass die Inosinsäure, die Liebig in Muskelextrakten entdeckt hatte, drei verschiedene Teilmoleküle enthielt, nämlich einen Zucker, Phosphat und ein Molekül das so ähnlich wie Adenosin war, in diesem Fall Inosin.

Zur gleichen Zeit konzentrierten sich medizinisch ausgebildete Biochemiker auf Muskelgewebe, um zu verstehen, wie Energie für die Muskelkontraktion erzeugt wird. Die ersten 40 Jahre des 20. Jahrhunderts waren ein goldenes Zeitalter der deutschen Biochemie [17]. Otto Meyerhof (1884-1951), Gustav Embden (1874-1933), Otto Warburg (1883-1970) und Carl Neuberg (1877-1956) waren Schlüsselfiguren in der Aufklärung des Zellstoffwechsels und der Energetik. Die Exzellenz der deutschen Biochemie endete mit dem Aufstieg der Nazis und musste nach dem 2. Weltkrieg neu aufgebaut werden. Wir werden viele Beispiele dafür sehen, wie sich die Biochemie als Disziplin aufgrund eines Regimes, das rassistische Erwägungen über die Wissenschaft stellte, von Deutschland nach Großbritannien und in die Vereinigten Staaten verlagerte.

Otto Warburg, der maßgeblich an der Aufklärung der Prozesse der Zellatmung beteiligt war, hatte einen Vater jüdischer Herkunft und war stolz darauf, Deutscher zu sein. Im Ersten Weltkrieg diente er in der preußischen Reitergarde und interessierte sich zeitlebens für den Pferdesport. Wie Arthur Harden wurde er bei Emil Fischer (1852-1919) ausgebildet und bei Ludolf von Krehl (1861-1937) promoviert. Er verlor während des dritten Reiches seinen Lehrauftrag, durfte aber wegen seines Ansehens in seinem Forschungsgebiet, seine Forschungen in Deutschland fortsetzen [18].

Otto Meyerhof wurde 1884 als Sohn jüdischer Eltern in Hannover geboren und starb 1951 in Philadelphia [19]. Aus seiner Ausbildung war nicht sofort klar, dass er einer der führenden Biochemiker des 20. Jahrhunderts werden würde. Stattdessen absolvierte er eine Ausbildung in Psychologie und Philosophie. Meyerhof war Mitglied der neufriesischen Philosophieschule, die von seinem Freund Leonard Nelson (1882-1927) gegründet wurde. Die Schule förderte die kritische Philosophie, die später zu einem starken Einfluss in der Mathematik wurde. Meyerhof war viele Jahre lang Redakteur einer Philosophiezeitschrift der neufriesischen Schule. Während seines Studiums in Heidelberg lernte er seine Frau kennen. Nach dem Abitur trat er in das Labor von Ludolf von Krehl (1861-1937) in Heidelberg ein, der die physiologischen Grundlagen der klinischen

Medizin förderte. In Krehls Labor wurde er mit Otto Warburg bekannt, der seine Herangehensweise an die Wissenschaft prägte. Beide Wissenschaftler arbeiteten wiederholt am Marinezoologischem Labor in Neapel zusammen und untersuchten den Stoffwechsel von Seeigel-Eiern. Otto Warburg lenkte Meyerhofs Interesse auf die Energieerzeugung in Zellen. Meyerhof zog von Heidelberg nach Kiel, wo er seine bahnbrechenden Entdeckungen zur Energiegewinnung in Muskeln machte, auf die wir gleich eingehen werden. Otto Meyerhof war noch wissenschaftlicher Mitarbeiter in Kiel, als er 1922 seinen Nobelpreis erhielt. Überraschenderweise wurde der Lehrstuhl für Physiologische Chemie in Kiel an eine andere Person vergeben. Meyerhof erhielt jedoch 1924 eine Stelle am Kaiser-Wilhelm-Institut in Berlin-Dahlem, wo er Otto Warburg wiedertraf. 1929 wechselte Meyerhof an das neu gegründete Kaiser-Wilhelm-Institut für medizinische Forschung in Heidelberg. Das Institut wurde auf Initiative von Ludolf von Krehl gegründet. Hier initiierte Meyerhof die Forschung, die zur Entdeckung von ATP führen sollte. Meyerhofs Labor war international bekannt, und viele der Wissenschaftler, die mit Meyerhof zusammenarbeiteten, wurden zu führenden Persönlichkeiten auf ihrem Gebiet, wie Fritz Lipmann (1899-1986, Nobelpreis 1953, den wir später treffen werden), David Nachmansohn (1899-1983, der entdeckte, wie Muskelkontraktion beendet wird), Hermann Blaschko (1900-1993, der entdeckte, wie Neurotransmitter synthetisiert werden), Severo Ochoa (1905-1993, Nobelpreis 1959 für die Synthese von RNA und DNA), Georg Wald (1906-1997, Nobelpreis 1967 für seine Forschung über Pigmente im Auge) und Andre Lwoff (1902-1994, Nobelpreis 1965 für die Regulation der Proteinsynthese) [20]. Als Jude erhielt Meyerhof am 16. November 1935 ein Schreiben des badischen Kultusministers, in dem es hieß: "Als Antwort auf Ihr Schreiben vom 15. November möchte ich Ihnen mitteilen, dass die Frage der Aufrechterhaltung Ihrer Honorarprofessur nun im Lichte der gestrigen Durchführungsverordnung verneint worden ist." [21] Meyerhofs Situation verschlechterte sich rasch durch den Entzug seiner Lehrbefugnis, der ihn 1938 zwang, Deutschland in

Richtung Paris zu verlassen, wo er begeistert aufgenommen wurde. 1940, als Frankreich von Deutschland überfallen wurde, musste er weiterziehen in die Vereinigten Staaten, wo er an der University of Philadelphia ein festes Zuhause fand. Seit seiner Promotion wurde er von seiner Frau Hedwig begleitet, die ihn mehrere Jahre überlebte.

Carl Neuberg, der oft als Vater der modernen Biochemie gilt, war ebenfalls Jude. Er gründete die *Biochemische Zeitschrift*, die Anfang des 20. Jahrhunderts viele der wegweisenden Studien auf diesem Gebiet veröffentlichte. Wie Meyerhof wurde er 1934 aus seiner Position verdrängt und musste seine Position als Herausgeber der *Biochemischen Zeitschrift* aufgeben. Kurz vor Ausbruch des Zweiten Weltkriegs zog er zunächst nach Amsterdam und 1940 in die Vereinigten Staaten und schloss sich seinen Töchtern an, die sich dort bereits niedergelassen hatten.

Gustav Embden wurde 1874 in eine angesehene Familie geboren [22]. Er studierte Medizin in Freiburg und wurde in Straßburg bei Franz Hofmeister (1850-1922) in die Biochemie eingeführt. 1904 zog Embden nach Frankfurt und baute am städtischen Krankenhaus ein hochmodernes Labor auf. 1914 wurde er Professor für "vegetative Physiologie", die Disziplin, die sich mit den chemischen Funktionen des tierischen Körpers befasst. 1912 wechselte seine Gruppe von der Arbeit am Leberstoffwechsel zum Muskelstoffwechsel. Im Gegensatz zu William Harden entwickelte Embden die Idee, dass phosphorylierte Zuckermetabolite ein integraler Bestandteil des Zuckerstoffwechsels sind. Embden schlug auch vor, dass die Milchsäurebildung nicht direkt mit der Muskelkontraktion verbunden war. Embden wurde als romantischer Entdecker charakterisiert, der kühne Ideen formulierte, von denen viele durch experimentelle Beweise überarbeitet werden mussten und die zu Kontroversen führten. Gleichzeitig stimulierten diese Ideen neue Forschungen, und seine endgültige Formulierung des Abbaus von Zucker in Muskelzellen hat sich gehalten. Gustav Embden starb 1933. Jakub Parnas schrieb in seinem Nachruf [22]: *"Er starb zu früh und zu einer unglücklichen Zeit in der Geschichte der*

Wissenschaft in Deutschland; er selbst musste sich jedoch nicht den Nöten und Schwierigkeiten unterwerfen, die viele seiner Kollegen erfuhren". Das Letztere war nicht ganz wahr, da Gustav Embden von Nazi Studenten gedemütigt wurde und danach in ein Nervensanatorium eingeliefert werden musste, wo er mit 59 Jahren starb.

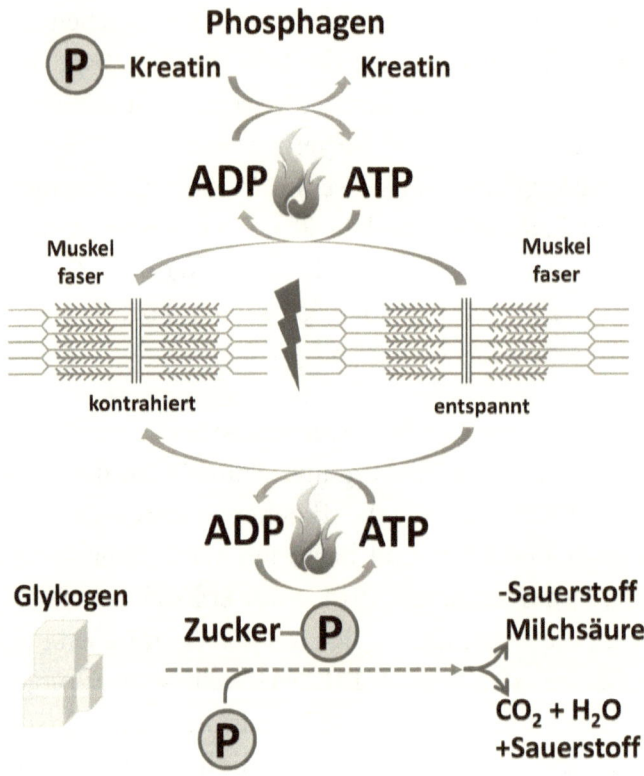

Abbildung 5: Energiegewinnung im Muskel. Zuckerwürfel unter der Aufschrift Glykogen symbolisieren die gespeicherte Glukose im Muskel. Phosphatmoleküle werden als Kreis mit einem "P" dargestellt. Feuersymbole zeigen die Erzeugung von Wärme an. Der Blitz symbolisiert den elektrischen Auslöser für die Muskelkontraktion.

Um einige wichtige Entwicklungen in der Muskelbiochemie zu Beginn des 20. Jahrhunderts zu erläutern, habe ich in Abbildung 5 einen Überblick über die Energieerzeugung im Muskel gezeichnet.

In der Mitte haben wir Muskelfasern, die rechts entspannt und links kontrahiert sind. Um sich zusammenzuziehen, gleiten Muskelfilamente aneinander vorbei, um die Länge der Faseranordnung zu reduzieren. Diese Bewegung erfolgt nach elektrischer Stimulation durch Nerven, die das Muskelgewebe berühren, symbolisiert durch einen Blitz. Die elektrische Stimulation selbst verursacht nicht die Kontraktion; es löst sie nur aus. Wer einmal einen elektrischen Weidezaun berührt hat, hat diesen mächtigen Auslöser erlebt. Die Gleitbewegung der Filamente erfordert ATP. ATP liefert die Energie, indem es eines seiner Phosphate freisetzt und ADP erzeugt wird. Dabei entsteht Wärme, symbolisiert als Flammen im Bild, und mechanische Kraft. Viele ATP-Moleküle tun dies gleichzeitig entlang der Filamente, was dazu führt, dass kleine Arme die Filamente entlangschieben. Diese ATP-Aktion wurde viel später entdeckt, ein Prozess, den wir genauer besprechen werden, wenn wir uns über ATP und Sport unterhalten. ATP kann durch den Abbau von Zucker erzeugt werden, ein Prozess, der in der unteren Hälfte von Abbildung 5 dargestellt ist, oder durch ein Energiespeichersystem, das als Phosphagen (Phosphatgenerator) bezeichnet wird und in der oberen Hälfte dargestellt ist. Dies kann mit einer kleinen Batterie verglichen werden, die für kurze Zeit Energie liefert, aber für kontinuierliches Training aufgeladen werden muss. Phosphagen ist chemisch als Kreatin-Phosphat bekannt, das sein Phosphat an ADP abgeben kann, um ATP wiederherzustellen. Kreatin kann in Geschäften gekauft werden, die Nahrungsergänzungsmittel für Bodybuilding und Sport verkaufen. Die Hoffnung ist, die Kapazität des Phosphagen-Systems zu erhöhen. Zucker kann aus dem Blut entnommen werden, aber Muskeln haben auch ihren eigenen Zuckerspeicher, der Glykogen genannt wird (Zuckerwürfel in Abbildung 5). Wenn Zucker in Abwesenheit von Sauerstoff abgebaut wird oder wenn Sauerstoff begrenzt ist, wird Milchsäure (Laktat) produziert. In Gegenwart von Sauerstoff werden stattdessen Kohlendioxid und Wasser produziert.

Abbildung 6. Schlüsselfiguren, die an der Aufklärung des Glukosestoffwechsels beteiligt waren: links Otto Fritz Meyerhof, rechts Archibald Vivian Hill (Wikimedia Commons)

Otto Meyerhof und Archibald Hill (Abbildung 6) verwendeten den präparierten Froschmuskel, um die Wärmeentwicklung bei der Muskelkontraktion und ihre Beziehung zur Milchsäureproduktion zu verstehen. Hill wird oft als Gründungsvater der Biophysik angesehen, einer Disziplin, die physikalische Prinzipien auf lebende Materie anwendet und physikalische Instrumente für ihre Experimente einsetzt.

Isolierter Froschmuskel kann elektrisch stimuliert werden, worauf er sich zusammenzieht, und dies kann in Gegenwart und Abwesenheit von Sauerstoff geschehen. 1859 hatte Emil du Bois-Reymond (1818-1896) gezeigt dass ein Froschmuskel der bis zu Erschöpfung zur Kontraktion stimuliert wurde sich stark ansäuert, während ein unstimulierter Muskel neutral blieb [8]. Basierend auf der früheren Entdeckung von Milchsäure im Muskel durch Justus von Liebig, nahm er an, dass die Ansäuerung von einer Anhäufung von Milchsäure erzeugt wurde.

Aufgrund von Experimenten von Walter Morley Fletcher (1873-133) und Frederick Gowland Hopkins (1861-1947, Nobelpreis 1929) im Jahr 1907 [23] war weiterhin bekannt, dass während der Muskelkontraktion Glykogen (ein Polymer von Glukose) verschwand, während Milchsäure produziert wurde, insbesondere in Abwesenheit oder Mangel von Sauerstoff. Wenn Sauerstoff wieder zugeführt wurde, verschwand die Milchsäure. Meyerhof entdeckte, dass diese Reaktion immer die Menge an Sauerstoff verbrauchte, die benötigt wurde, um ein Viertel bis ein Sechstel der Milchsäure abzubauen, während die Zelle den Rest wieder in die Speichersubstanz Glykogen umwandelte. Wir werden darauf zurückkommen, wenn wir über ATP und Sport sprechen.

Was in Abbildung 5 gezeigt wird, hätte für Meyerhof und Hill viele Fragezeichen enthalten. Von den beiden Energiespeichern im Muskel, nämlich Glykogen und Phosphagen, kannten Meyerhof und Hill nur Glykogen als Polymer von Glukosemolekülen, das schnell abgebaut werden kann, um einzelne Zuckermoleküle zur Energiegewinnung bereitzustellen. Glykogen wurde bereits von Claude Bernard entdeckt [24]. Wenn ein Muskel präpariert wird, wird die Blutversorgung durchtrennt, und der Zucker kann nicht aus dem Kreislauf entnommen werden. Der Transport von Sauerstoff ist ebenfalls begrenzt, kann aber vollständig ausgeschlossen werden, indem der Muskel in Stickstoffgas eingeschlossen wird. Dennoch bleibt das Muskelgewebe für einige Zeit erregbar, um Experimente durchzuführen. Meyerhof und Hill analysierten den Abbau von Glykogen während der Muskelstimulation und verglichen ihn mit der Milchsäure- und Energieproduktion. Sie zeigten, dass die Wärmeproduktion der Kontraktion proportional zur Milchsäureproduktion war; doch war der direkte Zusammenhang zwischen Zuckerstoffwechsel und Kontraktion unbekannt. Gustav Embden (Abbildung 7) hatte gleichzeitig herausgefunden, dass sich Phosphat während des Prozesses mit Zuckermolekülen verbindet [25]. Er konnte zwei verschiedene Zucker-Phosphat-Verbindungen isolieren, je nachdem, ob der Stoffwechsel durch Natriumfluorid vergiftet wurde oder nicht. Eines der Zuckerphosphate war das gleiche, das von Harden in Hefe identifiziert wurde, das andere war neu. Beide galten als Zwischenprodukte der Milchsäurebildung und wurden daher als "Lactacidogen" bezeichnet.

Hill und Meyerhof wussten nicht, dass Kreatinphosphat auch Energie für die Muskelkontraktion liefern kann. Noch wichtiger war, dass sie auch nicht wussten, dass ATP benötigt wurde, um Muskelfasern zu kontrahieren und dass das resultierende ADP mittels Kreatinphosphat oder Zuckerstoffwechsel wiederhergestellt werden konnte. Beide zeigten, dass Wärme erzeugt wurde, wenn Muskeln zuckten, und dass unterschiedliche Prozesse die Wärme in Abwesenheit und Gegenwart von Sauerstoff erzeugten.

Obwohl sie das Problem der Energiegewinnung im Muskel nicht ganz lösen konnten, erhielt ihre akribische Arbeit, den energetischen Bedarf der Muskelkontraktion und seine quantitative Beziehung zur Produktion von Milchsäure zu verstehen, den Nobelpreis im Jahr 1923. Rückblickend erscheint der Nobelpreis zwar fast verfrüht, aber doch verdient, da Meyerhofs Labor maßgeblich dazu beigetragen hat, die Abfolge der Reaktionen beim Abbau von Zucker in Muskelzellen in den 1930er Jahren herauszufinden, und Hill leistete wesentliche Beiträge zur Biophysik, wie das Verständnis der Bindung von Sauerstoff an Hämoglobin.

Der komplette Stoffwechselweg des Zuckerabbaus in Zellen wird heute als "Glykolyse" oder Embden-Meyerhof-Parnas-Weg bezeichnet. Embden und Meyerhof haben wir bereits getroffen. Die dritte Person, Jakub Karol Parnas (1884-1949) (Abbildung 7), war ein jüdisch-polnischer Biochemiker, der an der Universität in Lemberg (Lwow) arbeitete.

Abbildung 7. Schlüsselfiguren, die an der Aufklärung des Glukosestoffwechsels beteiligt waren. Links, Jakub Karol Parnas und Gustav Embden (Wikimedia Commons)

Er untersuchte auch den Abbau von Glykogen und identifizierte später die erste Reaktion im Glykolyseweg, bei der ein Transfer von Phosphat aus phosphorylierten Zwischenprodukten der Glykolyse verwendet wird, um ADP in ATP umzuwandeln [26]. Für eine Weile war dies als die Parnas-Reaktion bekannt, erhielt aber später seinen richtigen biochemischen Namen. Jakub Parnas wurde kommunistischer Aktivist und fälschlicherweise der Spionage beschuldigt. Er starb 1949 im berüchtigten Lubjanka-Gefängnis in Moskau.

Phosphagen, die Kurzzeitbatterie, wurde 1927 von Philip (1903-1954) und Grace (1901-1970) Eggleton [27] und unabhängig von Cyrus Hartwell Fiske (1890-1978) und Yellapragada Subbarao (1895-1948) [28] entdeckt. Fiske (Abbildung 8) und Subbarao (Abbildung 9) identifizierten auch das phosphatbildende Muskelsystem chemisch als Kreatinphosphat. Im Gegensatz zu Meyerhof fügten sie ihren Muskelextrakten keine Säure hinzu, wodurch energiereiche phosphathaltige Verbindungen erhalten blieben.

Abbildung 8. Die Entdecker des ATP, Karl Lohmann (links, Brandenburgische Akademie der Wissenschaften) und Cyrus Hartwell Fiske (rechts, academictree.org).

In der Einleitung habe ich kurz erwähnt, dass ATP spontan Phosphate in saurer Lösung verliert und so auch Phosphagen. So können geringfügige experimentelle Änderungen zu neuen Entdeckungen führen. Die Labilität der Phosphatgruppe zeigt, dass Phosphagen einen hohen Energiegehalt aufweist, der zur Muskelkontraktion genutzt werden kann. Um die Entdeckung von Phosphagen durch die Eggletons anzuerkennen, verfasste Archibald Hill 1932 einen Artikel mit dem Titel "Die Revolution in der Muskelphysiologie" [29]. In diesem Artikel gab er auch zu, dass seine eigenen Bemühungen, das Problem der Energieerzeugung in der Muskulatur zu verstehen, nur teilweise erfolgreich waren: *"Ich bin bereit, wie Sie sehen werden, meinen Teil der Schuld für eine unvollkommene Theorie zu tragen"*. Gustav Embden hatte bereits 1926 beobachtet, dass die Milchsäureansammlung nach Muskelstimulation verzögert war [30]. Dies konnte nun dadurch erklärt werden, dass Phosphagen zuerst zur Energetisierung des Muskels verwendet wird, gefolgt vom Zuckerstoffwechsel zu Milchsäure oder Kohlendioxid in Gegenwart von Sauerstoff. Darüber hinaus hatte der dänische Physiologe Einar Lundsgaard (1889-1968) gezeigt, dass sich Muskeln auch dann zusammenziehen können, wenn die Glykolyse durch ein Gift gestoppt wird. Er hatte das Gift in die Beinmuskulatur von Ratten injiziert. Die Ratten konnten noch 5-10 Minuten herumlaufen, bevor sie in einem Zustand ähnlich der Totenstarre zusammenbrachen. Kreatin war seit einiger Zeit dafür bekannt, im Muskel reichlich vorhanden zu sein, aber seine Funktion und seine phosphathaltige Form waren aufgrund seiner Labilität schwer fassbar geblieben. Lundsgaards Experiment legte nahe, dass Phosphagen in Abwesenheit von Milchsäurebildung die Energie für die Muskelkontraktion lieferte. Die labile Natur des zweiten und dritten Phosphats in ATP behinderte die Bemühungen, das vollständige ATP-Molekül zu identifizieren, bis 1929. In jenem Jahr fand Karl Lohmann (1898-1978, Abbildung 8) einen Weg, labile phosphathaltige Verbindungen in Muskelextrakten zu schützen, indem er organische Verbindungen mit spezifischen Salzen ausfällte. Mit dieser Technik wurde intaktes ATP schließlich [31] von Lohmann und unabhängig von Cyrus Hartwell Fiske und Yellapragada Subbarao [32] entdeckt.

Abbildung 9. Pioniere der Biochemie. Gerty und Carl Cori (links) und Yellapragada Subbarao (rechts) (Wikimedia Commons).

Yellapragada Subbarao (1895-1948, Abbildung 9) oder Yella, wie ihn die meisten Kollegen nannten, kam 1923 nach seiner medizinischen Ausbildung von Indien nach Boston [33]. Da er in den Vereinigten Staaten keine Approbation als Arzt hatte, arbeitete er zunächst als Nachtportier im Brigham and Women's Hospital.

Er fand Freunde im Krankenhaus und wurde Forscher in der Abteilung für Biochemie, wo er Phosphagen und ATP entdeckte. Trotz seiner bedeutsamen Leistungen wurde ihm aufgrund seiner zurückgezogenen Persönlichkeit eine Dauerstelle und Anerkennung verweigert. Stattdessen trat er den Lederle Laboratories[f] bei, wo er versuchte, das Vitamin Folsäure zur Behandlung von Anämie zu isolieren. Zwar gelang es ihm nicht, genug von dem Vitamin zu isolieren, doch war er erfolgreich, mit Hilfe von Harriet Kiltie, einer jungen Chemikerin bei Lederle, das Vitamin chemisch zu synthetisieren. Als Bonus erzeugten diese Bemühungen mehrere Folsäureanaloga, die zu dem Chemotherapeutikum Methotrexat entwickelt wurden, das von Sidney Farber (1903-1973) in die Klinik eingeführt wurde. Unter Subbaraos Führung wurde zudem das Antibiotikum Tetracyclin später bei Lederle entdeckt. Es gibt nur sehr wenige Wissenschaftler, die in ihrem Leben einen so bedeutenden Beitrag zu Forschung und Gesundheit geleistet haben.

Zurück zur Entdeckung von ATP, die zunächst als technischer Fortschritt angesehen wurde, aber nicht unmittelbar zu einem Verständnis seiner physiologischen Rolle führte. Als Lohmann seine Entdeckung 1929 auf einer internationalen Konferenz vorstellte, zeigte sie keine Wirkung. In seinem Artikel von 1932 stellt Archibald Hill fest [29]: *"Das ‚organische' Phosphat war nicht hauptsächlich ein Hexose [Zucker] Ester, es war nicht die Quelle von Milchsäure [Lactacidogen], sondern war weitgehend Adenyl-Pyro-Phosphorsäure [ATP]. Ich frage mich, ob wir immer noch etwas nicht sehen, was in zehn Jahren offensichtlich*

---

f   Lederle war ein unabhängiges Pharmaunternehmen, das Antitoxine und Impfstoffe herstellte, bevor es von American Cyanamid und später von Pfizer übernommen wurde.

erscheinen wird?" [Erklärungen in Klammern wurden vom Autor hinzugefügt, um das Verständnis dieses Zitats zu erleichtern]. Die Aussage basierte auf Experimenten von Gerty (1896-1957) und Carl Cori (1896-1984) (Abbildung 9), die 1947 den Nobelpreis für ihre Arbeit über Glykogen erhielten. Es zeigte sich, dass zwei Jahre nach der Entdeckung von ATP dessen physiologische Rolle noch nicht gewürdigt wurde. Lohmann kam jedoch der "offensichtlichen" Rolle von ATP bei der Phosphagensynthese und Glykolyse in einer Veröffentlichung mit Meyerhof im Jahr 1931 nahe [34]:

"... die vorliegenden Experimente legen den Grundstein für die These, dass die Synthese von Kreatinphosphat [Phosphagen] *stattfinden kann ... auf Kosten des ATP-Abbaus, während die Resynthese von ATP aus Adenylsäure und Phosphat* [AMP und Phosphat, ADP war noch nicht bekannt] *durch die Energie der Milchsäurebildung ermöglicht wird. Man kann hier auch von einem Zusammenhang zwischen der Resynthese von ATP und den Hexose-*[Zucker]*Phosphaten als Phosphatquelle ausgehen. Dies würde sofort verständlich machen, wie ATP als Coenzym der Milchsäurebildung wirken kann.* " [Kommentare in Klammern vom Autor hinzugefügt]

Zwei Jahre später wurde ein Schema für die chemischen Reaktionen des Abbaus von Glukose im Muskel (Glykolyse) von Gustav Embden [35] vorgeschlagen und von Meyerhof [36] bestätigt. Embden erkannte auch, dass die von Liebig entdeckte Inosinsäure ein Abbauprodukt des ATP war. Das Schema ist recht kompliziert (Abbildung 10), weil ATP zunächst seine Phosphate auf Zuckerverbindungen überträgt, um die schon mehrfach erwähnten Zucker-Phosphate oder Zucker-Ester zu bilden. Nach der Aufspaltung in kleinere Fragmente werden die Phosphate wieder zurückgegeben, um ATP wiederherzustellen.

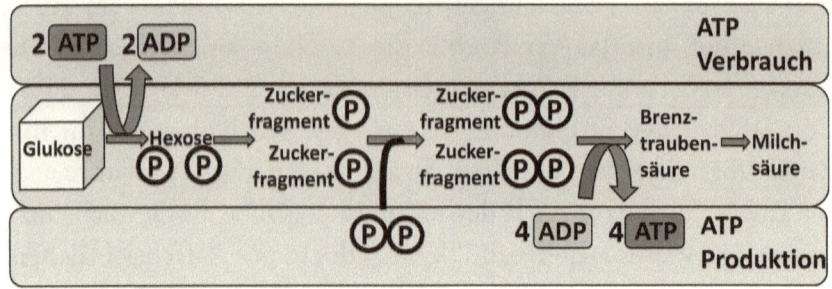

Abbildung 10: Ein Schema der Glykolyse die die Rolle von ATP verdeutlicht. Phosphate sind als ein umkreistes P dargestellt.

Dies würde aber noch keinen Nettogewinn von ATP erzeugen, um die Muskelkontraktion zu treiben. Das extra-ATP kommt von dem Phosphat das Harden und Young als Beschleuniger des Zuckerabbaus in Hefe erkannt hatten und dass auch im Muskel benutzt wird, um mehr ATP herzustellen.

Lohmann publizierte 1935 die korrekte chemische Struktur von ATP, aber Katashi Makino hatte die gleiche Struktur ein paar Monate zuvor vorgeschlagen [37]. Der ultimative Beweis für die Struktur von ATP kam 1945, als es von Basil Lythogoe (1913-2009) und Alexander R. Todd (1907-1997) im Labor synthetisiert wurde und sich als identisch mit dem ATP aus Geweben erwies. Alexander Todd erhielt 1957 den Nobelpreis für die Synthese von "Kofermenten" oder um das modernere Wort "Koenzyme" zu verwenden.

Da Meyerhof von Anfang an in Lohmanns Werk involviert war und den Preis bereits 1923 erhalten hatte, verhinderte dies wahrscheinlich eine weitere Nobelpreisverleihung an Lohmann.

Karl Lohmann war das fünfte Kind einer Bielefelder Bauernfamilie. Nach dem Ersten Weltkrieg ging er nach München, um Chemie zu studieren. Für seine Promotion zog er nach Göttingen, bevor er in das Labor von Otto Meyerhof eintrat. Lohmann wechselte 1937 an die Humboldt-Universität zu Berlin, wurde aber nie Mitglied der NSDAP. Er leitete 14 Jahre lang das Institut für Physiologie Chemie.

1952 wechselte er an das Institut für Biochemie am Medizinisch-Biologischen Forschungszentrum der Deutschen Akademie der Wissenschaften, wo er auch nach seiner offiziellen Emeritierung 1964 weiterarbeitete. In Berlin waren seine Forschungsmöglichkeiten weitaus begrenzter als in Heidelberg, und er widmete sich mehr der Lehre. Jahrzehntelang war Karl Lohmann, der zeitlebens unpolitisch bleiben sollte, der Star-Biochemiker der kommunistischen DDR [21].

In den Jahren 1938 und 1939 entschlüsselten Meyerhofs Labor und getrennt Negelein und Brömel [38] den Schritt beim Abbau von Zuckern, indem Phosphat eingebaut wird, und erklärten so die Beschleunigung der Glykolyse in Hefeextrakten durch Phosphat, wie sie 1906 von Harden und Young beobachtet wurde. Darüber hinaus zeigten Negelein und Brömel, dass im nächsten Stoffwechselschritt ATP produziert wird, indem Phosphat von einem Zwischenprodukt der Glykolyse auf ADP übertragen wird und damit ATP bildet. Die Glykolyse enthält zwei dieser Schritte. Der erste wurde 1934 von Jakub Parnas entdeckt und hieß daher Parnas-Reaktion [26]. Das zweite Enzym wurde 1942 von Theodor Bücher (1914-1997) isoliert, der ihm seinen formalen Namen gab.[g]

Diese beiden Reaktionen etablierten die Glykolyse als einen Weg, der ATP erzeugt, wie in Abbildungen 5 und 10 gezeigt.

Es dauerte weitere 10 Jahre, bis klar wurde, dass ATP im Muskel die direkte Energiequelle für die Muskelkontraktion ist. Karl Lohmann zeigte 1934, dass Kreatinphosphat ADP zu ATP aufladen und so als Energiepuffer im Muskel wirken kann [39].

---

[g] Phosphoglyceratkinase, Enzyme, bei denen ein Phosphat übertragen wird, werden Kinasen genannt.

Abbildung 11. Entdecker der Funktion des ATP bei der Muskelkontraktion. Albert Szent-Györgyi (links), Joseph Needham (rechts). (Wikimedia Commons)

1939 zeigten Militsa Nikolaevna Ljubimova und Alexandrovich Engelhardt (1894-1984), dass das wichtigste kontraktile Protein des Muskels, Myosin, eng mit einer Aktivität verbunden war, die ATP spaltet. Die direkte Verwendung von ATP zur Muskelkontraktion wurde dann unabhängig voneinander von Albert Szent-Györgyi (1893-1986) und Joseph Needham (1900-1995) im Jahr 1942 entdeckt (Abbildung 11). Es wurde darüber hinaus festgestellt, dass ADP nicht in der Lage ist, Muskelkontraktion auszulösen. Albert Szent-Györgyi erhielt 1937 den Nobelpreis für die Entdeckung von Vitamin C und seine Arbeiten zum Stoffwechsel. Kurz vor dieser Entdeckung erkannte Fritz Lipmann (Abbildung 12) bereits den Umsatz von ATP für Stoffwechselprozesse. Er fasste das Feld in einem klassischen Artikel zusammen [40], in dem er den Abbau von Lebensmitteln durch ein Stoffwechselrad und Generator veranschaulichte, das dazu verwendet wird, um einen "Strom" von Phosphatenthaltenden metabolischen Zwischenprodukten (~P) zu erzeugen. Der Schnörkel "~ P" symbolisiert, dass die Phosphatbindung dieser Zwischenprodukte eine hohe Energie aufweist und zur Herstellung von ATP aus ADP verwendet wird. Kreatinphosphat wirkt als Puffer. ATP wird dann für Stoffwechselprozesse verwendet, von denen Lipmann noch sehr wenig wusste. Er stellte 1941 fest: *"Auf die Frage, wie das hohe Phosphatgruppenpotential* [die hohe Energie der Phosphatbindung] *als Treiber verschiedener Prozesse wirkt, lassen sich keine ganz eindeutigen Antworten geben, obwohl eine mehr oder weniger lose definierte Verbindung mit dem Phosphatumschlag erkennbar ist.* " [Text in Klammern vom Autor zur Verdeutlichung hinzugefügt].

Abbildung 12. Pioniere die die Bildung von ATP und deinen Umsatz untersuchten. Herman Kalckar (links, academictree.org) und Fritz Lipmann (rechts).

In Bezug auf die Muskelkontraktion sagte Lipmann ein Jahr vor Szent Györgis Entdeckung: *"Der Abbau von Kreatin-Phosphat oder in jüngerer Zeit ad-ph ~ ph ~ ph* [ATP] *gilt als die chemischen Reaktionen, die der eigentlichen Muskelkontraktion am nächsten kommen."* [Kommentar in Klammern vom Autor hinzugefügt]. So beantwortete Fritz Lipmann schließlich 1941 Archibald Hills Frage von 1932: *"Ich frage mich, ob wir immer noch nicht etwas sehen, was in zehn Jahren offensichtlich erscheinen wird?"*, nämlich dass die Energy aus dem Abbau von Nahrungsmitteln benutzt wird, um Phosphat und ADP zu ATP zusammenzufügen und dies dann für die Muskelkontraktion und andere Energieverbrauchende Prozesse benutzt wird in denen ATP wieder zu ADP und Phosphat wird.

Fritz Lipmann erhielt den Nobelpreis 1953 nicht für seine Arbeit über ATP, sondern für seine Arbeit wie organische Säuren im Stoffwechsel aktiviert werden, ein Prozess, der auch ATP erfordert.

Fritz Lipmann (Abbildung 12) wurde 1899 in Königsberg geboren, studierte Medizin in München und diente im Ersten Weltkrieg kurzzeitig als Sanitäter [41]. Nach dem Krieg kehrte er nach Königsberg zurück, wo er Zeuge der Spanischen Grippe wurde. Er begann sich für Biochemie zu interessieren, nahm teil an einem Kurs in moderner Biochemie in Berlin und erhielt ein Stipendium, das ihn an die Universität von Amsterdam führte. Danach beschloss er, in Königsberg im Labor von Hans Meerwein (1879-1965) mehr Chemie kennenzulernen. Nach seinem ärztlichen Staatsexamen trat er in das Labor von Otto Meyerhof in Berlin ein. Über seinen Bruder und einen Freund hatte Fritz Lipmann intensive Kontakte zur Kunstszene, wo er seine spätere Frau Freda kennenlernte. Er zog mit Meyerhof nach Heidelberg und später wieder nach Berlin. Danach erhielt er ein Stipendium der Rockefeller-Stiftung, das ihm und seiner Frau 1931-32 einen Besuch der Vereinigten Staaten erlaubte, bevor er nach Kopenhagen zurückkehrte, wohin sein Mentor Albert Fischer aus Berlin gezogen war. Alarmiert durch den wachsenden Einfluss Nazi-Deutschlands in Europa zog Fritz Lipmann 1939 von Kopenhagen in die USA und ließ sich schließlich am Massachusetts General Hospital nieder.

Eine andere Persönlichkeit, die die Konzepte zu dieser Zeit zusammenfasste, war Herman Kalckar (1908-1991, Abbildung 12). Er entdeckte das die Zellatmung in Gegenwart von Sauerstoff ATP durch einen anderen Prozess generiert als der oben im Muskel beschrieben Prozess in der Abwesenheit von Sauerstoff [2]. Ähnliche Beobachtungen wurden von Vladmir Alexandrovich Belitser (1906-1988) und E.

T. Tsybakova in 1939 gemacht [42]. Diesen Prozess werden wir im nächsten Kapitel genauer kennenlernen [43]. Wie Fritz Lipmann, stellte auch Herman Kalckar in einem einflussreichen Artikel in 1941 die Prinzipien der zellulären Energieproduktion dar [43].

In 1940 zeigte Severo Ochoa (1905-1993) das ATP für die ersten Schritte der Glykolyse benötigt wurde [44] (Abbildung 10). 1943 identifizierte David Nachmansohn (1899-1983) dann die erste biochemische Reaktion, die ATP als Energiequelle außerhalb des glykolytischen Weges erforderte. In diesem Reaktionszyklus wird der Neurotransmitter Azetylcholin, der die Muskelkontraktion auslöst, durch eine Reihe von Reaktionen erzeugt, von denen eine ATP als Energiequelle benötigt. Wir werden Azetylcholin im nächsten Kapitel wieder treffen.

David Nachmansohn beschreibt anschaulich die lebendige wissenschaftliche Szene in Berlin in den späten 1920er Jahren [17]. *"Die KWI (Kaiser-Wilhelm-Institute) befanden sich in Dahlem, einem modischen Vorort von Berlin, auf einem schönen Grundstück und umgeben von Rasenflächen und Gärten. Es handelte sich um reine Forschungsinstitute, die 1910 gegründet wurden. Große Stiftungsfonds waren von Industriellen und Bankiers bereitgestellt worden, die erkannten, dass Deutschlands Reichtum auf der rasanten Entwicklung der Grundlagenforschung beruhte. Chemische, pharmazeutische, elektronische, optische und viele andere wissenschaftsbasierte Industrien hatten Deutschland in einem halben Jahrhundert von einem der ärmsten zu einem der reichsten Länder gemacht. Deutschlands wirtschaftlicher Reichtum und seine Macht sollten von der starken Unterstützung der wissenschaftlichen Forschung profitieren. Die Mitglieder des Instituts hatten keine Lehrverpflichtung. Daher mussten im Gegensatz zu den Universitäten keine Spezialgebiete vertreten sein. Die Auswahl des Direktors eines Instituts oder einer Unterabteilung basierte ausschließlich auf dessen wissenschaftlichen Statur, Kompetenz und Exzellenz seiner Leistungen. Dies erklärt die außergewöhnliche Sammlung brillanter Wissenschaftler auf kleinem Raum in etwa sechs Instituten. Ende der*

1920er Jahre war das KWI in Dahlem eines der bedeutendsten und herausragendsten Wissenschaftszentren Europas."

"...drei solche hervorragenden Labore [Meyerhof, Warburg und Neuberg] hätten jedem jungen Biochemiker reichlich Inspiration geboten. Aber eines der bemerkenswerten Merkmale des KWI waren die bewussten Bemühungen unter der Leitung von Fritz Haber, die Barrieren zwischen Physik, Chemie und Biologie abzubauen ... die berühmten "Haber-Kolloquien", die zu einer großen Attraktion wurden und eine wichtige Rolle in den Aktivitäten des gesamten KWI spielten. ... In diesen Seminaren zeigte sich Habers außerordentlich brillanter Verstand von seiner besten Seite. Er regte lebhafte und spannende Diskussionen an. Seine ungewöhnliche Fähigkeit, die wesentlichen Aspekte der vielen verschiedenen vorgestellten Themen zu erkennen und zu erfassen, auch wenn sie nicht in seinem Bereich lagen, Schwächen zu entdecken und relevante Fragen aufzuwerfen, führte zu einem regen Austausch und manchmal zu heftigen Kämpfen unter den vielen herausragenden Anwesenden. All diese Faktoren haben dazu beigetragen, eine einzigartige und spannende wissenschaftliche Atmosphäre zu schaffen und diese Seminare zu einem unvergesslichen Erlebnis zu machen." [17]

David Nachmansohn (Abbildung 13) wurde in Russland geboren, aber seine Eltern zogen noch vor seiner Einschulung nach Berlin. Er wurde zunächst an der Charité, dem großen akademischen Krankenhaus Berlins, ausgebildet und trat dann in das Labor von Otto Meyerhof ein. Wegen seiner jüdischen Herkunft, zog Nachmansohn 1933 an die Sorbonne. Während dieser Zeit nahm er an mehreren Treffen der British Physiological Society teil und interessierte sich für die Biochemie von Acetylcholin, der Chemikalie, die Muskelkontraktion auslöst. 1939 wechselte er an die Yale University und später an die Columbia University.

Abbildung 13. Schlüsselfiguren, die die Rolle von Cofaktoren in biochemischen Reaktionen herausarbeiten. Hans von Euler-Chelpin (links, Wikimedia Commons) und David Nachmansohn (rechts, National Library of Medicine).

Im Laufe der Jahre wurden viele ATP-abhängige Reaktionen entdeckt, die die Grundlage dieses Buches bilden werden. Eine dieser Reaktionen, die lichtemittierende Luziferin/Luziferase-Reaktion, habe ich in der Einleitung erwähnt. ATP wurde 1947 von McElroy [4] als Energieträger dieser Reaktion erkannt.

Den Weg zur Entdeckung von ATP möchte ich an dieser Stelle verlassen. In den folgenden Kapiteln werde ich die Rolle von ATP in vielen Stoffwechselprozessen skizzieren. Ausgehend vom Harden Young-Experiment 1906 – dem ersten Experiment, das zeigte, dass Phosphat für den Abbau von Zucker benötigt wird - dauerte es 35 Jahre, um die Rolle von ATP im Stoffwechsel als die Kraft zu erkennen, die viele, wenn nicht alle Zellfunktionen antreibt. Hefe und Muskeln spielten eine Schlüsselrolle, und der Frosch musste als experimenteller Held dienen. Ich hoffe, dass der Leser es zu schätzen weiß, dass alle hier erwähnten Forscher - und einige, die ich nicht erwähnt habe - Teile beigetragen haben, um ein Puzzle des Energiebudgets des Lebens zusammenzusetzen. Aus guten Gründen erhielten viele der Protagonisten Nobelpreise (Tabelle 1), aber viele andere wichtige Entdeckungen wurden nicht damit bedacht, insbesondere die Entdeckung von ATP selbst [45]. Die Entdeckung von ATP veranschaulicht gut, dass die wissenschaftliche Forschung durch die Anstrengung einer ganzen Gemeinschaft voranschreitet. Selbst die besten Forscher interpretierten ihre Ergebnisse falsch und mussten ihre Ideen im Hinblick auf neue Experimente modifizieren. Was im Nachhinein logisch und überzeugend aussieht, ist zum Zeitpunkt der Entdeckung viel schwieriger zu erkennen. Ein besonders vertracktes Problem war das Verständnis von "Kozymase" oder "Koferment", einer schwer fassbaren Mischung von Verbindungen einschließlich ATP, die für die Glykolyse erforderlich sind [42]. Hans von Euler-Chelpin (1873-1964, Abbildung 13) isolierte eine Verbindung, die für den Abbau von Zucker in Alkohol, in Hefe und in Milchsäure in Muskeln benötigt wurde. Dieses kleine Molekül, das für den Stoffwechsel benötigt wurde, wurde von Euler-Chelpin "Kozymase" oder von Harden "Coenzym" genannt. Die Verbindung enthielt Adenin, einen Zucker und Phosphat. Obwohl diese Komponenten auch in ATP vorkommen, hatte er ein anderes "Coenzym" identifiziert, das später als NAD (Nicotinamidadenindinukleotid, falls der Leser fragt) identifiziert wurde. Die Rolle von NAD in biologischen Reaktionen werden wir im nächsten Kapitel behandeln. Ein eng verwandtes Koenzym oder Koferment (NADP) wurde von Otto Warburg in einer heroischen Anstrengung isoliert. Um dieses Koferment zu isolieren und zu identifizieren, begann Otto Warburg mit 100 Litern gewaschener Pferdeerythrozyten, die durch Zugabe von 200 Litern Wasser zum Platzen gebracht wurden. Anschließend wurde das Protein durch Zugabe von 500 Litern Aceton ausgefällt. Daraus ergaben sich 4,8 g Koferment [46]. Hans von Euler-Chelpin erhielt 1929 den Nobelpreis. Otto Warburg erhielt 1931 den Nobelpreis für seine Durchbrüche zum Verständnis der Zellatmung, auf die wir im nächsten Kapitel eingehen werden. Wann immer ein Hefe- oder Muskelextrakt hergestellt wurde, zersetzte sich ATP schnell in AMP, und NAD wurde verdünnt. Es dauerte lange, um zu erkennen, dass "Kozymase" oder "Koferment" eine

Mischung aus ATP, NAD, Phosphat und Magnesium ist, die alle für die Reaktionen der Glykolyse unerlässlich sind. Ursprünglich wurden die Kofermente ähnlich wie Luziferase und Luciferin durch die Erzeugung von zwei verschiedenen Extrakten entdeckt. Ein Extrakt, der alle Enzyme enthielt, aber das ATP und andere Cofaktoren verbraucht hatte; und ein anderer, bei dem alle Enzyme durch Hitzebehandlung inaktiviert wurden, während die Cofaktoren erhalten blieben. Durch die Kombination der beiden konnten die Glykolyse oder auch andere Reaktionen für eine Weile fortgesetzt werden.

Es ist aufschlussreich, die Aufklärung der Glykolyse und der Rolle von ATP mit einem Puzzle zu vergleichen, aber ohne ein Bild als Vorlage. Zunächst können offensichtliche Strukturen identifiziert werden, was zu einer kleinen Facette führt. Während die Montage weitergeht, verbinden sich größere Teile, und manchmal ist es einfach harte Arbeit, die endgültigen Teile mit wenigen hilfreichen Strukturen zu platzieren. Lohmann hätte ATP ohne die bisherigen Schritte und Erkenntnisse nicht entdecken können, und eine vollständige Wertschätzung aller Funktionen von ATP dauerte viele weitere Jahre. In der folgenden Tabelle habe ich die wichtigsten Schritte bei der Entdeckung von ATP in chronologischer Reihenfolge und die entsprechenden Nobelpreise zusammengefasst.

Tabelle 1: Stationen der Entdeckung von ATP und der beteiligten Stoffwechselprozesse.

Jahr	Name	Entdeckung
1782	Antoine Lavoisier	Verbrennung ist die Energiequelle der Tiere
1874	Justus von Liebig	Identifizierung von Inosinsäure in Muskelgewebe
1878	Claude Bernard	Homöostase Prinzip, Glykogen als Glukosespeicher
1897	Eduard Buchner	Alkoholische Fermentation in Hefeextrakten Nobelpreis 1907
1906	Arthur Harden William Young	Phosphat wird für die Fermentation von Zucker in Hefe benötigt. Nobelpreis 1929 (Harden)
1908	Arthur Harden	Identifizierung von Zucker-Phosphat-Verbindungen im Glukosestoffwechsel
1923	Archibald Hill Otto Meyerhof	Nobelpreis für die Untersuchungen zur Energie Produktion während der Glykolyse
1927	Gustav Embden	Identifizierung von Zucker-Phosphat-Verbindungen im Glukosestoffwechsel und von AMP im Muskel
1927	Philip Eggleton Grace Eggleton Cyrus H Fiske Yellapragada Subbarow	Entdeckung des Phosphagens (Kreatinphosphat)
1929	Karl Lohmann Cyrus H Fiske Yellapragada Subbarow	Entdeckung des ATP, zunächst genannt Adenylsäure Pyrophosphat
1933	Gustav Embden	Vorschlag für ein Reaktionsschema der Glykolyse
1934	Jakub Parnas	Identifizierung der ersten ATP produzierenden Reaktion in der Glykolyse

1935	Katashi Makino Karl Lohmann	Struktur von ATP ermittelt
1937	Herman Kalckar	Identifizierung eines speziellen Sauerstoff-getriebenen ATP generierenden Prozesses der auch bei blockierter Glykolyse funktioniert.
1939	Erwin Negelein Heinz Brömel	Identifizierung der zweiten ATP produzierenden Reaktion in der Glykolyse
1939	Vladimir Belitser	Unabhängige Identifizierung eines speziellen Sauerstoff-getriebenen ATP generierenden Prozesses der auch bei blockierter Glykolyse funktioniert.
1945	B. Lythogoe Alexander Todd	Struktur des ATP durch chemische Synthese bestätigt, Nobel Prize für A.T. in 1957

Rund um den Arc de Triomphe

"Vor allen Meistern ist die Notwendigkeit diejenige, auf die am meisten gehört wird und die das Beste lehrt."
Jules Verne, Die geheimnisvolle Insel

Jeder, der auf einem kompetitiven Niveau sportlich trainiert, weiß über die Ansammlung von Milchsäure in den Muskeln bescheid; insbesondere bei hochintensiven Übungen [7]. Wie wir bereits gesehen haben, war die Milchsäureproduktion ein Schlüsselindikator für die Energieerzeugung im Muskel, bevor ATP entdeckt wurde. In den im vorherigen Kapitel beschriebenen Experimenten wurde der Muskel herauspräpariert, und somit fehlte die Durchblutung, was die Milchsäureproduktion aufgrund des Sauerstoffmangels erhöht. Die Menge an Milchsäure, die sich während eines hochintensiven Trainings im Muskel ansammelt, entstammt einem Wettbewerb zwischen dem Blutfluss und dem ATP-Bedarf des Muskels. Ist der Blutfluss nicht schnell genug, um genügend Sauerstoff in das Muskelgewebe zu bringen, wird Milchsäure produziert. Wie wir später sehen werden, erfordert die effizienteste Art der ATP-Produktion eine vollständige Oxidation von Nährstoffen zu Kohlendioxid und Wasser (Verbrennung), wie sie von Lavoisier bei ruhenden Tieren beobachtet wurde. Wenn Sauerstoff aber nicht in ausreichenden Mengen zur Verfügung steht, hat unser Stoffwechsel eine Trickkarte im Ärmel, nämlich die Fermentation. Während der Glykolyse wird ein Zwischenprodukt nicht durch Sauerstoff, sondern durch die Entfernung von Elektronen oxidiert, was für einen Chemiker ein und dasselbe ist. Die Entfernung wird durch Hans von Eulers oder Otto Warburgs Koferment (NAD) vermittelt. Es kann aber nur winzige Mengen an Elektronen speichern, die irgendwo wieder abgeladen werden müssen. Also geben wir sie zurück in das Endprodukt der Glykolyse und erzeugen Milchsäure. Dies ist ein netter Trick, der wie eine Kreditkarte funktioniert. Wir können Geld schneller ausgeben, als wir es verdienen, aber wir können es nicht für immer tun. Wie Gerty und Carl Cori (Abbildung 9) zeigten, erfolgt der Ausgleich der Kreditkarte durch die Leber, die Milchsäure während der Ruhe nach dem Training wieder in Glukose umwandelt. Wenn wir in der Biochemie Glück haben, wird ein bestimmter Teil des Stoffwechsels nach uns benannt. In diesem Fall ist der Milchsäure-Pendelbus zwischen Muskel und Leber als Cori-Zyklus bekannt, der erstmals 1929 [47] vorgeschlagen wurde.

Ein kurzer Sprint ist eher ein biomechanisches als ein energetisches Problem. Sprinter laufen einfach so schnell sie können, und die Energiereserven in den Muskeln (ATP und Phosphagen) reichen für 10 Sekunden. Beobachten wir Sprinter nach einem 100-meter-Lauf bei den Olympischen Spielen; sie keuchen nicht, sind nicht außer Atem. Wir werden die Energiereserven in einem Moment ausführlicher betrachten. Alles passiert, ohne dass es der Athlet weiß, der sich so sehr wie möglich ins Zeug legt. Etwas anderes ist ein Marathonlauf. Hier sind einige Erfahrungen von einem Marathonläufer, die im Internet veröffentlicht wurden [48].

"Auf den ersten 20 km benötigte er durchschnittlich 4,5 min, um einen Kilometer zu laufen. Am 10-km-Punkt fühlten sich seine Beine noch frisch an, und seine Herzfrequenz lag bei etwa 160 Schlägen pro Minute. Er benutzte die Wasserstationen und konsumierte Glukoseenergiegele, weil Glukose leichter als Fett von den Muskeln verwendet wird. Nach 30 km zeigten sich die ersten unüberschaubaren

Ermüdungserscheinungen. Der Oberschenkelmuskel in seinem linken Bein spannte sich etwas länger an, als es hätte sein sollen. Ein Ändern des Laufstils half nicht, da sich andere Muskeln auf die gleiche unangenehme Weise verspannten. Er spürte, dass seine Treibstoffe knapp wurden. Trotz des Verzehrs von Energiegelen lief er nach 32 km "gegen die Wand" und die durchschnittliche Zeit, einen Kilometer zu laufen, stieg auf 5 Minuten. Wenn Läufer "gegen die Wand laufen", meinen sie ein physiologisches Phänomen, das einen neuen mentalen und physischen Zustand diktiert, in den man wechseln muss. Diese Veränderung ist nicht etwas, das der Läufer ignorieren oder beiseiteschieben kann, wie er es bei anderen Arten von Schmerz während eines langen Laufs oder einer Muskelverspannung tun würde. In diesem Moment geht dem Körper das im Muskel gespeicherte Glykogen aus. Dies betrifft auch das Gehirn, weil der Blutzuckerspiegel leicht sinkt und das Gehirn nur Glukose, aber keine Fettsäuren verwenden kann. Es braucht Zeit, um Fettsäuren aus Fett freizusetzen und Protein in Glukose umzuwandeln, die Kraftstoffe, die Gehirn und Körper verwenden können. Muskeln können mit externen Brennstoffen nicht die gleiche Menge an Energie pro Sekunde erzeugen wie mit muskeleigenem Glykogen. Wenn ein Athlet seinen Körper bis zum Äußersten treibt, gibt es einen Punkt, an dem die gesamte leicht zu nutzende Energie – Glukose aus Glykogen - verschwunden ist und der Körper jetzt beginnen muss, Fett zu verwenden, um die Aktivität fortzusetzen. Dies ist keine leichte Aufgabe während einer anstrengenden Daueraktivität. Die Beine fühlten sich an, als wären 10 kg Gewichte an jeden Knöchel geschnallt, während der Athlet versuchte, im gleichen Tempo zu laufen wie vorher, also etwa 4,5 min/km, aber seine Beine taten es einfach nicht.

Egal wie entschieden unser Athlet rannte, seine Beine bewegten sich nicht schneller. Nach 34 km waren die Schmerzen konstant und seine Beine und sein Gehirn verlangten trotz der Einnahme von Energiegelen, aufzuhören. Zu diesem Zeitpunkt wurde der Marathon zu einem mentalen Kampf, aber in einem etwas langsameren Tempo konnte er weiterlaufen. Indessen führte der Mangel an Energie nun dazu, dass der Läufer schwankte und zusätzliche mentale Energie erforderlich war, um auf Kurs zu bleiben. Bei Kilometer 37, an einer kleinen Überführung, fühlten sich seine Beine an, als würde jemand jedes Mal, wenn er einen Schritt machte, einen Dolch in seinen Quadrizeps stechen. Die letzten 5 km gingen leicht bergab und brachten eine Atempause.

An diesem Punkt eines Marathons wird der eigentliche Akt des Laufens zweitrangig gegenüber der mentalen Fähigkeit, die man braucht, um im Rennen zu bleiben. Kurz vor dem Ziel flehten die Beine den Läufer an, zu halten. Seine Lungen kämpften darum Schritt zu halten, und seine Herzfrequenz stieg von 175 auf fast 190 Schläge pro Minute. Als er im Ziel zusammenbrach, war er unterzuckert, unfähig, mehr als nur schwankend zu laufen, aber begeistert von seiner Leistung."

Aus diesem Bericht wird ersichtlich, dass es nach 3/4 der Marathonstrecke eine Energiekrise gibt, die wir genauer untersuchen müssen. Mit mentaler Kraft kann sich ein Athlet jedoch bewegen und noch viel weiterlaufen, aber in einem langsameren Tempo. Im Jahr 2015 lief zum Beispiel Dean Karnazes 563 km in knapp 81 Stunden ohne Schlaf, musste aber natürlich Nährstoffe zu sich nehmen.

Die Energiegewinnung für einen Sprint, bei dem man nicht einmal atmen muss, ist ganz anders als die Energiegewinnung während eines Marathons. Wie wir gesehen haben, sind die Grenzen eines Sprints eher biomechanisch und die Grenzen eines Marathons eher mental als energetisch. Der einzige energetische Unterschied ist, dass man einen Marathon nicht mit der gleichen Geschwindigkeit wie einen Sprint laufen kann.

Wenn wir denken, dass ein Marathon eine anstrengende Erfahrung ist, müssen wir uns mal eine Fliege mit ihrem hochfrequenten Flügelschlag vorstellen. Es mag für einige Leser als ein grausames

Experiment erscheinen, aber wir können den Rücken einer Fliege mittels Wachses an einen Metallstift kleben und vom Boden abheben. In diesem Moment wird sie beginnen, ihre Flügel zu bewegen, weil die Füße den Boden nicht berühren. Dieser "Flug" wird bis zur Erschöpfung weitergehen. Interessanterweise hat die Fliege ähnliche Probleme wie unser Marathonläufer. Sie besitzt Fett- und Glykogenspeicher. 1949 untersuchte Wigglesworth [49] die Ausdauer von einwöchigen Fruchtfliegen, einer Fliegenart, die wir im Sommer in unserer Obstschale oder im Weinglas finden können. Diese konnten 5-6 Stunden fliegen, bis sie erschöpft waren. Nach der Erschöpfung waren die Glykogenreserven verschwunden, aber die Fettreserven waren noch intakt. Wenn den erschöpften Fliegen eine 10%-ige Glukoselösung angeboten wurde, konsumierten sie sie sofort. Bemerkenswerterweise reichte der Konsum von Glukoselösung für 1/2 Minute aus, um die Fliege für weitere 30 Minuten fliegen zu lassen. Dies sagt uns, dass Kohlenhydrate eine leicht verfügbare Energiequelle sind, während Fett zuerst mobilisiert werden muss, bevor wir es verwenden können.

Bevor wir die Unterschiede zwischen einem Sprint und einem Langstreckenlauf erkennen können, müssen wir verstehen, wie ATP in unserem Körper hergestellt wird, wenn Sauerstoff verfügbar ist. Dies unterscheidet sich von den Experimenten, die Meyerhof zu Beginn des 20. Jahrhunderts durchführte. Sein Muskelpräparat war von Blutgefäßen abgetrennt, und infolgedessen erreichte wenig Sauerstoff die Fasern. In diesem Fall wird Milchsäure produziert. Wenn Sauerstoff über rote Blutkörperchen zum Muskel gebracht wird, wird das Endprodukt der Glykolyse, eine Verbindung namens Brenztraubensäure, in die Mitochondrien überführt. Mitochondrien sind die Kraftwerke unserer Zellen, und die meisten Zellen enthalten mehrere hundert von ihnen. Mitochondrien sehen ein bisschen wie Bakterien aus und waren auch Bakterien in der Frühzeit der Evolution. Sie wurden von größeren Zellen verschlungen, die nur durch Fermentation Energie erzeugen konnten. Diese Symbiose wurde immer intimer, so dass eine moderne Zelle nicht ohne Mitochondrien leben kann [50].

Der erste der die Mitochondrien als Kraftwerke unserer Zellen bezeichnete war Albert Claude (1899-1983). Er benutzte Elektronenmikroskope für seine Beobachtungen und entwickelte Methoden, um die Komponenten einer Zelle zu isolieren [51]. Er bekam den Nobelpreis 1974 für seine Untersuchungen zur Struktur von Zellen.

In den Mitochondrien werden die Nährstoffe, die wir essen zu Kohlendioxid umgewandelt. Die langsame Verbrennung, die Lavoisier beobachtete, findet in diesen Organellen statt.[h] Ohne zu sehr ins Detail zu gehen, wird die Brenztraubensäure auseinandergenommen, und jedes seiner Kohlenstoffatome wird zu Kohlendioxid. In Nährstoffen sind Ketten von Kohlenstoffen an Wasserstoff oder eine Mischung aus Wasserstoff und Sauerstoff gebunden, während in Kohlendioxid - wie der Name schon sagt - ein einzelnes Kohlenstoffatom mit zwei Sauerstoffatomen verbunden ist. Mehr als zwei Sauerstoffatome kann man nicht an ein Kohlenstoffatom knüpfen, damit ist die Verbrennung vollständig. Um zwei Sauerstoffe an einen Kohlenstoff zu binden, müssen die Kohlenstoffketten komplett auseinandergenommen werden. Verbrennen ist vollständige Oxidation, wobei so viele Sauerstoffe wie möglich an Kohlenstoffe gebunden werden und somit Kohlendioxid erzeugt wird. Ein Andocken von Sauerstoff an Kohlenstoff ist wie das Ziehen von Elektronen weg vom Kohlenstoff zum Sauerstoff. Diese Konfiguration ist sehr stabil, und deshalb wird dabei Energie freigesetzt. Wenn uns das Konzept der Oxidation oder die Entfernung von Elektronen seltsam erscheint, sollten wir Eisen betrachten. Eisen als reines Metall sieht grau aus, aber wenn es oxidiert wird und rostet, wird es braun, und Sauerstoffatome sind angedockt. Diese Farbänderung wird durch die Entfernung

---

[h] Die Organelle einer Zelle ähneln den Organen eines Organismus. Sie erfüllen eine bestimmte Funktion, die für die Zelle wichtig ist. Da es sich um einen viel kleineren Maßstab handelt, werden sie Organellen genannt.

von Elektronen aus Eisen in Richtung Sauerstoff verursacht. Es ist energetisch günstig, also passiert es spontan, es sei denn, wir bedecken das Eisen mit Farbe. Eisen ist auch an der Übertragung von Elektronen und dem Transport von Sauerstoff in Blut und Muskeln beteiligt. Wir werden gleich darauf zurückkommen.

Wir verstehen jetzt, dass Mitochondrien die Orte sind, an denen Kohlendioxid produziert wird, wenn wir Kalorien verbrennen. Wir erwähnten, dass in Nährstoffen die Kohlenstoffatome von Wasserstoffatomen umgeben sind; wohin gehen sie? Sie werden zu Wasser (H_2O) oxidiert. In Wasser sind zwei Wasserstoffatome an Sauerstoff gebunden. Das ist auch die Obergrenze, denn wir können nicht zwei Sauerstoffe an einen Wasserstoff binden, weil es nicht genügend Elektronen gibt. Infolgedessen müssen wir unsere Lavoisier-Gleichung ändern:

Lebensmittel (enthalten Kohlenstoff, Sauerstoff (wenige) und Wasserstoff) + Sauerstoff → Energie + Kohlendioxid + Wasser

Gleiches gilt für fossile Brennstoffe und man kann sehen, wie das Wasser im Winter aus dem Auspuff eines Autos kommt, wenn es zu weißen Wolken kondensiert. Wir können auch gegen einen Spiegel atmen, um Wasserdampf aus unseren Lungen kommen zu sehen. So winzig Mitochondrien auch sind, werden Wasser und Kohlendioxid doch an zwei verschiedenen Orten erzeugt, und das ist der ganze Trick, wie wir eine schnelle Verbrennung unserer Nährstoffe vermeiden. Anstatt nur Wärme zu erzeugen, wollen wir unsere Muskeln bewegen. Dazu speichern wir die Energie in ATP, aber wie? Dafür müssen wir etwas genauer hinschauen, was mit unseren Nährstoffen in den Mitochondrien passiert. Um die Kohlenstoffkette der Moleküle, die in die Mitochondrien überführt werden, abzubauen, müssen wir die Wasserstoffe entfernen, und dies ermöglicht es uns, die Moleküle auseinander zu brechen. Wasserstoffe sind Protonen mit einem begleitenden Elektron, und es gibt spezifische Vitamine oder Derivate von Vitaminen, die genau das tun können: Protonen und Elektronen, typischerweise zwei gleichzeitig, entfernen und speichern. Auf diese Moleküle sind wir bereits bei Hans von Euler und Otto Warburg gestoßen als "Koferment". Wenn wir uns fragen, warum Vitamine gut für uns sind; hier ist die Antwort? Sie sind "Kofermente", die an Stoffwechselreaktionen teilnehmen.[i]

Um zu sehen, wie der Abbau von Molekülen funktioniert, wählen wir eine Analogie: Stellen wir uns einen großen Kreisverkehr vor, vielleicht den um den Arc de Triomphe in Paris. Es muss gerade Tour de France sein, denn es fahren keine Autos, sondern nur Gruppen von Radfahrern (Abbildung 14).

Abbildung 14. Der Krebs-Zyklus in Aktion. Radfahrer sind Kohlenstoffatome und Münzen sind Elektronen. Zur Erläuterung siehe Haupttext.

Jeder Radfahrer ist ein Kohlenstoffatom, und wenn er in einer Gruppe ist, betrachten wir das Peloton als Molekül. Hier sind die Regeln unseres Fahrradwettbewerbs: Der Kreisverkehr ist eine Mautstraße, man muss mit vier Münzen einsteigen und an der Ausfahrt bezahlen.

---

[i] Stoffwechselreaktionen: Wir nennen die Gesamtheit der chemischen Reaktionen, die in unserem Körper stattfinden und durch Enzyme katalysiert werden, den Stoffwechsel. In den Anfängen der Biochemie wurden Enzyme als Fermente bezeichnet.

Jedes Peloton darf nur 4-6 Radfahrer haben. In jeder Runde kommen 2 Radfahrer (zwei Kohlenstoffatome) dazu und zwei Radfahrer steigen aus. Man kann aber nicht in derselben Runde aussteigen, in der man eintritt. Infolgedessen muss man seine Münzen an das Team weitergeben, damit ein anderes Teammitglied aussteigen kann. Am Einstiegspunkt kann das Team nur 4 Mitglieder haben, da 6 das Maximum ist. Dann kommen 2 Radfahrer mit jeweils 4 Münzen dazu. Sie geben die Münzen an andere Mitglieder des Teams weiter. Bevor die Teams zum Einstiegspunkt zurückkehren, müssen 2 Teammitglieder aussteigen und die Maut von jeweils 4 Münzen zahlen. Jetzt ist das Team bereit, weitere 2 neue Mitglieder aufzunehmen und der ganze Kreislauf wird wiederholt.

Nach diesem Schema kann es immer weitergehen, wenn wir Radfahrer (Nährstoffkohlenstoffatome) haben. Die Teams sind nie erschöpft, da die Teammitglieder nur 2-3 Runden im Zyklus bleiben, bevor sie wieder ausscheiden. Sobald ein Radfahrer draußen ist, bleibt er draußen, weil er sein Geld ausgegeben hat.

Benennen wir nun die Teile unseres Fahrradbeispiels: Die Münzen sind Elektronen plus Protonen. Die Radfahrer mit Geld sind Nährstofffragmente, die aus Lebensmitteln wie Zucker, Fett oder Protein stammen. Die Radfahrer ohne Geld sind Kohlendioxid. Was erreicht dieser Zyklus? Radfahrer mit Geld (Nährstofffragmente) kommen herein. Die Radfahrer (Kohlenstoffatome) werden dann ihres Geldes (Elektronen und Protonen) beraubt und verlassen als Kohlendioxid den Wettbewerb. Das Geld können wir dann verwenden, um ATP zu machen, wie wir gleich sehen werden. Diese Analogie sagt uns einiges über den Krebszyklus, ohne dass wir Details der chemischen Reaktionen kennen müssen. Erstens, der Zyklus arbeitet katalytisch. Für zwei Radfahrer, die in den Zyklus gehen, werden zwei herausgehen. Das ist gut, das sich der Zyklus nie erschöpft, aber die Kapazität bleibt so die Gleiche. Dafür gibt es einen Ausweg. Wir haben eine ATP-verbrauchende Reaktion, die ein Zwischenprodukt des Zyklus produziert. Gibt es also Kapazitätsproblem, kann man mehr Pelotons in das Rennen schicken. Die ATP-verbrauchende Reaktion wurde von Merton F. Utter (1917-1980) in 1963 entdeckt. Wir werden Merton F. Utter in Kapitel 8 wieder begegnen. Dass die hereinkommenden und herausgehenden Radfahrer nicht dieselben sind, ist auch wichtig, falls wir Zwischenprodukte des Zyklus verbrennen wollen. Die Weitergabe von Elektronen ist eine indirekte Beschreibung der chemischen Reaktionen, die im Zyklus stattfinden.

Noch ein Detail: Um in den Kreisverkehr einzufahren, müssen die Radfahrer beschleunigen. Um ihnen einen Schub zu geben, ist eine andere, aus Vitaminen abgeleitete, Verbindung erforderlich. Diese wurde von Fritz Lipmann entdeckt, den wir am Ende der Entdeckung des ATP trafen. Der Beschleunigungsprozess erfordert Energie und sobald die Radfahrer eine ausreichende Geschwindigkeit haben, können sie in den Zyklus einsteigen. Der Fahrradwettbewerb selbst wurde von Hans Krebs (1900-1981, Abbildung 15) [52] ausgearbeitet. Beide erhielten für diese Entdeckungen 1953 den Nobelpreis. Die Maut, die von den Radfahrern bei der Ausfahrt gezahlt wird, wurde zuerst von Otto Heinrich Wieland (1877-1957, Nobelpreis für die Chemie der Gallensäuren) und dem schwedischen Biochemiker Thorsten Ludwig Thunberg (1873-1952) vorgeschlagen. Teile des Zyklus wurden schon von Albert Szent-Györgyi erkannt, der 1937 den Nobelpreis erhielt. Er stellte sich jedoch ein lineares Radrennen in umgekehrter Richtung vor [53]. Der schwedische Biochemiker Thorsten Thunberg hatte in den 1920er Jahren ein zyklisches Reaktionsschema für die Kohlendioxiderzeugung vorgeschlagen, konnte aber keine ausreichenden Beweise dafür liefern. Wie wir mehrmals gesehen haben, würdigt die Nachwelt die Wissenschaftler, die die Welt von bestimmten Fakten überzeugt haben, nicht unbedingt die Forscher, die die ursprüngliche Idee hatten. Außerdem war sein Schema nicht korrekt.

Hans Krebs hatte jüdische Eltern, die an Assimilation glaubten und Hans auf eine protestantische Schule schickten. Sein Mentor an der Universität war Otto Warburg, mit dem er gut publizierte. Dies alles half ihm wenig, vielmehr wurde er 1933 von seinem Universitätsposten entlassen, worauf er nach Großbritannien zog, wo er in Sheffield den Arc de Triomphe-Zyklus ausarbeitete.

Abbildung 15: Links: Hans Krebs mit Ehefrau Margaret, und Fritz Lipmann mit Frau beim Nobelpreisempfang. (Wikimedia Commons.)

Der Zyklus ist heute als Krebs-Zyklus bekannt. Albert Szent-Györgyi, der an der Universität Szeged arbeitete, schloss sich dem ungarischen Widerstand an. Obwohl Ungarn mit Nazi-Deutschland verbündet war, schickte der ungarische Ministerpräsident Szent-Györgyi 1944 nach Istanbul, um geheime Verhandlungen mit den Alliierten aufzunehmen. Die Verschwörung sickerte durch, und Adolf Hitler selbst erließ einen Haftbefehl gegen Albert Szent-Györgyi. Dieser entkam dem Hausarrest und blieb für den Rest des Krieges auf der Flucht.

Wir sahen, dass Nährstofffragmente (Kohlenstoffatome mit Wasserstoff und Sauerstoff), nachdem sie die Maut (Entfernung von Elektronen und

Protonen) bezahlt hatten, den Krebs-Zyklus als Kohlendioxid verließen. Das ist unser Beitrag zu den globalen Kohlendioxidemissionen. Doch was passiert mit den Münzen? Die Münzen werden durch das "Koferment" kurz zwischengelagert. Um genau zu sein, speichert es Protonen und Elektronen. Es wird von Vitamin B3 abgeleitet, und wir sollten ihm jetzt seinen richtigen Namen geben, nämlich NAD [j] (Falls der Leser fragt: Nicotinamidadenindinukleotid). Vitamine sind sogenannte Mikronährstoffe, weil wir nur winzige Mengen benötigen, damit unser Körper funktioniert. Wenn die Speicherung von Elektronen und Protonen für den Abbau von Nährstoffen so wichtig ist, warum brauchen wir dann nur winzige Mengen? Es liegt daran, dass wir sie nur sehr kurz speichern. Stellen wir uns vor, wir verwendeten nur Münzen, um für jeden Kaffee und jede Mahlzeit zu bezahlen und hätten nur ein Portemonnaie für eine Handvoll Münzen in der Hosentasche. Um zu leben, müssten wir dann Banknoten häufig in Münzen umtauschen (Nährstoffe abbauen) und verwenden. Nehmen wir weiterhin an, wir könnten nur so viele Münzen mitnehmen, wie unser Portemonnaie fasst, dann müssten wir regelmäßig auffüllen, um dem Tempo der Ausgaben zu folgen. Diese Analogie sagt uns auch, warum unser Körper es ebenso macht: weil es übermäßige Ausgaben verhindert. Es gibt keine Kreditkarte in unseren Mitochondrien, aber wie wir bereits gesehen haben, gibt es zwischen Muskel- und Lebergewebe Kredit in der Form von Milchsäure, wie von Gerty und Carl Cori entdeckt. Was machen wir mit den Münzen? Wir geben sie aus, um Aufgaben zu erledigen. Was passiert, ist, dass die Elektronen (Münzen) eine Reihe von Reaktionen durchlaufen, bei denen sie Eisenatomen zugesetzt werden (Eisen reduzieren) und dann wieder entfernt werden (Eisen oxidieren). Die Eisenatome sind in größere Strukturen eingebettet, die ihnen eine unterschiedliche Neigung geben, Elektronen anzunehmen und abzugeben. Das Annehmen und Abgeben verursacht eine Farbänderung, die zur

---

[j] Um genau zu sein gibt es zwei Koferment, Warburgs Koferment ist NADP, Hans von Eulers Koferment ist NAD. NAD wird in der Atmung verwendet, NADP bei synthetischen Prozessen.

Entdeckung dieser Strukturen durch David Keilin (1887-1963) im Jahr 1924 führte. Er schrieb [44]: "Ich muss sagen, dass der erste optische Eindruck der zellulären Atmung einer der spektakulärsten Ereignisse meiner Karriere war."

Wir werden nun zu einer anderen Analogie wechseln, um besser zu erklären, was passiert.

Diesmal rollen die Münzen ein paar Kaskaden herunter, die jeweils mit einem Schaufelrad ausgestattet sind (Abbildung 16). Wenn die Münzen am Boden angekommen sind, ist ihnen die Energie ausgegangen, aber an jeder Stufe drehen sie ein Schaufelrad, das an einem Generator befestigt ist. Das es drei Schaufelräder sind hatte der spanische Biochemiker Severo Ochoa (1905-1993, Nobel Preis 1959) schon 1943 gezeigt. Wie dadurch aber ATP gemacht wird, diese Erkenntnis brauchte nochmal mehr als 20 Jahre, wie im Folgenden zusammengefasst. Die drei Schaufelräder erzeugen Strom, mit dem wir eine Batterie aufladen können. Die Mitochondrien selbst sind die Batterien. Sie sind von isolierenden Filmen umgeben, die Membranen genannt werden. Die Membranen können am ehesten mit Seifenblasen verglichen werden. Das klingt sehr zerbrechlich, aber in der Größe eines Mitochondriums (ein tausendstel Millimeter) sind sie ziemlich robust. In ähnlicher Weise hat der Lithium-Akku in unseren Mobiltelefonen zwei Kompartimente, die durch eine Membran getrennt sind. Beide Kompartimente können Lithium-Ionen auf getrennte Weise speichern. Wenn wir die Batterie aufladen, sammeln sich Lithiumionen auf einer Seite an und verbinden sich mit Elektronen, um sich als Lithiummetall niederzulassen. Beim Entladen setzen die Lithiumatome die Elektronen frei, und die resultierenden Lithiumionen bewegen sich auf die gegenüberliegende Seite, um sich dort niederzulassen. Die Elektronen bewegen sich durch das Kabel und versorgen das Mobiltelefon mit Strom, bevor sie sich mit Kobalt-Ionen auf der gegenüberliegenden Seite verbinden. In unseren Mitochondrien bewegen sich die Protonen auf die andere Seite. Wir sind mit Protonen ziemlich vertraut, ohne es unbedingt zu wissen (man probiere einfach den Saft einer Zitrone). Unser Körper kann Protonen sehr gut identifizieren. Tatsächlich lieben wir Protonen, wir mögen eingelegte Gurken, wir mögen kohlensäurehaltige Getränke und wir mögen Wein, viele Protonen in allen. Hingegen mögen wir keine Dinge, die Protonen wegnehmen, wie Bicarbonat (Geschirrspülmittel) und Natronlauge.

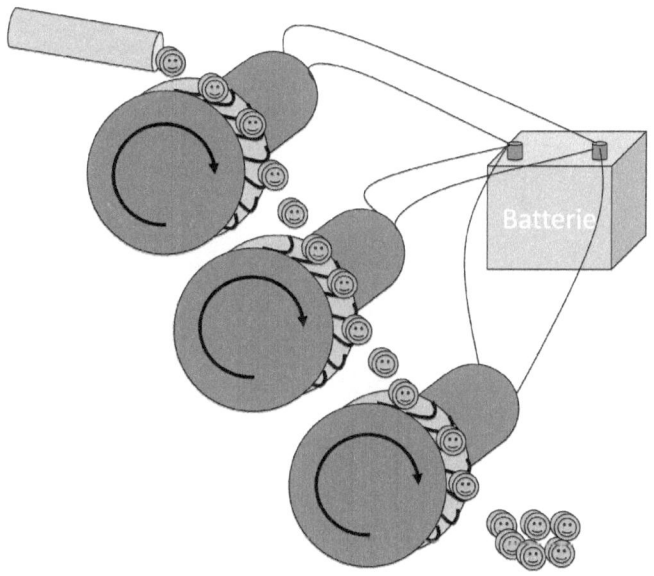

Abbildung 16. Stromerzeugung in Mitochondrien. Münzen laufen mehrere Kaskaden hinunter und drehen dabei Schaufelräder. Die Räder sind mit Generatoren verbunden, die eine Batterie laden.

Zurück zu unseren Schaufelrädern. Der Fluss der Münzen ist der Fluss von Elektronen, die durch die Kofermente aus dem Arc de Triomphe Zyklus herangebracht werden. Wenn die Münzen nach unten fallen und die Schaufelräder drehen, wird Energie freigesetzt. Diese Energie wird genutzt, um Protonen über die Membran zu schieben und die Mitochondrien aufzuladen. Dies ist das Äquivalent zu den Generatoren, die von den Schaufelrädern angetrieben werden und eine Batterie laden. Mancher denkt vielleicht: Das sieht aus wie eine komplexe Maschine, wie passt sie in ein Tausendstel-Millimeter großes Mitochondrium?

Das ist einer der faszinierendsten Aspekte der modernen Biochemie, dass wir die Struktur dieser komplexen Maschinen (oft Nanomaschinen genannt) bis hin zum Atom kennen. Wir wissen, wo die Protonen durchfließen und wie der Komplex wackelt, um dies zu erreichen. Diese Maschinen sind recht klein, nur ein paar millionstel Millimeter. Aber die Energie in dieser Größenordnung ist immens. Der Akku wird bis zu dem Punkt geladen, an dem ein Blitzschlag nicht weit entfernt ist. Sobald wir den Akku aufgeladen haben, können wir ihn verwenden, um endlich ATP zu machen!

Abbildung 17. Links, eine schematische Darstellung der ATP-Synthase. Sie ähnelt einem rotierenden Motor mit drei Zylindern. Jeder Zylinder geht durch 3 Arbeitsschritte. Rechts eine atomare Darstellung der ATP-Synthase. Grauschattierungen bezeichnen verschiedene Untereinheiten, die sich zusammensetzen, um die komplette Nanomaschine zu erzeugen. Der Kopf der Struktur steht still und wird durch die Gerüststruktur an der Seite an Ort und Stelle gehalten. Der Stiel dreht sich. Details siehe Haupttext.

Wie stellen wir ATP mit einer Batterie her? Dafür haben wir eine weitere großartige Nanomaschine namens ATP-Synthase (Abbildung 17). Sie wird durch den Protonenstrom angetrieben, den die Batterie erzeugt. Infolgedessen muss dies in der gleichen Membran stattfinden, die elektrisch aufgeladen wurde. Die ATP-Synthase sieht wie ein

Pilz aus, ist aber viel dynamischer. Der Stiel des Pilzes dreht sich (angetrieben durch den Protonenstrom), aber der Schirm wird an Ort und Stelle gehalten. Das Schirmdach ist nur die Gesamtform, in Wirklichkeit funktioniert es wie ein Dreizylinder Sternmotor. Die Zylinder zeigen in drei Richtungen, wobei sich jeder Zylinder in einer von drei Positionen befindet: Position (1) Zylinder wird mit ADP und Phosphat beladen, Position (2) ADP und Phosphat werden zusammengepresst zu ATP, Position (3) ATP wir aus dem Zylinder herausgedrückt. Der rotierende Stiel ist die Nockenwelle, die asymmetrisch hebelt, womit jeder Zylinder nacheinander in die drei verschiedenen Positionen geschoben wird, und zum Schluss das ATP herausdrückt wird.

Die Analogie ist gar nicht schlecht, da man auch ATP benutzen kann, um die Nockenwelle zu drehen, aber der normale Modus ist die Produktion von ATP. Jetzt haben wir es geschafft und unsere zelluläre Reise von den Nährstoffen bis zum ATP abgeschlossen.

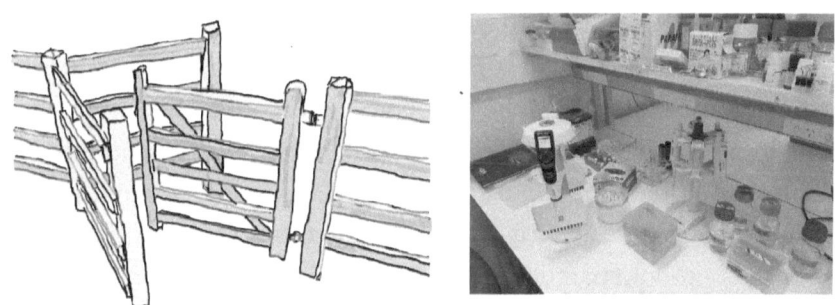

Abbildung 18: Das Kissing gate (links) als Analogie des Transports über Zellmembranen. Die automatische Pipette ist ein Symbol für Forschung und Biotechnologie (rechts).

Aber es gibt ein noch ein wichtiges Detail hinzuzufügen. Mitochondrien waren einst unabhängige Bakterienzellen, und das ATP wird von deren Maschinerie auf der Innenseite produziert. Die überwiegende Mehrheit von ATP wird jedoch auf der Außenseite im Innenraum der Zelle, dem Zytosol, verwendet. Die Evolution hat dieses Problem mit der ADP/ATP-Translokase gelöst, die ADP in die Mitochondrien bringt und gegen gerade produziertes ATP austauscht. Es ist verlockend, sich den Transfer als Drehtür vorzustellen, bei der eine Person hineingehen kann, während eine andere Person herausgeht, aber der realistischere Vergleich ist das englische "Kissing gate" (Abbildung 18), für das es keine entsprechende deutsche Übersetzung gibt. Das Kissing gate hat zwei Teile, nämlich eine Schwingtür und einen passenden Rahmen. Um in das Kissing gate einzutreten wird das Tor zur Seite geschoben. Die Person tritt ein und bewegt sich in die Ecke, worauf das Tor auf die gegenüberliegende Seite bewegt werden kann. Die erste Person kann das Gatter verlassen und die nächste Person kann dann von der anderen Seite eintreten und sich in die entgegengesetzte Richtung bewegen. Die Entdeckung der ADP/ATP-Translokase und ihres Kissing-Gate-Mechanismus', ist mit zwei Giften verbunden, nämlich Atractylosid und Bongkreksäure. Atractylosidvergiftung ist eine seltene Form der Vergiftung, die meist durch falschformulierte Kräutermedizin hervorgerufen wird [54]. Seine Toxizität wurde bald mit der ATP-Produktion in Mitochondrien in Verbindung gebracht. Es kommt in vielen Pflanzen vor, insbesondere in Atractylis gummifera, und verursacht tödliche Leber- und Nierenschäden. Bongkreksäure wird vom Bakterium Burkholderia gladioli produziert, wenn es Zeit hat, auf Kokosnuss- und Maisprodukten vor allem in China und Indonesien zu wachsen. Ein traditionell fermentiertes Kokosnussprodukt namens Tempe bongrek kann mit diesen Bakterien kontaminiert sein. Die Mortalität beträgt 40-60% der betroffenen Personen. Die Vergiftungserscheinungen fangen mit überhöhtem Blutglukosespiegel an, weil Glukose nicht verbrannt werden kann, später gibt es zu wenig. Schwindel, niedriger Blutdruck, niedrige Körpertemperatur und Herzprobleme treten danach auf. Der Tod tritt 1-20 Stunden nach dem Auftreten der Symptome ein [55]. Das ATP/ADP kissing gate wurde 1965 von Martin Klingenberg und Pierre V. Vignais entdeckt. Die experimentelle Bestätigung, dass Atractylosid das Gatter verriegelt, war ein wichtiger Beweis für seine Rolle bei der mitochondrialen Energieproduktion.

An dieser Stelle möchte ich einen kleinen Abstecher ins Forschungslabor machen. Viele der Experimente, die die Grundlage der zellulären Energieerzeugung aufdeckten, nutzen in großem Umfang automatische Pipetten (Abbildung 18) in denen ein Kolben eine genaue Menge an Luft ansaugt oder verdrängt. Die zu transferierende Flüssigkeit folgt der Luft. Tatsächlich sind Pipetten überall auf Fotos zu finden, die die Laborforschung in der Biotechnologie darstellen. Dieses Gerät wurde durch den Bedarf von Forschungslabors entwickelt, die an ATP und seiner Rolle bei zellulären Funktionen arbeiteten. Heinrich Schnittger hatte die mühsame Aufgabe, im Labor von Theodor Bücher in Marburg Hunderte von kleinen flüssigen Proben zu analysieren. Wir trafen Theodor Bücher kurz, weil er eines der Enzyme isolierte, die ATP in der Glykolyse herstellen. Heinrich Schnittger war ein Tüftler und mochte es nicht, mit Hilfe von Glaspipetten Flüssigkeiten durch Mundansaugung zu transferieren. Er verließ das Labor für ein paar Tage und kam mit der ersten Kolbenhubpipette zurück, die dann zum Arbeitspferd der modernen Biotechnologie verbessert wurde [56].

Das waren jetzt eine Menge Details - fassen wir also einmal zusammen: Nährstofffragmente bewegen sich in die Mitochondrien. Protonen und Elektronen werden entzogen (Maut im Arc de Triomphe-Zyklus), und Kohlendioxid (Radfahrer ohne Geld) wird erzeugt. Das Geld wird verwendet, um ATP zu machen. Dazu laden wir eine Batterie mit Protonen, und der entstehende Protonenstrom treibt die ATP-Synthase (Drei-Zylinder-Sternmotor) an, die ATP erzeugt. Schließlich verlässt ATP die Mitochondrien im Austausch für ADP. Als nächstes werden wir sehen, wie Muskeln ATP verwenden, um sich zusammenzuziehen.

Bevor wir dies tun, werfen wir noch einen Blick zurück in die Geschichte. Dies alles herauszufinden, war eine enorme Aufgabe, wie die Entdeckung von ATP. Auch hier wurden die Schlüsselforscher mit Nobelpreisen ausgezeichnet.

Otto Warburg ist eine Schlüsselfigur, wenn es um die Entdeckung der Prinzipien der zellulären Atmung geht. 1908 fing er mit seinen Untersuchungen des Stoffwechsels in Seeigeleiern an. 1912 entdeckt er ein Enzym das Sauerstoff benutzt und welches er "Atmungsferment" nannte. Er fand auch, dass das Enzym nicht im Presssaft von Zellen erschien (Buchners Methode, um die zelluläre Biochemie zu untersuchen) sondern fest mit der Struktur der Zelle verbunden war. Das Enzym wurde durch Blausäure gehemmt, von dem seit Claude Bernard bekannt war, dass es die Zellatmung lähmt. Dieses Enzym produziert Wasser mittels der Elektronen, die unsere Schaufelräder heruntergelaufen sind und den Protonen, die mit den Elektronen zusammen geliefert werden. Wie schon erwähnt hatte David Keilin (Abbildung 19) 1924 gefunden das bestimmte Hefeproteine ihre Farbe ändern je nachdem wie die Atmung funktioniert [42]. Er beobachtete dieselben Proteine in vielen anderen Zellsorten besonders aber in den Flugmuskeln von Fliegen und schlug daher vor, dass sie an der Atmung beteiligt sind. Er bestätigte, dass Otto Warburgs "Atmungsferment" eines der Proteine war, die die Farbe ändern je nach An- oder Abwesenheit von Sauerstoff. Es brauchte noch viele Jahre und Forscher bis die genaue Reihenfolge und Anzahl der Schaufelräder etabliert war oder genauer wie die Elektronen von Eisenkomplex zu Eisenkomplex in den Mitochondrienmembranen weitergereicht werden [44].

Otto Warburg erhielt den Nobelpreis 1931 für seine fundamentalen Entdeckung der zellulären Atmung während David Keilin leer ausging. In 1949 zeigten Albert L. Lehninger (1917-1986, Abbildung 19) and Eugene P. Kennedy (1919-2011) das Mitochondrien die komplette Maschinerie enthalten, um ATP zu machen, wenn Sauerstoff vorhanden ist. In 1951 zeigte Lehninger dann das für jede 2 Elektronen (Münzen) die die Schaufelräder in den Mitochondrien hinunterlaufen 3 Moleküle ATP gemacht werden [57]. Nach 1959 gelang es Youssef Hatefi und seinem Labor die einzelnen Schaufelräder zu identifizieren und zu isolieren und er etablierte, wie sie in Kombination die Energie für die ATP-Produktion erzeugen.

Die Energie des Lebens

Abbildung 19: Pioniere der Mitochondrialen Atmung. David Keilin (links) and Albert L. Lehninger (rechts).

Peter Mitchell (1920-1992, Abbildung 20) hatte die geniale Idee, dass Mitochondrien wie Batterien funktionieren und dass die Ladung der Batterie zur Herstellung von ATP verwendet wird. Peter Mitchell erhielt 1978 den Nobelpreis. Paul D. Boyer (1918-2018, Abbildung 20) erhielt 1997 den Nobelpreis für seine Erkenntnis, dass die ATP-Synthese wie ein Drei-Zylinder-Sternmotor arbeitet, in dem jeder Zylinder sich in drei verschiedenen Positionen befindet. John E. Walker (Abbildung 20) teilte sich den Nobelpreis mit Paul D. Boyer für die Ausarbeitung der pilzartigen Struktur der ATP-Synthese-Nanomaschine.

Abbildung 20. Entdecker des mitochondrialen ATP-Synthesemechanismus. Links: Peter D. Mitchell, Mitte: Paul. D. Boyer mit seiner Frau; rechts John E. Walker (Wikimedia commons).

Peter Mitchell musste für seine Idee gegen viel Widerstand kämpfen, bis die Gemeinschaft der Forscher überzeugt war das Mitochondrien Batterien sind, die den Strom benutzen, um ATP zu machen. Die meisten Forscher suchten nach Stoffwechselprodukten oder Proteinen mit einem Phosphatanhang, der benutzt werden könnte, um ATP zu machen, ähnlich wie beim Zuckerstoffwechsel in Kapitel 2 [2]. Die Debatte bekam so intensiv, dass sie der "Ox Phos Krieg" genannt wurde [58] [Oxidative Phosphorylierung ist der wissenschaftliche Begriff für die Herstellung von ATP bei der Atmung]. Der Krieg dauerte fast 20 Jahre bis endlich ein Friedensvertrag durch eine gemeinsame Publikation besiegelt wurde [59].

Peter Mitchell genoss aber auch den kämpferischen Ton dieses Forschungsgebietes. 1988 schrieb er: *"Die Jahre nach dem Ende der 50iger Jahre waren sehr schwierig für mich, weil die meisten Biochemiker (aber nicht David Keilin) die Idee der chemiosmotische Kopplung ablehnten* [der batteriebetriebene Prozess der ATP-Herstellung]. *Ich musste hart arbeiten damit meine Kollegen mich ernst nahmen. Jetzt ist es ein bisschen traurig das alle diese Ideen als selbstverständlich hinnehmen, als wenn es von Anfang an offensichtlich gewesen wäre."* Zitiert nach Referenz. [58].

Einer der Forscher, der zunächst gegen Peter Mitchells Theorie war, dann aber später überzeugt wurde und dazu beitrug, viele andere auf diesem Gebiet zu überzeugen, war Efraim Racker (1913-1991) [2]. Racker machte seine medizinischen Examina in Wien, als Hitler Österreich annektierte. Er wurde von der Universität verbannt, konnte aber gerade noch seine Prüfung ablegen. Er zog dann über Großbritannien in die Vereinigten Staaten, wo er seine bahnbrechende Forschungsarbeit durchführte. Racker war der erste der den gesamten Pilz der ATP-Synthase isolierte und es dann später zusammen mit einer licht-getriebenen Nano-Maschine, die Protonen durch die Membran pumpt, in eine kleine Seifenblase verpackte, um dieses Batteriemodel zu laden. Wenn dann ADP und Phosphat dazugegeben wurde, war das ausreichend, um ATP zu machen sobald Licht angeschaltet wurde.

In Tabelle 2 habe ich wichtige Entdeckungen aufgelistet, die mit der zellulären Energieproduktion bei der Atmung zusammenhängen. Wie beim Zuckerstoffwechsel ist die Liste nicht vollständig und viele andere Forscher haben wichtiges beigetragen. Insbesonders der Fluss der Elektronen über die Schaufelräder ist ein eigenes Forschungsgebiet, das von Otto Warburg and David Keilin angestoßen wurde.

Table 2: Wichtige Entdeckungen die die zelluläre Atmung und Energie Produktion erklären.

Year	Name	Discovery
1925	David Keilin	Entdeckung von Proteinen die die Farbe während der Atmung wechseln.
1926	Otto Warburg	Entdeckung des Atmungsferments (Nobelpreis 1931)
1929	Hans von Euler-Chelpin	Isolierung der Coenzyme der Fermentation (Nobelpreis 1929)
1937	Albert Szent-Györgi	Elektronenentzug im Stoffwechsel (Nobelpreis 1937)
1937	Hans Krebs	Entdeckung des Zitronensäurezyklus (Krebs Zyklus, Nobelpreis 1953)
1947	Fritz Lipmann	Chemische Aktivierung von Nahrungsfragmenten ist nötig, um am Krebszyklus teilzunehmen (Nobelpreis 1953)
1948	Albert Claude	Mitochondrien sind die Kraftwerke der Zelle (Nobelpreis 1974)
1949	Albert L. Lehninger Eugene P. Kennedy	Mitochondrien sind die Organellen der zellulären Atmung und können unabhängig ATP herstellen.
1959	Youssef Hatefi	Beginn der Identifizierung der Komplexe die die Energie der Elektronen ernten.
1961	Peter Mitchell	Mechanismus der mitochondrialen ATP-Produktion (Nobelpreis 1978)
1965	Yasuo Kagawa Efraim Racker	Isolierung der Nanomaschine die ATP in Mitochondrien herstellt.
1973	Paul D. Boyer	Mechanisms der ATP-Synthase (Nobelpreis 1997)
1994	John E. Walker	Struktur der ATP-Synthase (Nobelpreis 1997)

Jetzt können wir zur Rolle von ATP im Muskel zurückkehren. Bereits 1864 isolierte Willy Kühne aus dem Muskel ein Protein, das er Myosin nannte und es für den Starrezustand des Muskels nach dem Tod verantwortlich machte [60]. Genau zu der Zeit, als ATP von Karl Lohmann entdeckt wurde, berichteten Militsa Nikolaevna Ljubimova und Alexandrovich Engelhardt [60], dass Myosin ATP in ADP und Phosphat spalten könnte. Willy Kühnes Methode wurde von Albert Szent-Györgyi, den wir zuvor getroffen haben, verwendet, um Myosin zu isolieren, und konnte dann zeigen, dass sich isolierte Muskelfasern bei Exposition mit ATP zusammenzogen.

Szent-Györgyi beschrieb die kontrahierenden Fasern als eine der spannendsten Beobachtungen seines Lebens. Ähnliche Beobachtungen wurden von Joseph Needham zur gleichen Zeit während des Krieges im Jahr 1942 gemacht. Während Joseph Needham seine Ergebnisse ohne weiteres veröffentlichen konnte, musste sich Albert Szent-Györgyi vor der Gestapo in Ungarn verstecken. Seine Veröffentlichungen wurden zur gleichen Zeit an den Verlag geschickt, erschienen aber erst 1945 [61].

Endlich konnte die Welt sehen, was ATP tat. Darüber hinaus wurde Magnesium benötigt, um Muskelspannung zu erzeugen. Gleichzeitig wurde ein zweites Protein in Muskelextrakten identifiziert und Aktin genannt. Zusammen machen Aktin und Myosin 85% des Muskelproteins aus. Beide Proteine sind faszinierend angeordnet (Abbildung 21), was die Theorie der gleitenden Filamente hervorbrachte.

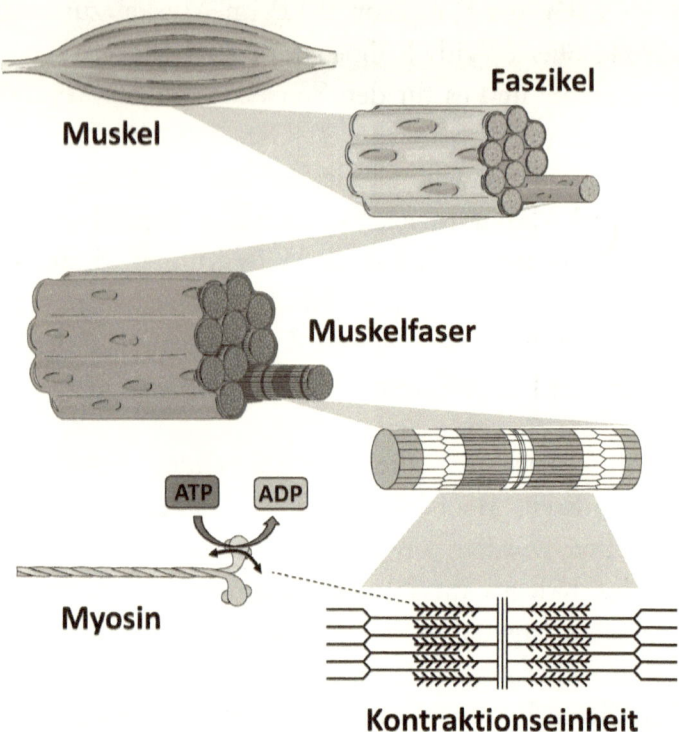

Abbildung 21. Muskelfaserkontraktion. Ein Muskel besteht aus Filamenten, die wiederum Myofibrillen enthalten. Myofibrillen haben ein bestimmtes Muster, das durch Aktin- und Myosin-Moleküle erzeugt wird, die ineinander gleiten können. Myosin ist ein längliches Molekül, das wie zwei verdrehte Golfschläger aussieht. Isolierte Myofibrillen ziehen sich bei Exposition mit ATP zusammen, wie zuerst von Albert Szent-Györgyi und Joseph Needham beschrieben (Servier Medical Art).

Diese Theorie wurde 1954 von Andrew Fielding Huxley (1917-2012) und Rolf Niedergerke (1921-2011) und unabhängig von Hugh E. Huxley (1924-2013) und Jean Hanson (1919-1973) vorgeschlagen und basierte auf Lichtmikroskopie, Elektronenmikroskopie und Röntgenbildgebung intakter Muskelfasern [62]. Diese zeigten die Periodizität der gestreiften Muskelfaser (Abbildung 21).

Bei der mikroskopischen Untersuchung von entspannten und kontrahierten Muskeln wurden charakteristische Veränderungen beobachtet, die am überzeugendsten durch Aktin- und Myosinfilamente erklärt wurden, die wie gegenüberliegende Finger zusammenglitten (Abbildung 21). Myosin Moleküle sehen aus wie zwei Golfschläger, deren Schäfte miteinander verdreht sind. Die Köpfe des Golfschlägers zeigen nach außen und im Gegensatz zum Golfschläger können sich die Köpfe hin und her bewegen. Wir stellen uns zahlreiche dieser Einheiten vor, die gebündelt sind, wobei die Köpfe alle gestaffelt nach außen zeigen. Zwei dieser Bündel sind im Zentrum an den Enden der Schäfte zusammengeklebt. Das zweite Protein Aktin bildet lange Seile, die die Myosinbündel umgeben. Die Seile sind an einer festen Stütze verankert und lang genug, dass ein Myosinbündel leicht mit einer guten Lücke zur festen Stütze dazwischen passt. Dies ist eine Kontraktionseinheit, die wir in einer Muskelfaser finden. Fünfhundert dieser Einheiten passen von Kopf bis Schwanz in einem Millimeter Muskelfaser und etwa 2000 Fasern in parallelen Bündeln bilden einen Muskel (Abbildung 21).

Wie Szent-Györgyi herausfand, ziehen sich die Fasern zusammen, wenn man ATP hinzufügt, und dies wird erreicht, indem die dicken Filamente (Myosin-Zieher) zwischen die dünnen Filamente (die Aktinseile) gezogen werden Abbildung 22). Bei einem Tauziehen ist es notwendig, das Seil gut in den Griff zu bekommen und dann Muskelspannungen zu erzeugen, um sich am Seil entlangzuziehen. Das passiert auch in einer Muskelfaser.

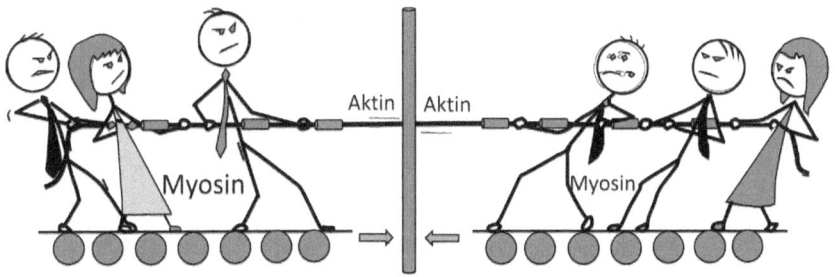

Abbildung 22. Der Gleitfilamentmechanismus der Muskelkontraktion. Myosinfilamente ziehen sich an Aktinseilen entlang.

Der interessante Aspekt ist, dass die Spaltung von ATP zu ADP die Fasern nicht direkt zieht, sondern eine Vorspannung erzeugt [1]. Es ist, als würde man den Bügel einer Mausefalle spannen und arretieren. Um die Mausefalle zu spannen, darf sie nicht an den Aktinseilen befestigt sein. Die Bindung von ATP löst den geschlossenen Mausefallenbügel (Golfschlägerkopf) von den Seilen, dann wird die Falle durch Spaltung von ATP in ADP und Phosphat gespannt. Jetzt kann der Bügel an den Seilen befestigt werden. In dem Moment aber, in dem er die Seile berührt, wird der Bügel losgelassen und der Seilzug erfolgt. Dies geschieht bei vielen Filamenten gleichzeitig, so dass sie sich an den Seilen entlang ziehen. Dieser Zyklus wiederholt sich, solange ATP verfügbar ist, bis die Myosinbündel die Wand erreichen, an der die Aktinseile befestigt sind. Wir können damit auch den Rigor mortis erklären, die Muskelstarre, die nach dem Tod auftritt. Wenn ATP in einer toten Zelle nicht mehr regeneriert wird, kann es die Brücke zwischen Myosinköpfen und Aktinseilen nicht mehr lösen. Alle Bügel sind fest an die Seile gebunden, und der Muskel kann sich nicht bewegen.

Wenn wir leben, regenerieren wir ATP die ganze Zeit. Aber warum sind unsere Muskeln dann nicht immer angespannt? Dies liegt daran, dass die Seile umwickelt sind, so dass wir keinen Griff haben können. Entfernen wir die Verpackung, kann das Ziehen beginnen. Hier kommt Kalzium ins Spiel. In unseren Muskelfasern haben wir Tanks mit einem Abflusshahn, die hochkonzentrierte Kalziumlösung enthalten. Wenn wir den Hahn öffnen, strömt Kalzium aus den Tanks in die Muskelfasern. Das Kalzium bindet sich an die Umhüllung der Seile und öffnet eine Lücke, an der das Myosin zupacken kann. Nun kann das Ziehen beginnen. Indessen haben wir das Problem verschoben, denn sobald wir das Kalzium ausspülen, werden sich die Muskeln unweigerlich zusammenziehen. Etwas muss das Kalzium entfernen und wieder zurück in den Tank pumpen. In der Tat sind an unseren Tanks Kalziumpumpen oder Staubsauger angebracht, die das gesamte Kalzium aufsaugen und in den Tank zurückführen. Dies sind spezielle Staubsauger, die keinen gewöhnlichen Staub entfernen, sondern nur Kalksteinstaub (auch bekannt als Kalzium). Staubsauger brauchen Energie, um Kalzium aus den Muskelfasern zurück in den Tank zu entfernen. Diese Energie wird von ATP bereitgestellt. Weil die Analogie so einleuchtend ist, werden diese Nano-Maschinen sogar von Biochemikern Kalziumpumpen genannt. Entdeckt wurden sie 1961 von Werner Hasselbach und Madoka Makinose [63]. Zuvor war bereits bekannt, dass in subzellulären Präparaten von Muskelgewebe ein "Entspannungsfaktor" vorkommt. Hasselbach und Makinose zeigten, dass dieser durch ATP aktiviert wird und Kalzium entfernt. Somit wird ATP sowohl für die Kontraktion als auch für die Entspannung der Muskelfasern benötigt.

Heutzutage haben wir eine detaillierte atomare Ansicht der Kalziumpumpe und ihrer tanzenden Bewegung, während sie Kalzium zurück in die Tanks schaufelt (Abbildung 23). Diese Details wurden 2002 von Chikashi Toyoshima und Hiromi Nomura ausgearbeitet.

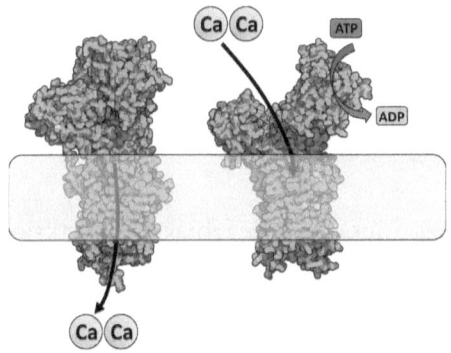

Abbildung 23. Eine Darstellung der Struktur der Kalziumpumpe. Die dramatischen Veränderungen ihrer Form werden durch die Spaltung von ATP bewirkt. Dies ermöglicht es der Pumpe, Kalziumionen auf einer Seite der Membran zu laden und sie auf der anderen Seite freizusetzen.

Die letzte Verbindung, die wir herstellen müssen, ist diejenige mit dem Weidezaun, den ich in Kapitel 2 erwähnt habe. Leser aus einer ländlichen Gegend mögen schon mal einen berührt haben. Die Berührung versetzt uns einen elektrischen Schlag und ein kräftiges

Muskelzucken. Der normale physiologische Elektroschock, der den Muskel kontrahiert, ist viel kleiner und lokaler. Er wird durch einen lokalen Kurzschluss unserer Zellbatterie erzeugt, diesmal nicht in den Mitochondrien, denn diese sind damit beschäftigt ATP zu produzieren und wollen dabei nicht unterbrochen werden, sondern in der Membran, die unsere Muskelfasern umgibt. Wie bei einer Batterie kollabiert durch den Kurzschluss die Spannung, und dies wird von den Tanks bemerkt. Die Abflusshähne an den Kalziumtanks sind mit einem Spannungsmessgerät versehen und öffnen sich in dem Moment, in dem die Spannung abfällt. Während es ein interessantes Experiment ist, einen elektrischen Weidezaun zu berühren, sollten wir einen nicht isolierten Stromdraht in unserem Haus nicht anfassen. Die Spannung ist viel höher als bei einem Weidezaun, und anstatt nur etwas unangenehm zu sein, kann dies zu einem Herzstillstand führen, je nachdem, wie der Strom durch unseren Körper fließt. Wir werden im nächsten Kapitel über das Herz sprechen, das im Wesentlichen ein großer Muskel ist, der regelmäßig einen Schuss Blut aus seiner Kammer in den Kreislauf presst. Man kann das Herz mit einem übermächtigen Stromschlag stoppen, aber man kann es auch mit dem Spannungsschock eines Defibrillators wieder starten.

Zurück zum Kurzschluss, der die Muskelkontraktion auslöst: Dieser wird durch Nervenfasern erzeugt, die von unserer Wirbelsäule ausgehen und sich an den Muskelfilamenten auffächern. Unsere Muskelbewegung ist freiwillig. Um die Kontraktion einzuleiten, weist unser Gehirn die Nervenfasern an, eine Chemikalie, den Neurotransmitter [k] Azetylcholin, in der Nähe der Muskelfilamente freizusetzen. Wir haben Azetylcholin bereits im vorherigen Kapitel getroffen, weil seine Synthese eine der ersten biochemischen Reaktionen war, von der bekannt war, dass sie von ATP angetrieben wird. Das Azetylcholin bindet sich an bestimmte Proteine, sogenannte Rezeptoren in den Membranen der Muskelfilamente, die dann den

---

[k] Neurotransmitter steht kurz für einen "Sender von Nervensignalen".

anfänglichen Kurzschluss verursachen. Auch hier stellt sich die Frage, warum unsere Muskeln nicht ständig verkrampft sind, sobald die Chemikalie freigesetzt wurde. Der Körper baut Azetylcholin aber sehr schnell ab, und das bewirkt die Entspannung des Muskels. Es gibt künstliche Chemikalien, die den Abbau verhindern. Man kann sie als Pestizide verwenden, aber die fortgeschritteneren Versionen sind bekannter geworden durch ihre bösartige Verwendung als Gifte. Alexej Nawalny, der russische Oppositionelle, wurde 2020 mit diesen Chemikalien vergiftet. Zur Behandlung wurde er in ein induziertes Koma versetzt und künstlich beatmet, da auch die Lungenmuskulatur betroffen war. Letztlich wird das Gift aus dem Körper ausgewaschen und eine Genesung ist möglich, wenn lebenserhaltende Maschinen verfügbar sind.

Die Entdeckung von Azetylcholin als ein Botenstoff, ist eine faszinierende Geschichte [64]. Otto Loewi (1873-1961, Abbildung 24) arbeitete an der Universität Graz an der Übertragung von Nervenaktivität. Im Jahr 1921 hatte er eine experimentelle Idee während eines Traumes. Er erwachte und machte sich ein paar Notizen, die er bei Tage jedoch nicht mehr entziffern konnte. Der Traum kehrte aber in der nächsten Nacht zurück, und diesmal machte er bessere Notizen. Für das Experiment verwendete er Froschherzen. Sie haben vielleicht schon bemerkt, dass Frösche vor dem 2. Weltkrieg die Arbeitspferde der Biochemie waren. Otto Loewi bereitete zwei Herzen vor, eines mit Nerven, das andere ohne. Das Herz hat einen autonomen Schlag, der für eine Weile aufrechterhalten werden kann, bis das ATP ausläuft. Beide Herzen waren mit Salzlösung gefüllt, nicht mit Blut. Loewi stimulierte einen Nerv elektrisch für ein paar Minuten. Je nach Nerv verlangsamt oder beschleunigt dies den autonomen Herzschlag. Dann übertrug er die Salzlösung vom stimulierten Herzen auf das andere Herz. Wenn er die Salzlösung vom beschleunigten Herzen übertrug, beschleunigte sich auch das Herz ohne anhängende Nerven. Umgekehrt, wenn die Lösung aus dem sich verlangsamenden Herzen übertragen wurde, verlangsamte sich auch das andere Herz.

Abbildung. 24: Entdecker der chemischen Neurotransmission. Links: Otto Loewi, rechts Henry Hallett Dale. Wikimedia Commons.

Der Nerv, der die Herzfrequenz verlangsamt, wird als Vagusnerv bezeichnet, und Otto Loewi nannte die Substanz, die in die Salzlösung freigesetzt worden sein musste, den "Vagusstoff". Es stellt sich heraus, dass der "Vagusstoff" Azetylcholin war. Der "beschleunigende Stoff" entpuppte sich als Noradrenalin.

Zu jener Zeit war dies ein großer Fortschritt, da die meisten Neurowissenschaftler glaubten, dass elektrische Nervenimpulse von biologischen Kabeln geleitet wurden. Für chemische "Stoffe" gab es keinen Platz in der Nervenkommunikation. Loewi gab zu, dass er selbst dieses Experiment abgelehnt hätte, wenn er tagsüber darüber nachgedacht hätte, weil es unwahrscheinlich war, dass genug "Stoff" in die Salzlösung des Herzens eindringen würde. Otto Loewi erhielt 1936 den Nobelpreis für die Entdeckung der chemischen Übertragung von Nervenimpulsen. Henry Dale (1875-1968, Abbildung 24) war der erste, der Azetylcholin aus Geweben isolierte und zeigen konnte, dass sich der Muskel bei Exposition mit Azetylcholin zusammenzieht [65]. 1936 erhielt er gemeinsam mit Otto Loewi den Nobelpreis.

Otto Loewi war bereits 65 Jahre alt, als die Nazis in Österreich einmarschierten. Als Jude wurde er zu Haus mit vorgehaltener Waffe verhaftet und ins Gefängnis gebracht, aber freigelassen nach der Intervention mehrerer prominenter internationaler Physiologen, die sich auf einem Kongress in der Schweiz versammelt hatten. Sein Nobelpreisgeld musste er an die Nazis zurückzahlen, bevor er Deutschland nach London verlassen durfte. In Tabelle 3 habe ich die wichtigsten Entdeckungen aufgelistet, die ATP mit der Muskelkontraktion in Verbindung bringen.

Table 3: Major discoveries associated with muscle contraction.

Jahr	Name	Entdeckung
1864	Wilhelm Kühne	Isolierung von Myosin
1936	Otto Loewi, Henry Dale	Entdeckung des Azetylcholin Nobelpreis 1936
1939	Vladimir Alexandrovich Engelhardt, Militsa Nikolaevna Lyubimova	Myosin spaltet ATP
1942	Bruno Ference Straub	Entdeckung von Aktin
1942	Joseph Needham, Albert Szent-Györgi	Muskelkontraktion benötigt ATP
1954	Andrew F. Huxley, Rolf Niedergerke; Hugh Huxley, Jean Hanson	Gleitfilament Theorie
1961	Werner Hasselbach, Madoka Makinose	Kalziumpumpen beschrieben

Jetzt fassen wir nochmal die Ereignisse, die unsere Muskeln in Aktion bringen, zusammen (Abbildung 25). Unsere mentale Entscheidung, ein Gewicht zu heben, löst die Freisetzung von Azetylcholin aus Nervenfasern in der Nähe der Muskelfilamente aus. Dies verursacht einen Kurzschluss der Zellmembranspannung, der wiederum die Wasserhähne der Kalziumtanks öffnet. Mit Kalzium überflutet, wird die Umwicklung der Aktinseile entfernt, die Köpfe der Myosin-Golfschläger befestigen sich an den Seilen, was den Zug auslöst und die Myosinfilamente entlang des Seils zieht. ATP löst die Golfschlägerköpfe vom Seil und zieht die Köpfe zurück wie den Bügel einer Mausefalle. Dabei wird ATP in ADP und Phosphat gespalten und aus deren Bindungsstelle freigesetzt.

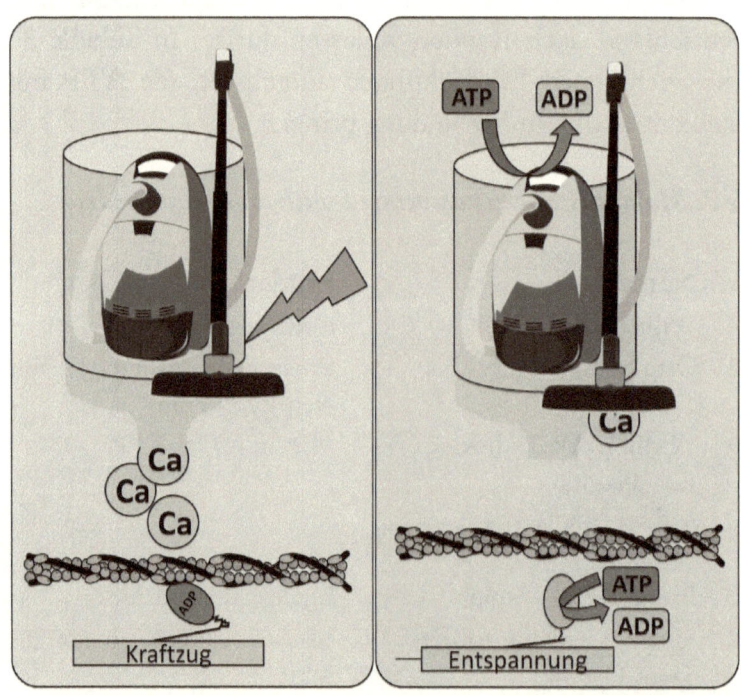

Abbildung. 25: Muskel Kontraktion und Entspannung. Ein elektrischer Schlag setzt Kalzium aus den Vorratstanks frei und startet den Kraftzug. ATP lost die Myosinköpfe für den nächsten Kraftzug. Wenn der elektrische Schlag vorbei ist, wird das Kalzium aufgesaugt und der Muskel entspannt sich.

Solange die Seilumkleidung noch entfernt ist, wird der Zyklus fortgesetzt, bis die Staubsauger Kalzium mit Hilfe von ATP aufsaugen und zurück in die Tanks bringen. Da die Kalziumpumpen die ganze Zeit arbeiten, aber langsamer sind als die Kalziumflut, die aus den Tanks kommt, muss unser Gehirn den Nerven sagen, dass sie aufhören sollen, Azetylcholin freizusetzen. Das verbleibende Azetylcholin wird abgebaut (es sei denn, wir wurden vergiftet) und unser Muskel entspannt sich. Wir können uns gut vorstellen, wie komplex die Orchestrierung sein muss, damit wir effizient laufen, springen oder gehen können.

Der Grundstein ist gelegt und wir können eine Athletin bei einem 400 Meter Lauf verfolgen, der ungefähr eine Minute dauert. Im Muskel unserer Athletin gibt es ATP, aber nicht viel. Es würde nur für 2-4 Sekunden halten. Darüber hinaus haben wir das Phosphagen-System, das ADP schnell zu ATP aufladen kann. Es ist so schnell, dass ATP nie stark, sondern nur ein bisschen abfällt. Dieses System hält etwas länger, etwa 30 Sekunden, einschließlich des ATP. Jetzt kommt der nächste Speicher, der Glykogen heißt. Wie wir bereits gelernt haben, ist Glykogen ein Polymer von Glukose und wird leicht in einzelne Einheiten von Glukose zerlegt. Während eines 400-Meter-Laufs ist der Blutfluss nicht schnell genug, um genügend Sauerstoff bereitzustellen, um die Glukose zu Kohlendioxid und Wasser zu verbrennen. Stattdessen nutzt unsere Athletin das Milchsäure-Kreditkartensystem. Dieses liefert schnelle Energie, um ATP aus Zwischenprodukten der Glykolyse wiederherzustellen, geht jedoch zu Lasten der Akkumulation von Milchsäure. Für 400 Meter ist das völlig in Ordnung. Während die Athletin die 400 Meter läuft, kommt durch zunehmenden Blutfluss mehr Sauerstoff zu den Muskelzellen, und das Verbrennen von Glukose nimmt langsam zu. Ohne es zu wissen, reguliert ihr Körper den Energiestoffwechsel in ihrem Muskel. In den ersten 100 Metern ist das Phosphagen-System aufgebraucht, in dieser Zeit steigt die Milchsäureproduktion auf einen Höhepunkt bei etwa 100 Metern, bevor sie wieder abnimmt und zunehmend von der Atmung ohne Sauerstoffschuld abgelöst wird. Ab 400 Metern befindet sie sich in einem Gleichgewicht, in dem genügend Sauerstoff zum Muskel fließt, um ein gleichmäßiges Tempo aufrechtzuerhalten, ohne Milchsäure anzusammeln. Die Athletin kann die maximale Geschwindigkeit nur für 200 Meter aufrechterhalten. Bei 800 Metern wäre ihre Geschwindigkeit bereits auf 70% der Höchstgeschwindigkeit gesunken.

Überraschenderweise kann ein Marathon immer noch mit 50% der Höchstgeschwindigkeit gelaufen werden. Die Energie, die durch die verschiedenen Arten des Stoffwechsels bereitgestellt wird, ist sehr unterschiedlich [66]. Das Phosphagen-System kann uns 4,5 g ATP pro kg Muskelgewicht pro Sekunde geben, das Milchsäure-Kreditkartensystem etwa 2 g und der vollständig aerobe Stoffwechsel nur 1 g. Nur 0,5 g ATP pro kg pro Sekunde werden durch die Verbrennung von Fett anstelle von Zucker bereitgestellt. Die Kapazität dieser Ressourcen ist aber sehr unterschiedlich. Phosphagen hält für 4-6 Sekunden, Milchsäureproduktion für 1-2 Minuten, aerobe Verwendung von Kohlenhydraten 1-2 Stunden und Fett mehr als 6 Stunden. Die durch Fett bereitgestellte Energiedichte reicht aus, um unsere Tennisspielerin aus Kapitel 1 auch für das längste Spiel mit ausreichend Energie zu versorgen. Von da an sind Nahrungsaufnahme oder Energie-Drinks erforderlich, um sie weiterzubringen.

Der Muskelkater der sich über 2 Tage nach einer ungewöhnlichen Muskelbelastung entwickelt hat aber nichts mit der Anhäufung von Milchsäure oder dem Mangel von ATP zu tun [67]. Bereits eine Stunde nach dem Training sind die Milchsäurespiegel wieder normal. Der Muskelkater wird stattdessen durch mechanische Zerstörung von Proteinstrukturen und Muskelfasern ausgelöst. Das bringt Immunzellen dazu sich bei den Mikroverletzungen anzusammeln und diese produzieren hormonähnliche Botenstoffe, die die Schmerzempfindung auslösen. Zusätzlich gibt es noch Schwellungen, weil Wasser sich dort ansammelt, was zum Schmerz beiträgt.

Wir haben in den vorherigen Absätzen gesehen, dass anaerobe Stoffwechselprozesse ausreichen, um kurzfristig genügend Energie bereitzustellen. Für langfristiges Training ist der Blutfluss kritisch, um genügend Sauerstoff und Nährstoffe zu den Muskeln zu bringen und eine optimale Aktivität aufrechtzuerhalten. Aber woher sollte unser Körper wissen, dass mehr Blutfluss erforderlich ist, um die Muskelfunktion zu unterstützen? Auch hier spielt ATP eine wichtige

Rolle, diesmal als Bote [68]. Wir haben gelernt, dass sich der ATP-Spiegel während des Trainings nicht sehr stark ändert, aber unsere Muskelzellen können ATP während des Trainings freisetzen. Dies wird durch Poren in der Membran vermittelt, deren Beschaffenheit noch unbekannt ist. ATP selbst ist nicht das Signal, sondern Adenosin, das wir in Abbildung 1 angetroffen haben. Es ist ein Teil von ATP und wird erzeugt, wenn ATP außerhalb von Zellen abgebaut wird. ATP wird normalerweise in Zellen gehalten, kann aber austreten, möglicherweise als Folge mechanischer Belastung. So kann es die mechanische Belastung des Muskels während des Trainings sein, die ATP freisetzt, das dann schnell in Adenosin umgewandelt wird. Adenosin ist ein starker Botenstoff, der die Erweiterung der Blutgefäße verursacht. Dies erhöht den Blutfluss zu den Muskeln, die sich zusammenziehen, aber nicht zu denen, die ruhen.

Es gibt noch mehr Anpassungen an das Training, die durch ATP ausgelöst werden. Wie wir gesehen haben, muss der Körper darauf umschalten, Fett zu verbrennen, wenn das Glykogen während des Trainings ausgeht. In jeder Zelle befindet sich ein spezieller Detektor, der den Zustand der ATP-Batterie überprüft [69]. Wenn ATP verwendet wird, wird ADP generiert. Wir haben gesehen, dass wir das Phosphagen-System verwenden können, um ATP wiederherzustellen, aber es gibt einen zusätzlichen Trick. Zwei ADP können in ein ATP und ein AMP (AMP: Adenosin mit nur einem Phosphat) umgewandelt werden. Normalerweise ist AMP kaum vorhanden, steigt aber während des Trainings an. Ein AMP-Detektor erkennt dies und aktivert den Fettsäurestoffwechsel, um beim Aufladen der ATP-Batterie zu helfen. Daniel Atkinson (geboren 1921) war der erste, der 1964 vorschlug, dass Zellen das Verhältnis der verschiedenen ATP-Abbauprodukte erkennen sollten. Herman Kalckar, den wir als Entdecker der sauerstoffabhängigen ATP-Produktion begegnet sind, entdeckte 1942 das ATP-Recycling-Enzym in Muskeln. Der AMP-Detektor ist Gegenstand intensiver aktueller Forschung.

Nachdem wir uns die funktionellen Anpassungen der Muskelfunktion angesehen haben, möchte ich eine Spezialisierung der Muskelfasern hervorheben. Wir haben gesehen, dass Muskeln verschiedene Phasen des Energiestoffwechsels durchlaufen, um Energie für Sprints und Marathons bereitzustellen. Die menschliche Physiologie als Teil ihrer Evolution ist jedoch noch anpassungsfähiger. Anstatt den Stoffwechsel zu verändern, verlegt sie sich auf Spezialisierung. Bekanntlich können wir Muskeln durch Übung wachsen lassen, und sogar bestimmte Arten von Muskeln. Muskelfasern vom Typ I sind für einen Marathon konzipiert. Sie haben viele Mitochondrien und viele Blutgefäße. Sie können sich nicht so schnell zusammenziehen wie andere Muskelfasern und werden daher als "langsam zuckende" Muskelfasern bezeichnet. Diese Fasern haben auch nicht so viel Glykogen oder Phosphagen, aber sie sind brillant beim Arc-de-Triomphe-Zyklus. Zusammenfassend lässt sich sagen, dass langsam zuckende Muskelfasern einen stetigen Blutfluss bevorzugen, Sauerstoff lieben, wenig Milchsäure produzieren, und eine gleichmäßige Leistung hervorbringen. Usain Bolt hingegen trainiert, um "schnell zuckende" oder Typ-II-Muskelfasern wachsen zu lassen. Diese können sich sehr schnell zusammenziehen, haben viel Glykogen und Phosphagen, aber vergleichsweise wenige Mitochondrien. Sie sind nicht gut für einen Marathon, aber ideal für einen 100-Meter-Sprint. Die Flexibilität unseres Körpers ist erstaunlich. Ein Sprinter hat 25% "langsam zuckende" Muskelfasern und 75% "schnell zuckende" Fasern in den Beinen, während ein Marathonläufer 75% "langsam zuckende" Fasern und 25% "schnell zuckende" Fasern hat. So kann unser Körper Muskelfasern für verschiedene Aufgaben einsetzen. Wie das anatomisch aussieht, können wir uns in der Auslage unseres Metzgers anschauen. Hühnerbrust ist blass, weil sie sehr wenige Mitochondrien hat. Mitochondrien sind wegen all der Eisenkomplexe braun gefärbt. Ein Huhn fliegt keine lange Strecke, bestenfalls auf den nächsten Baum, um einem Fuchs zu entkommen, aber kommerziell gezüchtete Hühner tun nicht einmal das. Obwohl auch unsere Rinder nicht zu viel Bewegung bekommen, ist ihr Fleisch trotzdem dunkler, weil sie stetig herumlaufen.

Wildfleisch ist aufgrund vieler Mitochondrien noch dunkler. Enten fliegen viel längere Strecken als Hühner, und Tauben haben mit die feinsten Typ-I-Muskelfasern im Tierreich. Hans Krebs vom Arc de Triomphe Zyklus nutzte den Taubenmuskel, um einen Großteil seiner Forschungsarbeit zu leisten. Fliegenmuskeln sind auch gut, aber es ist schwer, genug Material zu bekommen. Krokodile sind extreme Typ-II-Muskeltiere. In Australien kann man das Fleisch kaufen, und es sieht so blass aus wie Hühnerfleisch. Krokodile sind schnelle Sprinter, aber nur für 20-30 Meter. Wir können vor einem Krokodil weglaufen, wenn wir ihm nicht zu nahe sind und es uns in einem großen Sprung erreichen könnte. Ich hoffe, meine Leser werden nie in die Situation kommen, in der sie dies ausprobieren müssen, aber es sollte ein guter Abschluss für dieses Kapitel sein.

4

Die Streifengans

"Ich sage, du hast ein Herz!" "Manchmal",
antwortete er, "wenn ich Zeit habe".
Jules Verne, In achtzig Tagen um die Welt

Ohne viel nachdenken akzeptieren wir, dass Blut in unserem Körper zirkuliert. Das Herz pumpt das Blut durch die Arterien zu allen Geweben. Dort verzweigen sich die Arterien in immer kleinere Gefäße, sogenannte Kapillaren, die dann wieder zu Venen verschmelzen, die zum Herzen zurückkehren. Es ist der Druck des Herzschlags gegen den Widerstand der Blutkapillaren, der den Blutdruck erzeugt. Während des Durchgangs durch die Kapillaren werden Sauerstoff und Nährstoffe an die Zellen abgegeben und Kohlendioxid, und auch Abfallprodukte einschließlich Milchsäure werden in das durchfließende Blut abgegeben. Um das Blut mit Sauerstoff aufzuladen, wird es dann nach der Rückkehr zum Herz in die Lunge gepumpt, wo sich die Gefäße wieder in Kapillaren verzweigen, diesmal um Sauerstoff aufzunehmen. Die kleinen Einheiten, in denen der Sauerstoffaustausch stattfindet, sind die Alveolen, in denen ein Blutgefäß nur durch eine extradünne Zelle vom Sauerstoff in der Lunge getrennt ist. Der Grund, warum Menschen an Covid-19 sterben, ist das Eindringen von Immunzellen in den Raum zwischen dem Blutgefäß und dem alveolären Luftraum.

Die Immunzellen dringen ein, weil Viren die Zellen in den Alveolen zerstören. Die Immunzellen erweitern und verstopfen den Raum zwischen Blutgefäß und Luftraum; daher kann Sauerstoff nicht leicht in das Blut gelangen. Das Blut, das aus der Lunge kommt, ist normalerweise stark mit Sauerstoff angereichert, aber nicht, wenn die Alveolen entzündet oder mit Wasser gefüllt sind. Wie wir gelernt haben, ist Sauerstoff der Schlüssel zur Herstellung von ATP. Aus der Lunge kehrt das sauerstoffreiche Blut zum Herzen zurück, um den Zyklus zu vervollständigen.

Diesen Zyklus zu entdecken, brauchte überraschend lange Zeit [70]. Bis zur Renaissance war der Konsens, dass Arterien und Venen zwei Systeme waren, die Blut enthielten und es an Organe und Gewebe abgaben. Das ist vielleicht verständlich, denn ein Schnitt in Arterien oder Venen führt dazu, dass Blut sprudelt oder austritt. Nach damaliger Annahme enthielten Arterien Luft oder luftangereichertes Blut, das lebenswichtige Kräfte zu den Organen brachte; Venen enthielten Nährstoffe, die aus der Leber stammen sollten. Damit luftangereichertes Blut in die Arterien gelangen konnte, um die Gewebe zu versorgen, sollte es zwischen den beiden Kammern des Herzens durch Poren übertragen werden. Der Blutfluss galt als langsame Einbahnstraße, die in der Peripherie endete, wo er irgendwie verschwand. Nahrung wurde vermeintlich in der Leber in Blut umgewandelt und dann von den Venen an alle Teile des Körpers abgegeben. Kurz gesagt: Nahrung wird zu Blut, und Blut wird zu Gewebe.

Diese Ansichten, die von Aelius Galenus oder Galen im 2. Jahrhundert entwickelt wurden, setzten sich für die nächsten 1400 Jahre durch. Die drei wichtigsten Erkenntnisse, die fehlten, waren, erstens, das Herz als Pumpe zu erkennen, zweitens Kapillaren als Verbindung zwischen Arterien und Venen zu identifizieren (was erst durch Mikroskope möglich wurde), drittens die Erkenntnis, dass in Venen das Blut zum Herzen fließt, nicht nach außen zu den Geweben. Die erste Person, die Galens Ansichten in Frage stellte, war Ibn al-Nafis aus Damaskus, der einen Zusammenhang zwischen Arterien und Venen in der Lunge erkannte und im 13. Jahrhundert den Lungenkreislauf entdeckte. Seine Schriften blieben aber weitgehend unbekannt oder wurden ignoriert. Die Renaissance generierte zunehmend Wissen, das Galens Ansichten über den Blutfluss widersprach. Leonardo da Vinci (1452-1519) erkannte das Herz als Muskel. Realdo Colombo (1515-1559) entdeckte den Lungenkreislauf im 16. Jahrhundert wieder, glaubte aber immer noch, dass das meiste venöse Blut in die Peripherie fließe und nur ein kleiner Teil in die Lunge, um Nährstoffe zu liefern. Girolamo Fabrici (1537-1619) entdeckte 1574 Venenklappen, erkannte aber nicht ihre Rolle bei der Rückleitung des Blutflusses zum Herzen.

William Harvey (1578-1657, Abbildung 26), der bei Fabrici in Padua Anatomie studierte, bevor er nach England zurückkehrte, stellte schließlich Galens Lehren in Frage. Er verknüpfte den Puls mit dem Herzschlag und erkannte, dass das gleiche Blutvolumen austrat, egal ob ein Tier aus einer Arterie oder einer Vene blutete. Er fragte sich auch, warum das Herz zwei Ventrikel habe, wenn doch der Blutfluss zur Lunge nur dazu dienen sollte, das Organ mit Nährstoffen zu versorgen.

Abbildung 26. Entdecker des Blutkreislaufs. William Harvey (links) und Marcello Malpighi (rechts). Wikimedia commons.

Außerdem konnte er keine Poren im Septum finden, das die Herzkammern trennt. Infolgedessen setzte er den Lungenkreislauf wieder in Kraft und erkannte das Herz als Pumpenmuskel. Sobald er das Herz als Pumpe erkannt hatte, legten einfache Berechnungen des Auswurfvolumens nah, dass das Blut einen Kreislauf durchführen müsse. Harvey machte weitere Experimente an Tieren. Abklemmen von Venen vor dem Herzen führte zu leeren blassen Herzen. Abklemmen von Arterien nach dem Herzen führte zu aufgeblähten violetten Herzen. Ähnliche Experimente mit Ligaturen um die Arme beim Menschen bestätigten seine Beobachtungen. Wie jeder Durchbruch stieß Harveys 1628 veröffentlichte Entdeckung auf Skepsis und Ablehnung, die erst nach der Entdeckung der Blutkapillaren durch Marcello Malpighi (1628-1694, Abbildung 26) im Jahr 1661 nachließ. Richard Lower (1631-1691), ein Pionier der Bluttransfusionen, zeigte, dass die Farbveränderung im Blut von bräunlich-blau in den Venen zu Rot in den Arterien auftrat, wenn es die Lunge passierte [3] und Sauerstoff aufnahm.

Wie wir gerade wieder festgestellt haben, hat unser Körper einen speziellen Kreislauf, um Sauerstoff aufzunehmen. Er hat auch einen weniger bekannten Kreislauf zur Aufnahme von Nährstoffen, den sogenannten splanchnischen Blutfluss. Dies ist der Teil des Kreislaufs, der arterielles Blut für Darm, Magen, Bauchspeicheldrüse, Milz und Leber liefert. Sobald es venöses Blut geworden ist, enthalten die Gefäße, die durch den Darm gehen, absorbierte Nährstoffe. Schließlich wird das Blut aus unserem Verdauungssystem gesammelt und gelangt durch die Pfortader in die Leber. Dies ist wichtig, da die Leber den Körper vor toxischen Verbindungen schützt, insbesondere vor Ammoniak, das von unserer Mikroflora erzeugt wurde. Wir werden dies in Kapitel 8 ausführlicher behandeln - jetzt zurück zum Herzen.

Das Herz verbraucht 6 kg ATP pro Tag, um etwa 100.000-mal zu schlagen und das Äquivalent von 10 Tonnen Blut zu pumpen. Es wälzt seinen ATP-Inhalt alle 12 Sekunden um. Von seinem

ATP werden 60-70% für mechanisches Pumpen verwendet. Der Rest wird für die Kalziumpumpen gebraucht, die wir im vorherigen Kapitel kennengelernt haben. Die Kalziumpumpen saugen ständig Kalziumionen auf, die in die Zelle strömen, um den Herzschlag auszulösen. Im Wesentlichen ist das Herz nur ein ausgeklügelter autonomer Muskel. Die systolische Kontraktion wird durch Kalzium eingeleitet, das in die Herzzellen strömt; die diastolische Entspannung wird durch ATP-abhängige Entfernung von Kalzium vermittelt [71]. Während der Aktion bewegen sich auch andere Ionen und diese werden durch eine weitere ATP-angetriebene Pumpe, die Natriumpumpe, wiederhergestellt (diese werden wir im nächsten Kapitel noch näher kennenlernen). Herzglykoside werden aus Fingerhutpflanzen gewonnen und zur Behandlung von Herzinsuffizienz, Vorhofflimmern und Vorhofflattern eingesetzt. In höheren Dosen töten diese Medikamente, aber in niedrigeren Konzentrationen erhöhen sie indirekt die Menge an Kalzium in den Herzzellen. Infolgedessen wird die Kontraktion stärker und regelmäßiger.

Herzzellen sind vollgepackt mit Mitochondrien und enthalten Aktin- und Myosinfilamente, denen wir als kontraktile Fasern in Muskelzellen begegnet sind. Schrittmacherzellen erzeugen die intrinsische elektrische Aktivität des Herzens. Beim Ruhen haben sie einen langsamen Takt, der jedoch durch Stimulation des sympathischen Nervensystems verändert werden kann, das dann Noradrenalin freisetzt und das Tempo erhöht. Etwas von dem Noradrenalin sickert in die Herzkammer, was Otto Loewi erlaubte, die Neurotransmitter Noradrenalin und Azetylcholin zu entdecken, wie im letzten Kapitel beschrieben.

Im Gegensatz zur Skelettmuskulatur, die wir kontrollieren, können wir unserem Herzen nicht befehlen, still zu stehen. In Ruhe erreicht das Herz nur 25% seiner maximalen Kapazität, aber bei Bewegung kann dies auf >80% seiner Kapazität ansteigen [72]. Das Herz hat eine ungewöhnliche Nahrungspräferenz. Es erzeugt den größten Teil seiner Energie aus Fettsäuren und kleinere Mengen aus Glukose und Milchsäure. Das Herz ist kein Sprintermuskel. Es erzeugt 95% seiner Energie aus der mitochondrialen Atmung. Infolgedessen kann es sich nicht leicht an einen verminderten Blutfluss anpassen, der als Angina pectoris oder im schlimmsten Fall als Herzinfarkt bemerkt wird. Angina pectoris wird als Schwere auf der Brust empfunden und ein akuter Angriff kann ziemlich schmerzhaft sein, wenn er sich von der Brust auf den linken Arm und den Unterkiefer ausbreitet. Es ist ein Indikator dafür, dass Arterien, die das Herz versorgen, aufgrund von Atherosklerose zu eng geworden sind. Eine kurzfristige Lösung ist die Verabreichung von Nitroglyzerin. Es ist die gleiche Chemikalie, die verwendet wird, um Gesteine zu sprengen. Wenn es im Blutkreislauf ist, zersetzt es sich langsam und erzeugt Stickoxid. Die gleiche Verbindung wird auch von unseren eigenen Zellen hergestellt, aber sehr lokalisiert, um Blutgefäße zu erweitern. Stickoxid bindet an eine bestimmte Stelle in unseren Zellen, und dies bewirkt, dass ein Molekül, das ATP sehr ähnlichsieht und GTP genannt wird, einen Ringschluss zwischen den Phosphaten und dem Zucker bildet. Die Verbindung wird dann als zyklisches GMP bezeichnet und bewirkt, dass sich muskelähnliche Strukturen in den Wänden der Blutgefäße entspannen, was zu einer Erweiterung und einem erhöhten Blutfluss führt. Wenn Nitroglyzerin während eines Angina-pectoris-Anfalls eingenommen wird, erhöht sich der Blutfluss zum Herzen, wodurch der Schmerz nachlässt. Als Spray benutzt, wirkt es in wenigen Sekunden, aber dies ist ein typischer pharmazeutischer Ansatz, der die Symptome, nicht aber die Ursache behandelt. Die Wirkung von Nitroglyzerin wurde auch so entdeckt, weil Arbeiter, die mit Nitroglyzerin im Steinbruch umgingen, gerne gerötete Gesichter hatten.

Stents oder eine Bypass-Operation sind der nächste Schritt, um das Problem dauerhafter zu beheben. Männer können die Wirkung von zyklischem GMP erleben, wenn sie eine Erektion haben. Der Blutfluss in den Penis nimmt zu, wodurch dieser ausgedehnt und hart wird.

Wir haben gesehen, dass das Herz Blut in den Lungenkreislauf pumpt. In den Alveolen kann Sauerstoff aus dem Luftraum der Lunge diffundieren und sich an das Protein Hämoglobin binden, das in roten Blutkörperchen eingeschlossen ist. Hämoglobin ist der Lastwagen, der Sauerstoff zu allen Zellen und Geweben transportiert. Die roten Blutkörperchen sind, vereinfacht gesagt, Beutel voller Hämoglobin. Wir alle kennen die dunkelbraune Farbe von venösem Blut, während Blut aus unseren Arterien leuchtend rot aussieht. Frisches Menstruationsblut ist, wie Frauen wissen werden, arteriell und leuchtend rot gefärbt. Die Bindung von Sauerstoff an die Eisenatome im Hämoglobin ändert seine Farbe. Dies ist so ähnlich wie die Farbveränderungen die David Keilin beobachtete, wenn Eisenkomplexe in den Mitochondrien Elektronen aufnehmen oder abgeben.

Auf Meereshöhe enthält Luft 21% Sauerstoff, was einem Druck von 160 mm Hg entspricht. Tief unten in unserer Lunge, wo sich die Kapillaren befinden, bleiben etwa 100 mm Hg Sauerstoffdruck übrig. Dieser Sauerstoffdruck füllt alle Hämoglobinmoleküle mit Sauerstoff. Sie können etwa 20 Milliliter Sauerstoff pro 100 Milliliter Blut transportieren [73]. Da Gewebe Sauerstoff verwenden, ist der Sauerstoffdruck dort nochmal niedriger, wodurch Hämoglobin Sauerstoff ablädt. Venöses Blut hat einen Sauerstoffdruck von nur 40 mm Hg, wodurch Hämoglobin etwa ein Viertel seines Sauerstoffs verliert. Dies sieht wie nicht Allzu viel aus, aber die Zahlen spiegeln den Luftdruck am Meeresspiegel wider. Wir können auf den Gipfel des Kilimandscharo laufen, wo der Sauerstoffdruck halb so hoch ist wie auf Meereshöhe und trotzdem überleben. Viele Menschen bekommen jedoch Höhenkrankheit, weil es für das Gehirn schwierig wird, genügend Sauerstoff aus Hämoglobin zu extrahieren. Schließlich verursacht dies eine Schwellung des Gehirns, die lebensbedrohlich werden kann. Wenn man Zeit hat, sich an große Höhen anzupassen, hat Hämoglobin einige Tricks im Ärmel, um die Sauerstoffbindung und -freisetzung zu optimieren. Zunächst hat es vier Stellen, um Sauerstoff zu binden, die sich gegenseitig beeinflussen. Dies ermöglicht es dem Hämoglobin, zwischen einem Zustand, der für die Bindung in der Lunge optimal ist, und einem anderen Zustand, der für die Freisetzung von Sauerstoff im Gewebe optimal ist, zu wechseln. Das Wechseln wird durch die Freisetzung von Kohlendioxid aus den Geweben gefördert. Es wird auch durch die Ansäuerung des Blutes gefördert, wenn Kohlendioxid mit Wasser zu Kohlensäure reagiert. Darüber hinaus kann unser Körper Moleküle produzieren, die die Entladung von Sauerstoff aus Hämoglobin verbessern, und deren Konzentration erhöht sich, wenn wir uns an Höhenluft anpassen. Zusätzlich produziert unser Körper mehr rote Blutkörperchen, wenn er sich an Höhenluft anpasst. All dies ist sehr vorteilhaft für die sportliche Leistung und wird vor sportlichen Wettkämpfen verwendet. Populationen, die dauernd in großen Höhen leben, haben zusätzliche Anpassungen wie eine verbesserte Durchblutung des Gehirns und größere Lungen [74].

Der Leser mag sich fragen, warum wir so gut an die Leistung in großer Höhe angepasst sind, obwohl die meisten Menschen in der Nähe des Meeresspiegels leben. Man darf aber nicht vergessen das fötales Blut einen niedrigen Sauerstoffdruck hat, und der Fötus sich für neun Monate in einer sauerstoffarmen Umgebung entwickeln muss, in der der Sauerstoffpartialdruck nur 30 mm Hg im Vergleich zu den 100 mm Hg in der Lunge beträgt. Föten haben ein spezielles Hämoglobin, das für die Leistung in dieser Umgebung optimiert ist. Unsere Zellen können Gene je nach Sauerstoffdruck ein- und ausschalten. William G. Kaelin, Peter J. Ratcliffe und Gregg L. Semenza erhielten 2019 den Nobelpreis für die Entschlüsselung der Mechanismen, wie Zellen die Sauerstoffverfügbarkeit wahrnehmen und sich daran anpassen.

Tiere haben weitere Tricks entwickelt, um die Nutzung von Sauerstoff zu optimieren. Die Streifengans kann über den Himalaya ziehen und in einer Höhe von 9000 m bewundernswerte Leistungen erbringen [75]. Bei wenig Zeit, um sich anzupassen, verwendet die Gans große Luftsäcke, um Zeit zu gewinnen, ihren Sauerstoff mit dem Blut auszutauschen. Weddel-Robben, die bequem 30 Minuten tauchen können, reduzieren die Herzfrequenz auf die Hälfte, wenn sie länger als 15 Minuten tauchen. Bis zu 15 Minuten wird keine übermäßige Milchsäure produziert, aber sie steigt nach dieser Zeit schnell an, was auf einen Wechsel zum anaeroben Stoffwechsel wie bei einem Sprinter hindeutet. Diese Verzögerung der Milchsäurebildung ist möglich, weil die Robben große Mengen an Myoglobin in ihren Muskeln haben. Myoglobin sieht aus wie ein Viertel Hämoglobin und kann auch Sauerstoff binden. Es wirkt wie ein Sauerstoffschwamm und ermöglicht es der Robbe, den Blutfluss zu den Muskeln zu reduzieren und trotzdem genug Sauerstoff zu Verfügung zu stellen [76]. Terrestrische Tiere, einschließlich Menschen, haben Myoglobin in geringeren Mengen, und die Auswirkungen von Myoglobin auf die Leistung sind schwieriger zu demonstrieren.

Einblicke in die Struktur von Myoglobin und Hämoglobin zu bekommen, war eine der Herkulesaufgaben der Biochemie im 20. Jahrhundert. Beide Proteine waren attraktive Kandidaten, da große Mengen leicht isoliert werden konnten und ihre biochemische Bedeutung sofort offensichtlich war. Max Perutz (1914-2002, Abbildung 27) wuchs in Wien auf und studierte dort, beschloss aber 1936, nach Cambridge zu ziehen, um Proteinkristallographie zu erlernen [77]. Zu dieser Zeit war es bereits bekannt, dass es möglich ist, die Struktur eines kleinen Moleküls aus Kristallen dieser Moleküle abzuleiten. Viele kleine Moleküle bilden spontan Kristalle, wenn Wasser aus hochkonzentrierten Lösungen verdampft. Kochsalz zum Beispiel bildet Kristalle, wenn Meerwasser verdunstet. Wenn Kristalle in einem Röntgenstrahl platziert werden, erzeugen sie ein Muster von Lichtbeugungen, die auf Film festgehalten werden können. Die mathematische Analyse des Punktmusters kann die atomare Struktur des Moleküls aufdecken. Dies ist für Kochsalz relativ einfach, aber Proteine sind viel größere und zerbrechlichere Moleküle. John Desmond Bernal und Dorothy Crowfoot demonstrierten 1934, dass auch Proteine für die Strukturaufklärung kristallisiert werden können. Im Gegensatz zu Kochsalzkristallen mussten Proteine aber in der Lösung verbleiben, aus der sie kristallisiert wurden. Hämoglobin war relativ leicht zu kristallisieren, ein Ergebnis, das bereits zu Beginn des Jahrhunderts erzielt wurde. Max Perutz' Arbeit am Hämoglobin wurde durch den Krieg unterbrochen, als er zunächst als gegnerischer Ausländer nach Kanada deportiert wurde. Durch die Hilfe vieler bedeutender Wissenschaftler wurde er freigelassen und 1941 nach England zurückgebracht, wo er Forschungen zur Unterstützung der Kriegsanstrengungen betrieb. [77]

Abbildung 27. Max Perutz (links) und John Kendrew (rechts), die die Struktur von Hämoglobin bzw. Myoglobin aufklärten. Wikimedia commons.

Nach dem Krieg nahm er seine Arbeit an Hämoglobin wieder auf und wurde von John Kendrew (1917-1997, Abbildung 27) begleitet, der sein Glück mit Myoglobin versuchte.

Die Kristalle waren weniger ein Problem als die Mathematik. Einen ersten Einblick in die Struktur des Hämoglobins gab der amerikanische Chemiker Linus Pauling (1901-1994). Durch theoretische Überlegungen schloss er, dass Abschnitte eines Proteins eine korkenzieherartige Struktur bilden könnten, die als α-Helix bezeichnet wird. Für diese Entdeckung erhielt er 1954 unter anderem den Nobelpreis für Chemie. Diese korkenzieherartige Struktur sollte ein besonderes Muster auf den Röntgenfilmen von Hämoglobinkristallen erzeugen und wurde dann auch von Max Perutz im Jahr 1951 gefunden. 1953 erfolgte ein weiterer Durchbruch nach der

Entdeckung, dass die mathematischen Probleme gelöst werden könnten, wenn Hämoglobinkristalle in Gegenwart von Quecksilber gezüchtet würden [77], was Änderungen des Beugungsmusters verursacht. Bis 1959 hatte sich die Daten so weit verbessert, dass die Form des Moleküls offensichtlich wurde, aber die abgeleiteten Modelle sahen immer noch mehr wie ein Haufen Würste, denn als ein detailliertes Protein aus. John Kendrews Myoglobin machte schnellere Fortschritte, weil es nur ein Viertel der Größe des Hämoglobins hatte. Noch im selben Jahr wurde ein atomares Modell erzeugt.

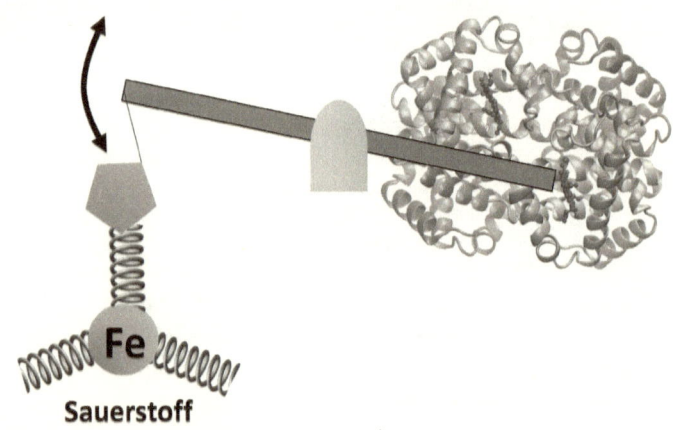

Abbildung 28: Darstellung der Veränderungen des Hämoglobins bei der Bindung von Sauerstoff. Sauerstoff bindet wo das Hämoglobin-Eisen (Fe) zu finden ist und zieht an der Feder.

1962 erhielten Max Perutz und John Kendrew den Nobelpreis für Chemie für ihre Arbeiten zur Struktur von Proteinen. Es dauerte weitere sechs Jahre, um eine detaillierte Struktur des Hämoglobins zu erzeugen. 1970 konnte Max Perutz schließlich den feinen Unterschied zwischen sauerstofffreiem und sauerstoffgebundenem Hämoglobin erkennen. Die Atmung auf molekularer Ebene konnte erstmals sichtbar gemacht werden. Die Hämoglobinatmung wurde mit einer Spielplatzwippe verglichen, bei der ein Ende mit einer Feder fixiert und das andere mit einem Gewicht ausgeglichen ist

(Abbildung 28). Die Sauerstoffbindung zieht an der Feder und lässt das andere Ende ansteigen. Wenn vier Wippen zusammengebunden sind, kann man sich vorstellen, wie sich die Bindung von Sauerstoff an eine Wippe auf den Zustand der anderen Wippen auswirken kann [77]. Dieser Mechanismus liegt der Änderung des Hämoglobinstruktur zugrunde, die die Bindung und Abgabe von Sauerstoff optimiert.

Wir haben jetzt im Detail gesehen, wie Sauerstoff von der Lunge in das Gewebe transportiert wird, wo er verwendet wird, um Nährstoffe zu oxidieren, und Kohlendioxid und Wasser zu bilden. Im Ruhezustand produzieren wir etwa 0,2 Liter Kohlendioxid pro Minute. Die schnelle Bildung von Kohlensäure aus Kohlendioxid und Wasser ist wichtig, um Kohlendioxid vom Bildungsort in den Geweben zur Lunge zu transportieren, wo Kohlensäure wieder in Kohlendioxid und Wasser zurückgewandelt wird. Etwa 75% des Kohlendioxids wird von roten Blutkörperchen transportiert, der Rest befindet sich im Blutplasma. In roten Blutkörperchen wandeln Enzyme Kohlendioxid schnell in Kohlensäure um. Dadurch wird Säure (Protonen) freigesetzt, die vom Hämoglobin absorbiert wird und hilft, Sauerstoff aus dem Hämoglobin zu entladen. Kohlendioxid kann sich auch direkt mit Hämoglobin verbinden, was die Entfernung von Kohlendioxid aus Geweben weiter unterstützt. In der Lunge passiert das Gegenteil. Die Bindung von Sauerstoff setzt die Säure (Protonen) frei, die sich ihrerseits mit Soda verbindet, um Wasser und Kohlendioxid zu bilden. Dieser Effekt ist mit Hilfe von Sodawasser leicht darzustellen. Man fügt ein wenig Zitronensaft hinzu, und Kohlendioxid sprudelt kräftiger heraus. Im venösen Blut findet sich das Äquivalent von 52 Millilitern Kohlendioxid, während im arteriellen Blut 48 Milliliter verbleiben. Wir können nur für kurze Zeit den Atem anhalten, weil sich Kohlendioxid zu sehr ansammelt, was dazu führt das Hämoglobin mehr Sauerstoff ablädt. Dieser Prozess hört aber bald auf und dem Gehirn geht der Sauerstoff aus [78]. Die verstärkte Freisetzung von Sauerstoff erlaubt es Apnoetauchern die Ansammlung von Kohlendioxid eine Zeitlang zu ignorieren bis der Mangel an Sauerstoff zu schwerwiegend wird und sie atmen müssen bevor sie das Bewusstsein verlieren.

Ein katastrophales Versagen tritt während eines Herzinfarkts auf. Dies geschieht, wenn eine der Arterien, die das Herz mit Sauerstoff versorgen, durch ein Blutgerinnsel blockiert wird. Wie oben erwähnt, ist das Herz auf die mitochondriale Atmung angewiesen, um sein ATP zu erzeugen. Wenn Sauerstoff und Nährstoffe aufgrund der Blockade einer Arterie ausgehen, versucht das Herz, ein Sprintmuskel zu werden und seine kleinen Glykogenreserven zu nutzen, um ATP in Abwesenheit von Sauerstoff zu erzeugen. Wie wir vom Sprinter wissen, kann dies nicht ewig gehen; und noch schlimmer ist, dass Milchsäure, die sich ansammelt, nicht durch den Blutfluss weggespült wird. Nach ein paar Minuten kämpfen die Herzzellen aufgrund der durch Milchsäure verursachten Übersäuerung darum, genügend ATP für die Muskelarbeit zu erzeugen. Die Herzzelle versucht, die Protonen (Säure) aus der Zelle zu pumpen. Das aber kostet Energie und führt schließlich dazu, dass mehr Kalzium in die Zelle fließt. Dies würde eine ständige Kontraktion auslösen und weitere Energie erfordern, um auch das Kalzium zu entfernen. Schließlich wird die gesamte verbleibende Energie für das Überleben der Zellen verwendet, anstatt Blut zu pumpen [79]. Wenn dies passiert, spüren Betroffene Druck auf der Brust, in der Schulter, Arm und Nacken, und ihnen wird schwindelig.

Im vorherigen Kapitel haben wir gelernt, dass Mitochondrien wie kleine Batterien funktionieren, um ATP zu erzeugen. Wenn Herzzellen nicht mehr genug ATP erzeugen können, um das Kalzium zu entfernen, beginnen sie Selbstmord zu begehen [80]. Erhöhtes Kalzium schließt die mitochondriale Batterie kurz mittels eines Konglomerats von Proteinen in der Membran, die eine Pore bilden. Die Pore schließt die Batterie kurz, und die Spannung kollabiert. Kalzium und Wasser fließen in die Mitochondrien, wodurch diese platzen. Platzende Mitochondrien sind schlechte Nachrichten für Zellen. Sie lösen ein Programm namens Apoptose oder Programmierter Zelltod aus, dass die Zelle wie beim Abriss eines alten Hauses zerstört und zerlegt. Es ist das Auftreten eines spezifischen mitochondrialen Proteins im Hauptteil der Zelle, dass der Schlüsselindikator für Zellen ist, Selbstmord zu begehen. Zwar gibt es spezielle Fress-Zellen auf, die den nach dem Zelltod verbleibenden Schutt entfernen, aber der Schaden ist bereits angerichtet, weil es keine Stammzellen im Herzen gibt, um die toten Zellen zu ersetzen. Somit ist der Schaden irreversibel. Dies ist der Grund, warum es so wichtig ist, das Blutgerinnsel innerhalb von 2 Stunden nach einem Herzinfarkt zu entfernen, um den Zelltod zu minimieren. Es ist bemerkenswert, dass Arterien, die aufgrund von Atherosklerose minimal offen sind, immer noch genug Blutfluss für das Arbeiten des Herzens bieten. Episoden von Angina pectoris sind jedoch das verräterische Zeichen dafür, dass der Blutfluss für eine höhere Leistung suboptimal ist.

Überraschenderweise kann die Wiedereröffnung der Arterien und die Wiederherstellung des Blutflusses noch mehr Schaden anrichten. Das Einströmen von frischem Sauerstoff kann bereits kompromittierte Mitochondrien schädigen und sie über die Klippe schicken. Sauerstoff ist ein Molekül, das gerne Elektronen aufnimmt und es sind viele Elektronen in unseren mitochondrialen Batterien unterwegs. Diese Elektronen können sich mit Sauerstoff verbinden und Moleküle wie Bleichmittel und Wasserstoffperoxid produzieren. Es braucht nicht allzu viel Fantasie, um zu verstehen, dass eine Flut dieser Moleküle die bereits kompromittierten Mitochondrien weiter schädigen kann. Die gute Nachricht ist, dass wir, wenn der Blutfluss wiederhergestellt wird, Medikamente verabreichen können, die den kompromittierten Mitochondrien helfen, den Ansturm von Sauerstoff zu überleben.

Vorausgesetzt, dass Sauerstoff zur Verfügung steht, ist unser Herz eine bemerkenswerte Maschine. In den bis zu 100 Jahren eines menschlichen Lebens schlägt es etwa 4 Milliarden Mal ohne Unterbrechung. Dies ist umso erstaunlicher, als Sauerstoff kontinuierlich Wasserstoffperoxid und verwandte Moleküle in Mitochondrien in kleineren Mengen bildet. Diese werden ständig abgefangen und kleinere Schäden werden durch den Austausch von Proteinen und Lipiden repariert, um die Funktion aufrechtzuerhalten. Wie in einem modernen Flugzeug werden alle Teile regelmäßig ausgetauscht, um die Funktion aufrechtzuerhalten, und erst am Ende einer 100-jährigen Lebensdauer kann diese Aufgabe zu schwierig werden, da sich zunehmend Trümmer und nicht funktionierende Teile ansammeln. Es wird den Leser nicht überraschen das der Recyclingprozess auch ATP verbraucht, um die alten Proteinketten auseinanderzunehmen und die Einzelteile für neue Aufgaben wieder bereitzustellen.

5

ATP trifft Frankenstein

*"Die Realität liefert uns Fakten, die so
romantisch sind, dass die Vorstellungskraft
selbst ihnen nichts hinzufügen könnte.*
"Jules Verne

Wir assoziieren unser Nervensystem mehr mit Energie als jedes andere Organ. Es erzeugt Elektrizität, es kommuniziert durch elektrische Signale, und es reagiert auf elektrische Signale. Wie wir sehen werden, ist ATP der Schlüssel für die elektrische Aktivität des Gehirns und es verbraucht einen Gutteil unserer Nahrung, um sie aufrechtzuerhalten.

Als Mary Shelley 1818 Frankenstein erschuf, ließ sie ihren Helden "einen Funken des Seins in das leblose Ding einfließen" lassen. Der Blitzeinschlag ist eine Erfindung Hollywoods, aber passend zum Thema. Kurz vor der Veröffentlichung des Romans hatte Luigi Galvani (1737-1798) entdeckt, dass sich ein Froschschenkelmuskel, der er von einem Kupferhaken gehalten wurde, manchmal zusammenzog, wenn das Kupfer mit Eisen in Berührung kam, wahrscheinlich weil etwas Feuchtigkeit an der Kontaktstelle war und damit ein Strom erzeugt wurde. Der nächste Schritt war die absichtliche Anwendung eines kleinen elektrischen Schlags, nach dem sich der Froschschenkel ebenfalls zusammenzog. Galvani und Alessandro Volta (1745-1827) arbeiteten auch mit elektrischen Fischen, um den Zusammenhang zwischen Leben und Elektrizität zu verstehen. Hermann von Helmholtz (1821-1894) erkannte, dass Nervenzellen Elektrizität erzeugen, um Nachrichten zu vermitteln. Er erkannte auch, dass der Stromfluss entlang einer Nervenfaser viel langsamer war als entlang eines Kupferdrahtes.

Im Gegensatz zum Herzen ist das Gehirn sehr selektiv, wenn es um die Auswahl von Nährstoffen geht. Unter normalen physiologischen Bedingungen verbraucht es nur Glukose und sonst nichts. Ein konstanter Blutfluss zum Gehirn ist deshalb wichtig, um das Bewusstsein aufrechtzuerhalten, das in 15 Sekunden verloren geht, wenn der Blutfluss stoppt, zum Beispiel aufgrund eines Herzstillstands. Dies zeigt, dass unser Gehirn sehr hungrig ist. Es verbraucht 20% unseres gesamten Energiebedarfs, obwohl es nur 2% des Körpergewichts ausmacht. Um zu verstehen, warum das Gehirn so viel Energie benötigt, müssen wir einen kurzen Blick auf die zelluläre Anatomie des Gehirns werfen (Abbildung 29).

Das Gehirn enthält schätzungsweise 88 Milliarden Neuronen, von denen jedes Tausende von Enden hat, die Kontakte zu schätzungsweise tausend anderen Neuronen bilden. Diese Kontakte werden Synapsen genannt. Neuronen sind nicht einmal der häufigste Zelltyp im Gehirn. Diese Ehre gebührt Astrozyten, von denen es etwa fünfmal so viele gibt wie Neuronen. Astrozyten sind wichtig, um die Gehirnfunktion zu optimieren und den Blutfluss zu regulieren. Einsteins Gehirn, als es nach seinem Tod anatomisch untersucht wurde, war nicht ungewöhnlich, abgesehen von einer größeren Anzahl von Astrozyten [81]. Es gibt weitere Arten von nicht-neuronalen Zellen, nämlich Oligodendrozyten, die Isolierungen um Nervenfasern wickeln, und Mikrogliazellen, die das Immunsystem des Gehirns bilden. Ependymzellen säumen flüssigkeitsgefüllte Räume, die Ventrikel genannt werden. Schließlich säumen Endothelzellen die Blutgefäße, die das Gehirn mit Nährstoffen versorgen.

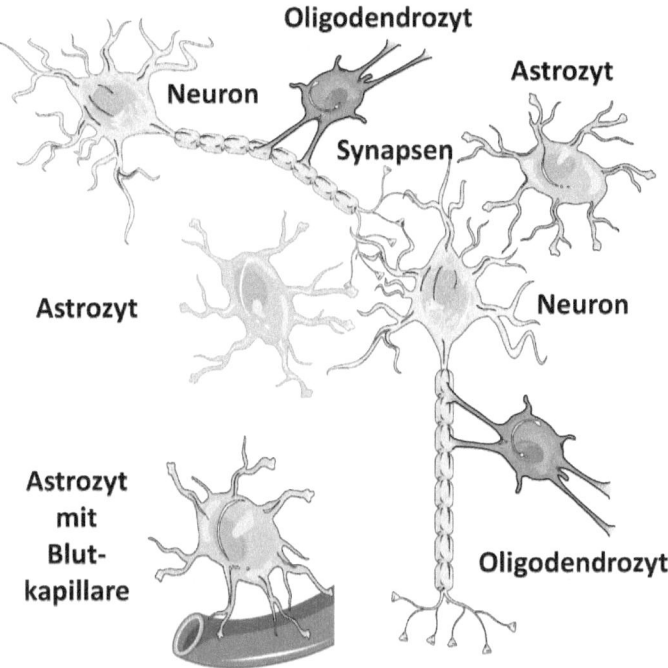

Abbildung 29. Zelltypen des Gehirns. Neuronen verbreiten Signale, während Astrozyten die neuronale Funktion unterstützen und den Blutfluss regulieren. Kontakte zwischen Neuronen werden Synapsen genannt, Nervenfasern werden Axone genannt, die in einer knopfartigen Struktur enden, dem sogenannten Bouton. Die Knöpfe befinden sich in der Nähe von Astspitzen des nächsten neuronalen Zellkörpers, die Dendriten genannt werden. Oligodendrozyten isolieren Nervenfasern.

Im übrigen Körper gibt es Lücken zwischen den Endothelzellen, so dass Nährstoffe leicht in das Gewebe eindringen können. Das Gehirn wird stattdessen durch dicht gepackte Endothelzellen geschützt, die die Blut-Hirn-Schranke bilden. Dies ist notwendig, weil das Gehirn gewöhnliche Nährstoffe verwendet, um zu kommunizieren.

Santiago Ramón y Cajal (1852-1934) war der Forscher, der das Nervensystem für die Welt visualisierte und als erster seine zelluläre Struktur und die daraus resultierende physiologische Funktion mit bemerkenswerter Klarheit verstand. Ramón y Cajal hatte künstlerisches Talent und verwendete eine von Camillo Golgi entwickelte Silberfärbung, um die baumartige Struktur von Neuronen zu visualisieren (Abbildung 30). Die Färbung hat die unbeabsichtigte Eigenschaft, dass sie nur in eines von etwa hundert Neuronen eindringt, was die anatomische Struktur übersichtlicher macht, da man sonst nur einen dichten Wald voller Bäume sehen würde. Cajal verwendete weiterhin fötales Hirngewebe, das weniger Verbindungen zwischen Neuronen hat als adultes Gewebe. Man kann das vergleichen mit einem jungen Wald, in dem 99 von 100 Bäumen gefällt sind, gegenüber einem dichten alten Wald. Wo wäre es leichter, die Form eines Baumes zu erkennen? Ohne physiologische Experimente zu machen, schlug Cajal vor, dass es kleine Lücken zwischen Neuronen gebe, und somit keine kontinuierlichen Kabel, wie Golgi glaubte. Darüber hinaus postulierte er in Neuronen ein empfangendes Ende (den Dendriten) und eine Senderseite (das Axon). Er erkannte die Existenz von Schaltkreisen, die aus aufeinanderfolgenden Neuronen bestehen und ein Signal weiterleiten können. Camillo Golgi und Santiago Ramón y Cajal erhielten 1906 den Nobelpreis, obwohl beide unvereinbare Ansichten über die zelluläre Struktur des Nervensystems hatten. Abgesehen von Golgi's Färbemethode, die viele Jahre benutzt wurde, bestätigte die Nachwelt aber alle Ideen Cajal's.

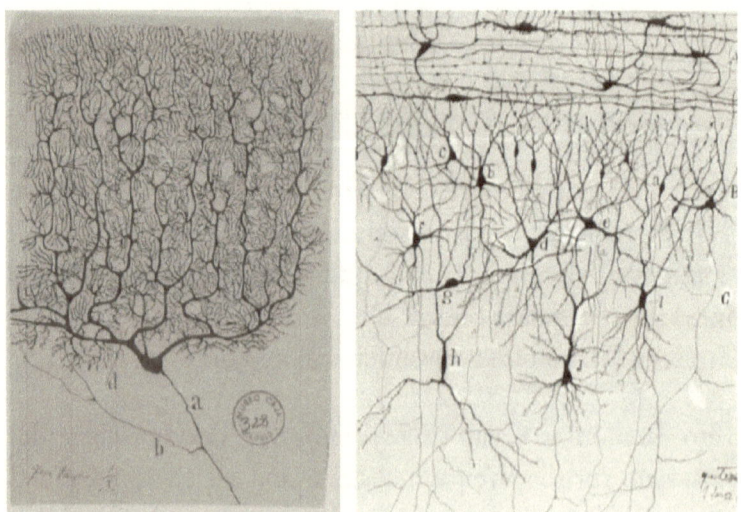

Abbildung 30: Zwei Zeichnungen die Cajal zur Struktur des Nervensystems machte. Die Zeichnungen beruhen auf Gehirnschnitten, die mit einer speziellen Silberlösung gefärbt wurden.

Neuronen kommunizieren über Nervenimpulse und Neurotransmitter miteinander. Im vorigen Kapitel begegneten wir den Neurotransmittern Acetylcholin, der das Herz verlangsamt, und Noradrenalin, das den Herzschlag erhöht. Beide werden auch im Gehirn verwendet, doch gibt es mehr als 100 verschiedene Neurotransmitter für eine Vielzahl von Aufgaben. Nervenimpulse laufen entlang von Axonen als elektrische Signale wie der Wechselstrom in unserer Haushaltssteckdose. Im Gegensatz zu unserem Energieversorger, der die Spannung konstant halten will, modulieren unsere Neuronen sie aber ständig. Ein Nervenimpuls läuft mit einer Geschwindigkeit von 100-200 km/h entlang der Nervenfaser. Die Nervenfaser eines einzelnen Neurons wird Axon genannt. Zwischen den Gehirnbereichen sind viele Axone gebündelt und bilden die weiße Substanz des Gehirns. Der Nervenimpuls ist ein lokaler Abfall der Spannung. Er entsteht durch einen kurzen Kurzschluss der Stromversorgung. In unserem Haushalt brennt in dem Fall die Sicherung durch. Danach wird die Spannung durch die Stromversorgung wiederhergestellt. Ähnlich wirkt der Mechanismus in den Nervenfasern. Wie bei den Mitochondrien, die wir zuvor kennengelernt haben, ist die Membran eines Neurons eine kleine Batterie und erzeugt eine bestimmte Spannung. Nicht so hoch wie in Mitochondrien, aber immer noch sehr substanziell. Der erste Mensch, der diese Spannung maß, war Emil du Bois-Reymond (1818-1896). Sobald die Batterie geladen ist, bedarf es nur geringer Energie, um sie geladen zu halten, aber es gibt dauernd Kurzschlüsse in Neuronen, die miteinander kommunizieren. Der Kurzschluss in einer Nervenfaser ist kurz, da er nach einigen Millisekunden automatisch beendet wird. Eine weitere Nanomaschine ist daran beteiligt, ein sogenannter Ionenkanal. Ich werde eine Analogie verwenden, um den Nervenimpuls zu erklären (Abbildung 31).

Der Ionenkanal funktioniert wie ein Gatter, das sich öffnet, um Vieh passieren zu lassen. In unsere Analogie sollen Kühe und Schafe die Ionen darstellen, die sich durch den Kanal bewegen. Um einen

Nervenimpuls zu verstehen, nehmen wir an, dass es zwei Weiden gibt, die durch zwei verschiedene Gatter verbunden sind. Das eine lässt nur Schafe durch, das andere nur Kühe. Weiter gehen wir davon aus, dass es eine Kuhweide (das Axon) und eine Schafweide (die Gehirnflüssigkeit) gibt. Auf beiden Seiten steht die gleiche Anzahl von Vieh und wir wollen das Verhältnis so beibehalten. Kühe und Schafe wollen zusammenbleiben, dass sie soziale Tiere sind, aber sie finden das Grass auf der anderen Seite auch immer grüner und verlockender. Diese gegensätzlichen Triebe limitiert die Bewegung von Schafen und Kühen.[1]

Anfangs öffnet sich das Gatter für Schafe, von denen einige überwechseln, weil das Grass grüner aussieht aber die meisten bleiben aus sozialen Gründen beisammen. Weil die Gesamtzahl gleichbleiben soll, öffnet sich nun das Gatter für die Kühe, die dann in umgekehrte Richtung wandern. Jetzt schließt sich das erste Gatter, weil sonst zu viele Schafe einströmen würden. Sobald die gleiche Anzahl von Kühen die Weide verlassen hat, schließt sich auch das zweite Gatter.

---

[1] Die zwei entgegenwirkenden Kräfte für ein Ion sind der Konzentrations Gradient und die elektrische Kraft, die sich bildet, wenn Ionen ihrem Konzentrationsgradienten folgen, ohne dass ein Gegenion mitgeht.

Die Energie des Lebens

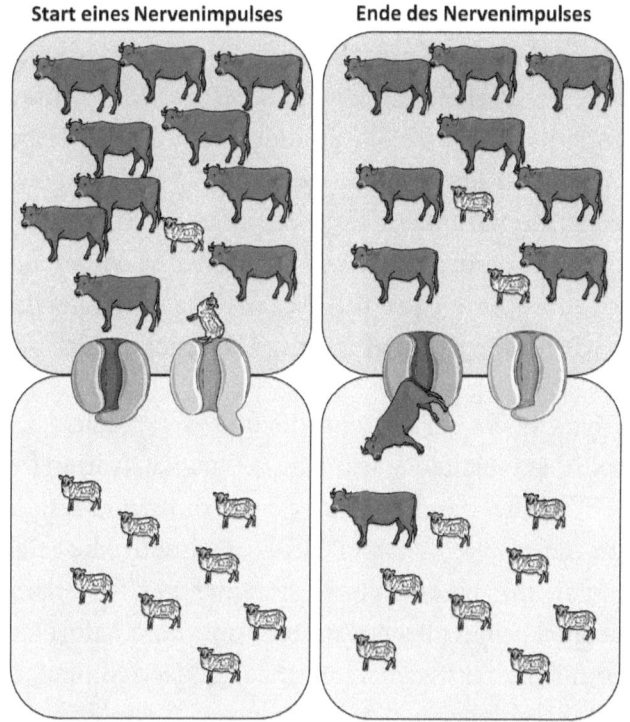

Abbildung 31: Analogie eines Nervenimpulses oder Aktionspotentials. Zwei Weiden sind durch zwei Gatter verbunden, eines für Schafe und eines für Kühe. Zuerst öffnet sich das Gatter für die Schafe und einige gehen durch das Gatter, weil das Grass auf der anderen Seite immer grüner ist. Dann öffnet sich das Gatter für die Kühe und einige Kühe gehen in die umgekehrte Richtung, um die Zahlen auszugleichen.

Elektrisch erzeugt das Öffnen des ersten Gatters einen Kurzschluss (ungleiche Zahlen von Tieren), es schließt sich dann aber spontan. Das Öffnen des Kuhgatters gleicht die Zahlen wieder aus (die normale Spannung wird wieder hergestellt). Das Schafgatter überwacht die Spannung entlang der Nervenfaser. Wenn die Spannung in der Nachbarschaft abfällt, öffnet sich das Gatter, Schafe (Ionen) drängen hindurch, was zu einem Abfall der Spannung an dem Gatter führt. Dies wird von benachbarten Kanälen wahrgenommen, die sich ebenfalls öffnen und so den Nervenimpuls verbreiten. Dann schließt sich die erste Tür und die Spannung wird durch Öffnen der zweiten Tür wiederhergestellt. Die erste Tür bleibt eine Weile geschlossen, so dass der Kurzschluss nicht sofort wiederholt werden kann. Dadurch wird sichergestellt, dass sich der Nervenimpuls nur in eine Richtung bewegt. Der Kurzschluss und die Wiederherstellung der Membranspannung erzeugen ein Ungleichgewicht der Ionenkonzentrationen entlang der Nervenfaser. Einige Schafe blieben in der Kuhweide zurück, während einige Kühe in der Schafweide verblieben[m]. Wir werden gleich sehen, wie das Gleichgewicht wieder hergestellt wird, aber zuerst ein wenig Geschichte.

Der erste Mensch, der ein Aktionspotential (d. i. der sich ausbreitende Nervenimpuls) aufzeichnete, war Edgar Douglas Adrian (Abbildung 32; 1889-1977). Er berührte mit einem dünnen Metalldraht die Oberfläche einer Nervenfaser und zeichnete die elektrischen Veränderungen mit einem Tintenschreiber auf. Er erkannte, dass alle Aktionspotentiale gleich aussehen und dass Informationen im Gehirn dadurch kodiert werden, wie häufig Nervenimpulse ausgelöst werden. 1932 erhielt er den Nobelpreis. Die Verbreitung von Nervenimpulsen, insbesondere entlang großer Nervenfaserbündel, kann nicht nur durch Metalldrähte, sondern auch außerhalb des Gehirns durch Aufzeichnung eines Elektroenzephalogramms (EEG) nachgewiesen werden. Das Elektroenzephalogramm wurde vom deutschen Psychologen Hans Berger (1873-1941) entwickelt, der ein intensives Interesse am Energiebedarf der Psyche hatte [82].

---

[m] Ich habe alles ein bisschen vereinfacht. Genau gesagt sind nicht ganz gleich viele Ionen in beiden Kompartimenten. Wenige Kaliumionen (Kühe) verlassen die Zelle durch Kanäle wodurch eine Spannung (ein sogenanntes Diffusionspotential) aufgebaut wird. Diese Spannung bricht zusammen, wenn die gleiche Menge an Natriumionen (Schafe) in entgegengesetzte Richtung fließen. Kurzfristig wird sogar ein umgekehrtes Diffusionspotential aufgebaut. Die Natriumkanäle schließen sich aber wieder spontan nach kurzer Zeit. Der Zusammenbruch der Spannung öffnet Kaliumkanäle, die die dann vermehrt aus der Zelle ausströmen und die Spannung wieder herstellen.

Abbildung 32: Pioniere der modernen Neurowissenschaften: Links, Edgar Douglas Adrian, rechts, Charles Scott Sherrington.

Ohne etwas über Ionenkanäle zu wissen, erarbeiteten Alan Hodgkin und Andrew Huxley (Abbildung 33) 1952 die elektrischen Eigenschaften von Axonen und erhielten dafür 1963 den Nobelpreis. Es ist derselbe Andrew Huxley, der auch die Gleitfilamenttheorie der Muskelbewegung vorgeschlagen hat. Alan Hodgkin hat - während seiner Dissertation - die bahnbrechende Arbeit zur Verbreitung von Nervenimpulsen geleistet. Zu dieser Zeit waren Axone in höheren Tieren viel zu klein, als dass sie mit Elektroden hätten untersucht werden können. Hodgkin und Huxley verwendeten das Tintenfisch-Riesenaxon, um ihre Experimente durchzuführen, aber die Ergebnisse stimmen auch beim Menschen. Erwin Neher und Bert Sakmann haben dann in Göttingen in den späten 70'er und frühen 80'er Jahren die Techniken zur Messung sehr kleiner Ströme massiv verbessert. Sie konnten die winzigen Ströme einzelner Ionenkanäle erfassen und erhielten 1991 den Nobelpreis. Es hat lange gedauert, die Struktur von Ionenkanälen aufzuklären. Roderick MacKinnon (Abbildung 33) gelang dieser Durchbruch 1998, er erhielt 2003 den Nobelpreis.

Abbildung 33: Neurowissenschaftler, die diese Kommunikation zwischen Neuronen untersuchten. Von links: Andrew Huxley, Alan Hodgkin und Roderick MacKinnon.

Wir müssen noch zwei Fragen beantworten. Erstens, welche Ereignisse überhaupt einen Spannungsabfall verursachen, um den Nervenimpuls auszulösen, und zweitens, wie das Ionenungleichgewicht wiederhergestellt wird. Oder in unserer Analogie, wer zunächst das Schafgatter auslöst und wer später die Schafe und Kühe wieder an ihren ursprünglichen Aufenthaltsort zurückbringt. Abbildung 29 zeigt, dass ein Ende eines Neurons viele Äste und Zweige hat. Die Äste werden Dendriten genannt und an ihnen gibt es kleine Auswüchse. Gegenüber jedem Auswuchs findet man das Ende des Axons eines anderen Neurons. Das Ende jedes Axons bildet eine knopfartige Struktur, die als Bouton bezeichnet wird. Es gibt eine kleine Spalte zwischen dem Knopf und dem Auswuchs, wie schon von Cajal postuliert. Die gesamte Anordnung wird Synapse genannt, und hier wird der Nervenimpuls von einem Neuron zum nächsten durch chemische Substanzen, die Neurotransmitter genannt werden, weitergeleitet (Abbildung 34).

Der Begriff Synapse wurde 1897 von Charles Sherrington (1857-1952, Abbildung 32) geprägt. Er schrieb: "... wir werden zu der Annahme verleitet, dass die Spitze eines Zweigs der [Nervenfaser]-Arboreszenz nicht dauerhaft verbunden ist mit der Substanz des Dendriten oder Zellkörpers, auf den sie trifft, sondern nur in losem Kontakt mit ihr steht. Eine solche spezielle Verbindung einer Nervenzelle mit einer anderen könnte als ‚Synapsis' bezeichnet werden." [83]. Sherrington erkannte auch, dass es zwei Arten von Neuronen gibt. Eine, die Nervenimpulse generiert und als erregend bezeichnet wird, und eine, die erregende Neuronen daran hindert, das Signal an das nächste Neuron weiterzugeben. Diese werden als hemmend bezeichnet. Er erkannte, dass, wenn sich ein Arm- oder Beinmuskel auf einer Seite zusammenzieht, sich der Muskel auf der gegenüberliegenden Seite entspannen muss, was durch hemmende Wirkung auf die erregenden Nerven des gegenüberliegenden Muskels vermittelt wird. Für diese Entdeckungen erhielt er 1932 zusammen mit Edgar Douglas Adrian den Nobelpreis.

Wir nehmen heute das Synapse-plus-Neurotransmitter-Modell der Nervenübertragung als selbstverständlich hin, aber zunächst dachten die meisten Wissenschaftler, die elektrische Übertragung von Nervenimpulsen würde durch kabelartige Verbindungen zwischen Zellen vermittelt. Das ist nicht verwunderlich, denn so wird Elektrizität von Ingenieuren weitergeleitet, und Axone sehen Kabeln sehr ähnlich. Der lange Streit zwischen den Befürwortern der chemischen Übertragung und der Kabelübertragung wurde als der Krieg der Suppen und der Funken bezeichnet [64]. Den ersten Beweis für die chemische Übertragung erbrachten Experimente von Otto Loewi und Henry Dale, die ich in Kapitel 4 beschrieben habe. Der Vagusnerv setzte eine Substanz frei, die das Herz verlangsamte. Diese Beobachtungen wurden jedoch nicht als Argument dafür angesehen, dass dasselbe im Gehirn geschieht. Der Neurophysiologe John Eccles zum Beispiel schrieb 1936, dass die Beweise für chemische Neurotransmitter im Gehirn fast vernachlässigbar seien. Dies öffnete die Tür für Biochemiker und Pharmakologen, die, statt Elektroden (Funken) einzusetzen, lieber Gewebe zermahlen und eine "Suppe" für ihre Untersuchungen zubereiten. Die Funkenbefürworter räumten ein, dass Acetylcholin das Herztempo modulieren könne, aber dass die schnelle Reaktion der Skelettmuskulatur auf Nervenimpulse einen direkten elektrischen Kontakt erfordere. Walter Cannon (1871-1945), ein einflussreicher amerikanischer Physiologe, wies indessen darauf hin, dass es eine kleine Verzögerung der Nervenübertragung an der Verbindung zwischen Nerv und Muskel gab, die nicht durch eine elektrische Verbindung erklärt werden könne.

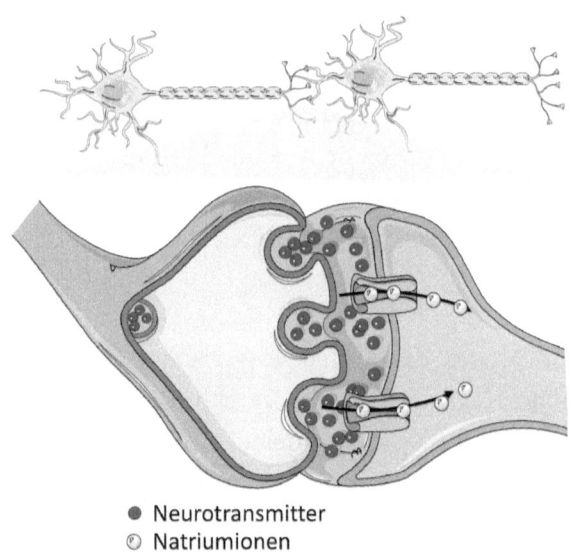

● Neurotransmitter
◎ Natriumionen

Abbildung 34: Synapsen verbinden Neuronen. Ein hereinkommender Nervenimpuls initiiert die Freisetzung von Paketen die Neurotransmitter enthalten. Diese binden an Rezeptoren (treffen die Rezeptionistin) auf der Eingangsseite des nächsten Neurons. Der Rezeptor öffnet ein Gatter und Ionen strömen in die Zelle, was die Spannung des nächsten Neurons destabilisiert.

Darüber hinaus blockiert das Pfeilgift Curare die Muskelreaktion, obwohl Nervenimpulse noch entlang der Nervenfaser beobachtet werden können. Das hatte bereits Claude Bernard gezeigt, den wir in Kapitel 2 als Entdecker des Glykogens kennengelernt haben. Claude Bernard fand auch heraus, dass, wenn ein elektrischer Reiz direkt auf den Curare-vergifteten Muskel angewendet wurde, er sich immer noch zusammenziehen konnte [83]. Das bedeutet, dass Curare nur die Verbindung von Nerv zu Muskel unterbricht. Wir wissen heute, dass Curare sich an dasselbe Protein bindet, wie Acetylcholin und dadurch seine Wirkung blockiert. So ein Protein wird Rezeptor genannt? Er ist so etwas wie ein Rezeptionist. Man kündigt sich an und lässt sein Paket oder seine Nachricht zustellen. Abbildung 34 zeigt die Verbindung zwischen zwei Neuronen oder zwischen einem Neuron und Muskel. Man beachte, dass das linke Neuron Pakete von Neurotransmittern enthält. Wenn ein Nervenimpuls eingeht, werden ein oder mehrere Pakete freigesetzt. Das flutet die Lücke zwischen beiden Neuronen mit den Neurotransmittermolekülen (Punkte in Abbildung 34). Auf der gegenüberliegenden Seite binden sie an Rezeptoren und kündigen an, dass es eine Nachricht gibt. Dies öffnet ein Gatter im Rezeptor, und Ionen (oder Schafe, wenn der Leser das bevorzugt) stürzen in die Zelle hinter der Synapse. Dies verursacht einen Kurzschluss, und der gesamte Prozess beginnt erneut. Es ist nicht ganz so einfach, weil der Kurzschluss an einer einzelnen Synapse nicht ausreicht, um die Spannung einer ganzen Zelle zusammenbrechen zu lassen, um den nächsten Nervenimpuls auszulösen. Es gibt Tausende von Synapsen, die an den Ästen eines Neurons befestigt sind, die eben erwähnten Auswüchse der Dendriten. Hier beginnt der rechnerische Prozess unseres Gehirns, denn es gibt nicht nur Rezeptoren, die einen Spannungsabfall verursachen, sondern auch Rezeptoren, die die Leistungsabgabe des lokalen Kraftwerks erhöhen, um die Spannung zu stabilisieren. Jede Synapse hat einen bevorzugten Rezeptor und einen bevorzugten Neurotransmitter. Infolgedessen haben wir Synapsen, die die Spannung stabilisieren und die Ausbreitung des Spannungsabfalls hemmen, und erregende Synapsen, die die Spannung kollabieren lassen. Die Integration aller Signale ist wie die Regelung der Spannung in einem Stromnetz. Wenn viel Strom verbraucht wird, muss die Stromversorgung erhöht werden, um die Spannung aufrechtzuerhalten. Gelegentlich scheitert dies, und das gesamte Netz bricht zusammen. In unserer technologischen Gesellschaft schafft das viele Probleme und kommt nur selten vor, aber im Gehirn ist der Zusammenbruch der Spannung Standard und erwünscht. Wenn es mehr Kurzschlüsse als Leistungsstabilisatoren gibt, kollabiert die Spannung des nächsten Neurons. Wenn es mehr Stabilisatoren (hemmende Synapsen) gibt, wird die Spannung aufrechterhalten und nichts passiert. Wenn die Spannung zusammenbricht, wird am Anfang des Axons ein neuer Nervenimpuls ausgelöst, der mit 100-200 km/h zur nächsten Synapse verläuft, wo das ganze Spiel wiederholt wird. Der Prozess wurde schön als pling-spritzen-pling zusammengefasst. An jeder Synapse werden erregende und hemmende Signale gegeneinander abgewogen, um eine neue Entscheidung zu treffen. Es ist leicht vorstellbar, dass dies einen leistungsstarken Computer ergibt. John Carew Eccles (1903-1997), der zunächst gegen die Idee chemischer Synapsen im Gehirn war, überzeugte sich durch sorgfältiges Studium hemmender Synapsen vom Gegenteil und wurde dann zu einem glühenden Befürworter der chemischen Synapse. Dies beendete schließlich den Krieg der Suppen und Funken und brachte ihm 1963 den Nobelpreis ein für seine Erkenntnisse über die Verarbeitung von erregenden und hemmenden Nervenimpulsen.

Nun mag der Leser einwerfen, dass Nervenimpulse, die von Neuron zu Neuron springen (pling-spritzen-pling), ein Henne-Ei-Szenario sind, weil man immer ein Neuron braucht, um ein anderes anzuregen. Wo fängt es aber an?

Hier kommen unsere Sinne ins Spiel. Unsere Augen sehen etwas, das in einen Kurzschluss übersetzt wird, der eine Kaskade von Nervenimpulsen von unserem Auge zu dem Teil unseres Gehirns auslöst, der sich mit visuellen Informationen befasst. Von da an könnte es eine Entscheidung auslösen, mit der Hand zu winken, weil wir eine Person gesehen haben, die wir kennen. Der Nobelpreis für Physiologie und Medizin 2021 wurde an David Julius und Ardem Patapoutian für ihre Studien verliehen, wie Temperatur, Berührung und Schmerz wahrgenommen werden und wie sie den anfänglichen Nervenimpuls auslösen. Der Nobelpreis 2004 ging an Linda Buck und Richard Axel für die Entdeckung, wie Geruch wahrgenommen wird. Anfang 1967 wurde der Nobelpreis für die primären physiologischen und chemischen Sehprozesse im Auge an Ragnar Granit, Haldan Keffer Hartline und George Wald verliehen. Darüber hinaus haben wir autonome Funktionen, wie den Tag- und Nachtrhythmus, die Nervenimpulse erzeugen können, um unseren Schlaf und unsere Organfunktion zu regulieren. Der Nobelpreis 2017 wurde an Jeffrey C. Hall, Michael Rosbash und Michael W. Young für ihre Arbeiten über Mechanismen zur Kontrolle des Tag- und-Nacht-Rhythmus verliehen.

Wir haben gesehen, dass das Gehirn absichtliche Kurzschlüsse verwendet, um Informationen zu übertragen. Diese dauern nur eine Millisekunde, treten aber in Millionen oder Milliarden von Neuronen zu jedem beliebigen Zeitpunkt auf. Nach jedem Kurzschluss muss die Spannung wiederhergestellt werden, und deshalb braucht das Gehirn so viel ATP. Bei jedem Kurzschluss durchqueren Ionen die Zellmembran und entladen die Batterie in kleinen Schritten. Das Gehirn lässt den Akku nicht zur Neige gehen, es lädt ihn sofort wieder auf (Abbildung 35). In unserer Analogie hatten wir einige Schafe in der Kuhweide und einige Kühe in der Schafweide zurückgelassen, nachdem die beiden Gatter sich kurz geöffnet hatten. Um das System wiederherzustellen, können wir sie durch eine Art Drehtür zurückbringen, die Kühe in die Kuhweide und Schafe in die Schafweide zurückbringt. Wie bereits beschrieben, ist Drehtür nicht die ganz richtige Analogie, sondern das englische "Kissing gate", aber die Drehtüranalogie ist in diesem Fall etwas anschaulicher. Hier braucht es ATP, um die Drehtür zu betreiben. In den Neuronen wird das von einer weitere Nanomaschine erledigt, die Natriumpumpe genannt wird. Sie ist ein enger Verwandter der Kalziumpumpe, die wir als Schlüsselfaktor für die Entspannung der Muskeln früher angetroffen haben.

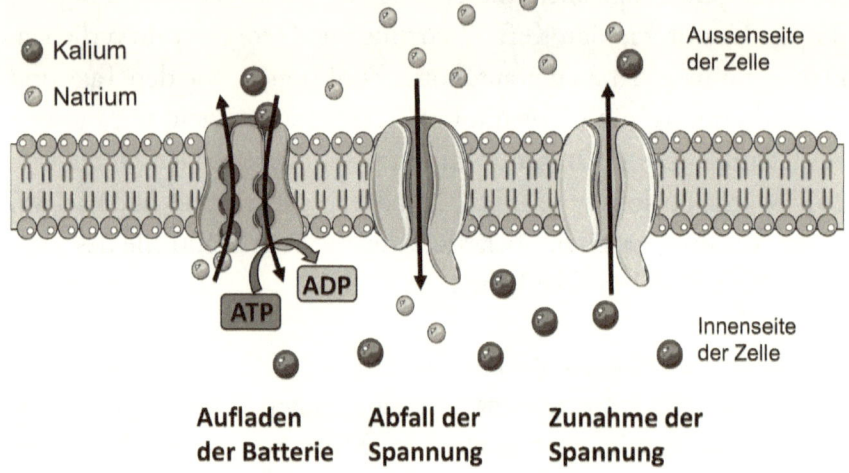

Abbildung 35: Ionen steuern die Spannung von Gehirnzellen. Ein Zustrom von Natriumionen senkt die Spannung (Kurzschluss), ein Abfluss von Kaliumionen erhöht die Spannung und die Natriumpumpe lädt die Batterie auf, indem sie die ursprüngliche Verteilung wiederherstellt.

Die Natriumpumpe gibt alle Natriumionen (Schafe) zurück, die während eines Kurzschlusses in die Zelle gestürzt sind. Blut schmeckt salzig, weil es viel Salz enthält, das chemisch gesehen Natriumchlorid ist. In unseren Zellen haben wir nur sehr wenige Natriumionen, aber stattdessen viele Kaliumionen (Kühe). Es ist der Fluss dieser beiden Ionen, der die Spannung in einem Neuron reguliert (Abbildung 35).

Unser Gehirn verbraucht so viel Energie, weil wir Natriumionen haben, die in Millionen von Zellen einströmen, um die Spannung fallen zu lassen, und Kaliumionen, die aus Millionen von Zellen ausströmen, um die Spannung wiederherzustellen. Das Gleichgewicht zwischen den beiden entscheidet über die Spannung der Zelle. Um die Batterie geladen zu halten, macht die Natriumpumpe das Gegenteil und gibt Natriumionen zurück in die Gehirnflüssigkeit und Kaliumionen zurück in die Zelle. Jedes Mal, wenn 3 Natriumionen und 2 Kaliumionen ausgetauscht werden, wird ein ATP zu ADP gespalten. Das ADP dann durch Verbrennen von Glukose wieder zu ATP umgewandelt. Deswegen kann unser Gehirn nur 15 Sekunden lang ohne Blutversorgung bei Bewusstsein bleiben.

Wie wurde die Natriumpumpe entdeckt? Alan Hodgkin und Roger Keynes zeigten 1955, dass Ionen entgegen den Konzentrationsgradienten im Tintenfisch-Riesenaxon flossen [84]. Etwa zur gleichen Zeit untersuchte Jens Skou (Abbildung 36) eine ATP-verbrauchende Aktivität in Nervenzellen von Krebsen. Um ATP zu spalten, mussten Natriumionen und Kaliumionen vorhanden sein. Dies war das Ergebnis einer zufälligen Entdeckung, als er ein ATP-Präparat mit Natrium und ein ATP-Präparat mit Kalium verwendete. In unserer Analogie dreht sich die Drehtür nur, wenn gleichzeitig Schafe und Kühe in entgegengesetzten Richtungen hindurchgehen. Jens Skou hatte die Bewegung jedoch erst realisiert, als er die Publikation von Hodgkin und Keynes las. Außerdem lernte Jens Skou Robert Post auf einer Konferenz in Woods Hole kennen und fuhr mit ihm nach Montreal. Robert L. Post (Abbildung 36, 1920-2021) hatte die Bewegung von Natrium- und Kaliumionen in roten Blutkörperchen untersucht und festgestellt, dass sie sich in entgegengesetzten Richtungen bewegen (durch die Drehtür). Er wusste auch, dass man diesen Prozess stoppen konnte, indem man das Pflanzengift Ouabain verwendete. Wir trafen dieses Fingerhutgift im vorherigen Kapitel, wo es die Stärke des Herzschlags bei niedriger Dosierung erhöhte.

Im Jahr 1960 zeigten Hodgkin und Keynes, dass, wenn die ATP-Produktion der Zelle unterbunden wird, die Natriumpumpe aufhört. Ihre Funktion kann aber durch Injektion von ATP wiederhergestellt werden. Dies zeigte überzeugend, dass wir ATP brauchen, damit unser Nervensystem funktioniert [85].

Abbildung. 36 Entdecker der ATP-angetriebenen Natriumpumpe. Jens Christian Skou (links, Wikimedia commons) und Robert L. Post (rechts, Archiv der Vanderbilt University).

Zurück zu den Neurotransmittern. Es gibt drei Arten von Neurotransmittern im zentralen Nervensystem. Der erste Typ vermittelt die schnellen Verbindungen, um den Nervenimpuls von Neuron zu Neuron springen zu lassen. Der zweite Typ blockiert die Ausbreitung von Nervenimpulsen. Der dritte Typ moduliert die Empfindlichkeit vieler Neuronen, dämpft oder verstärkt die Erregung und arbeitet viel langsamer als die Ersten beiden. Die gewöhnliche Aminosäure Glutamat, die wir als Geschmacksverstärker verwenden, ist der wichtigste Neurotransmitter des ersten Typs. Dies ist ein Grund, warum wir eine Blut-Hirn-Schranke benötigen, da unser gesamtes Gehirn bei der Glutamatkonzentration unseres Blutes absterben würde. Wie schon vorher erwähnt sind die Blutkapillaren im Gehirn sehr dicht, so dass keine Chemikalien durchsickern. Manche Menschen entwickeln trotzdem Kopfschmerzen nach dem Besuch chinesischer Restaurants, weil doch etwas Glutamat in das Gehirn sickert. Neurotransmitter des zweiten Typs sind Aminobuttersäure und die Aminosäure Glycin. Vertreter des dritten und zahlreichsten Typs sind Serotonin, Dopamin und Noradrenalin, die Erregung, Aufmerksamkeit, Stimmung, Appetit usw. regulieren. Da Glutamat vom Gehirn als Neurotransmitter verwendet wird, ist seine Konzentration außerhalb der Zelle extrem niedrig. Die Entfernung wird durch Proteine erreicht, die Transporter genannt werden und die wir mittels der Kissing-Gate Analogie beschrieben haben. Diese Transporter nutzen den steilen Gradienten der Natriumionen, der von der Natriumpumpe aufrechterhalten wird. So wird ATP nicht nur verwendet, um die Stromversorgung aufrecht zu halten, sondern auch, um das Signal zu stoppen, wenn Neurotransmitter freigesetzt werden. Wir werden die Verbindung zwischen der Natriumpumpe und Transportern in Kapitel 7 nochmal genau besprechen, aber es ist das gleiche Prinzip wie die Entfernung von Kalziumionen im Muskel, um die Muskelkontraktion zu beenden. Glutamat wird von 90% aller Neuronen im Gehirn verwendet; und die Energiekosten, die mit der Wiederherstellung der Spannung und dem Zurückpumpen von Glutamat verbunden sind, machen vermutlich 80% des Energiehaushalts des Gehirns aus [86]. Wie wir gesehen haben, wird ATP durch die Oxidation von Glukose erzeugt, und daher muss eine stetige Blutversorgung gewährleistet sein. Es gibt spezifische Gatter für Glukose in unseren Blut-Hirn-Kapillaren, die einen stetigen Fluss von Glukose in das Gehirn vermitteln ohne andere Substanzen durchzulassen.

Es dauerte lange, bis Glutamat als wichtigster Neurotransmitter im zentralen Nervensystem etabliert wurde [87]. Es war bekannt, dass das Molekül eine wichtige Rolle im Stoffwechsel spielt, und wurde daher zunächst nicht als geeigneter Kandidat angesehen. Takashi Hayashi fand 1954 heraus, dass die Injektion von Glutamat in das Gehirn Krämpfe verursachte. Akira und Noriko Takeuchi waren die ersten, die 1964 Glutamat als Neurotransmitter im Muskel von Krebsen identifizierten. David Curtis (geboren 1927) von der Australian National University zeigte dann eine starke elektrische Wirkung von Glutamat im Rückenmark, war aber selbst noch nicht davon überzeugt, dass es sich um einen Neurotransmitter handelte. Die Akzeptanz wuchs mit den Jahren, indem die Evidenz für die neuronale Wirksamkeit von Glutamat und insbesondere einiger seiner chemischen Analoga immer härter wurde.

Bemerkenswerterweise wird ATP nicht nur zur Energetisierung der Zelle verwendet, sondern auch als Neurotransmitter [88]. Die peristaltische Bewegung des Darms wird durch Nervenzellen reguliert, die auf die glatte Muskulatur einwirken. Die glatte Muskulatur unterscheidet sich von der Skelettmuskulatur und dient entscheidenden Funktionen wie der Regulierung des Blutdrucks und der peristaltischen Bewegung des Darms. Geoffrey Burnstock schlug 1972 vor, dass ATP als Neurotransmitter zur Regulierung der Funktion der glatten Muskulatur verwendet wird. Nicht nur ATP wird verwendet, sondern auch Adenosin, das Abbauprodukt von ATP, sobald alle Phosphate entfernt wurden. ATP als Neurotransmitter reguliert Atmung, Schlaf, Herzrhythmus und gastrointestinale Bewegung [88]. Dementsprechend wurden spezifische Rezeptionisten identifiziert, die ATP binden. Mäuse, denen eine bestimmte Art von ATP-Empfangsdame fehlt, sind nicht in der Lage zu schmecken, was die Rolle von ATP als Neurotransmitter demonstriert. Es ist nicht verwunderlich, dass ATP auch an der Schmerzwahrnehmung beteiligt ist. Schmerzen sind oft mit Zellschäden verbunden, was dazu führt, dass ATP aus der Zelle austritt und auf benachbarte Neuronen wirkt. Das Gehirn nutzt sogar die ATP-Freisetzung unter physiologischen Umständen, um die Geschwindigkeit und Empfindlichkeit von Nervenfasern zu regulieren.

Die Identifizierung der Empfangsdame (oder des Rezeptors, um den Fachbegriff zu nennen) auf der anderen Seite der Synapse erwies sich als noch schwieriger. Der erste, der dieses Konzept entwickelte, war John Newport Langley (1852-1925), der auch die chemische Übertragung vorhersagte. Er schrieb: "In allen Zellen müssen mindestens zwei Bestandteile unterschieden werden, (1) Substanzen, die mit der Ausführung der Hauptfunktion der Zellen befasst sind, wie Kontraktion, Sekretion, die Bildung spezieller Stoffwechselprodukte, und (2) rezeptive Substanzen [Rezeptoren], die besonders anfällig für Veränderungen und in der Lage sind, die Hauptsubstanz in Aktion zu setzen." Er fand heraus, dass er im Muskel nur dann eine Kontraktion erzeugen konnte, wenn er Nikotin direkt in der Nähe der Nervenenden auftrug, einer Region, von der wir jetzt wissen, dass sie die Rezeptoren enthält [83]. Nikotin ist eine chemische Verbindung, die Acetylcholin nachahmt. Er sah die chemische Übertragung voraus, die viel später so viele Kontroversen verursachte, und schrieb 1906: "Dies scheint zu erfordern, dass der Nervenimpuls nicht durch eine elektrische Entladung vom Nerv zum Muskel übergehen sollte, sondern durch die Sekretion einer speziellen Substanz am Ende des Nervs, eine Theorie, die in erster Linie von du Bois Reymond vorgeschlagen wurde". Obwohl die Vorstellung von Medikamenten, die sich an die Oberfläche von Zellen binden, seit vielen Jahren anerkannt war, dauerte es bis 1970, um den Azetylcholinrezeptor mit Hilfe von zwei Werkzeugen zu identifizieren. Das erste war die Verwendung des elektrischen Organs des Rochens Torpedo marmorata, das aus Stapeln des Rezeptors besteht. Das zweite war die Verwendung eines Kobratoxins, das seine Opfer immobilisiert und erstickt, indem es sich an den Rezeptor auf der Oberfläche von Muskelzellen bindet [89]. Das elektrische Organ des Rochens entwickelte sich aus Muskelzellen, indem es diese in einen Stapel von Membranen mit eingebetteten Rezeptoren umwandelte. Wenn Acetylcholin sich an diese Rezeptoren bindet, öffnen sie sich alle und lassen Ionen durch die Membran passieren, was die Spannung ändert. Da sie alle gestapelt sind, summieren sich die winzigen Spannungen zu beeindruckenden 70-80 V, was die Opfer in der Nähe des Rochens betäuben kann. Die Rezeptoren für Adrenalin und andere Hormone und Neurotransmitter wurden später identifiziert. Alfred Gilman (1941-2015) und Martin Rodbell (1925-1998) erhielten dafür 1994 den Nobelpreis. Noch später wurden die Gene für diese Rezeptoren identifiziert und schließlich ihre Struktur aufgeklärt. Brian Kobilka und Robert J. Lefkowitz erhielten 2012 den Nobelpreis für diese nächsten Meilensteine in der Rezeptorforschung.

Wir sollten auch kurz über die Freisetzung von Neurotransmittern sprechen, an der ATP ebenfalls beteiligt ist. Neurotransmitter kommen vorverpackt in kleinen Seifenblasen (Abbildung 34), die sich in der Nähe der äußeren Membran der Zelle befinden. Die kleinen

Blasen sind bereit, mit der größeren Seifenblase zu verschmelzen, aus der die äußere Membran einer Zelle besteht. Dies ist ein bisschen so, wie ein kleiner Wassertropfen, der im Moment der Berührung leicht mit einer größeren Pfütze fusioniert. Es ist auch ein bisschen anders, da es eine Barriere gibt, die für die endgültige Fusion überwunden werden muss. Wenn das Neuron ruht, sitzen die Blasen einfach da und warten. Wenn ein Nervenimpuls hereinkommt, fällt die Spannung ab, und das öffnet einige Fluttore. Wie im Muskel rauscht Kalzium in die Zelle. Dies ist der letzte Auslöser, um die Seifenblasen mit der äußeren Membran zu verschmelzen, und der Inhalt fließt dann in die Spalte zwischen den beiden Neuronen. Diese Reihe von Ereignissen wurde erstmals 1965 von Bernhard Katz (1911-2003) und Ricardo Miledi (1927-2017) vorgeschlagen [83]. Wie im Muskel wird ATP benötigt, um das Kalzium aufzuwischen, aber es gibt mehr. ATP wird auch gebraucht, um die Seifenblasen von Seilen abzulösen, die versehentliche Freisetzung verhindern. Paul Greengard, den wir später treffen werden, fand heraus wie ATP einen Schalter umlegt, um die Seifenblasen freizusetzen.

ATP wird weiterhin benötigt, um den Neurotransmitter überhaupt in die Seifenblase zu verpacken. Einige Prinzipien und Ideen werden in der Biologie wiederholt verwendet. Die Seifenblasen wirken wie eine Batterie, und das Aufladen der Batterie erfordert ATP. In Kapitel 3 sahen wir uns an wie in Mitochondrien ATP hergestellt wird. Der Sternmotor, angetrieben von der Batteriekraft, presste ADP und Phosphat in einem Zylinder zusammen, um ATP herzustellen. In der Mikrowelt der Moleküle können viele Prozesse vorwärts und rückwärts laufen. So können wir den ATP-Synthese-Prozess umdrehen und ATP spalten, um die Batterie aufzuladen. Dies funktioniert dann wirklich wie ein Sternmotor, der die Achse dreht und dabei Protonen durch die Membran der Seifenblase pumpt. ATP wird dafür als Treibstoff benutzt. Es dauerte bis 1981, als Yoshonori Ohsumi und Yasuhiro Anraku entdeckten, wie die Umkehrung des Sternmotors die kleinen zellulären Seifenblasen auflädt, so dass sie Neurotransmitter mit der von ATP erzeugten Batteriespannung aufnehmen können. Yoshonori Ohsumi erhielt 2016 den Nobelpreis für seine Arbeiten über spezielle Seifenblasen, die in unseren Zellen benutzt werden, um Zellmaterialien zu recyceln.

Einmal vorverpackt, haben wir jetzt Hunderte von Neurotransmitter-Paketen, die auf die Freisetzung warten. Jedes Mal, wenn ein Nervenimpuls hereinkommt, werden haufenweise Pakete freigesetzt. Es gibt jedoch manchmal kleine Spannungsabfälle in einem Neuron, und es werden nur ein oder zwei Pakete freigesetzt. Bernhard Katz (1911-2003) fand heraus, dass Neurotransmitter in Paketen freigesetzt werden und erhielt 1970 den Nobelpreis. Bernhard Katz war ein weiterer jüdischer Emigrant, der vor dem Krieg in Deutschland aufwuchs. Er studierte an der Universität Leipzig, wo er bereits für seine Arbeiten zur Nervenzellfunktion mit einem Preis ausgezeichnet wurde, diesen aber aufgrund seiner jüdischen Herkunft nicht annehmen durfte. 1934 traf er Chaim Weizmann, den zukünftigen Präsidenten Israels, der Katz 1935 half, nach Großbritannien auszureisen, wo er mit Archibald Hill arbeitete.

Wir haben jetzt die elektrische Natur des Gehirns erkundet. Ein Sinnesreiz, wie etwa ein Ton, eine Vision oder ein mechanischer Eindruck, erzeugt den anfänglichen Spannungsabfall, der an das Gehirn weitergegeben wird. Dort werden die elektrischen Signale analysiert, und es wird eine Antwort erzeugt, die Eingaben von viel mehr Neuronen beinhaltet, welche eine Wahrnehmung und eine Reaktion erzeugen. Wenn Neurotransmitter von einem Neuron freigesetzt werden, binden Sie sich an einen Rezeptor auf dem nächsten verbundenen Neuron. Nach Integration aller hemmenden und erregenden Signale wird ein neuer Nervenimpuls erzeugt oder nicht (pling-spritzen-pling oder pling-spritzen-stop). Im Gehirn sind bestimmte Bereiche für Aufgaben wie Sehen, Hören, Vernunft, Angst, Vergnügen, Bewegung usw. verantwortlich. Infolgedessen arbeiten verschiedene Bereiche hart und verbrauchen zu verschiedenen Zeiten viel Energie. Dies hat wichtige Konsequenzen für den Blutfluss im Gehirn und führte zur Entwicklung von Technologien, die

die Gehirnaktivitäten überwachen können, über die wir uns jetzt unterhalten wollen.

Wie in Kapitel 1 und 2 besprochen wurde in der zweiten Hälfte des 19. Jahrhunderts die Energieerhaltung als wichtiges thermodynamisches Prinzip entdeckt [82]. Selbst Psychiater wurden von diesen Theorien beeinflusst. Theodor Meynert (1833-192) schlug vor, dass, wenn Energie in einem Teil des Gehirns verbraucht wird, eine gleiche Menge an Energie aus einem anderen Teil des Gehirns verschwinden muss. Er schlug weiter vor, dass dies umgesetzt wird, indem der Blutfluss zu aktiven Bereichen des Gehirns erhöht und zu anderen reduziert wird. Gleichzeitig war Angelo Mosso (1846-1910) der erste, der Gefäßpulsationen im Kortex von Patienten mit Schädeldefekten maß. Er folgerte, dass während der geistigen Aktivität der Blutfluss zu aktiven Bereichen zunimmt. Hans Berger, den wir als Erfinder des EEG kennengelernt haben, nutzte Mossos Methode, um diese Beobachtungen zu bestätigen. 1890 beobachteten Roy und Sherrington, dass das Volumen von stimulierten Gehirnbereichen anstieg. Sie postulierten daraufhin "...die Existenz eines automatischen Mechanismus, durch den die Blutzufuhr zu den Teilen des Gehirngewebes moduliert wird in denen chemische Änderungen stattfinden, die der Funktion unterliegen." [90] Diese Studien begründeten das neue Forschungsgebiet der Neuronalen Bildgebung. Viele Jahre lang konnte die Bildgebung des Gehirns nur unter bestimmten Umständen durchgeführt werden und war ziemlich invasiv.

Das änderte sich erst im 20. Jahrhundert. Die funktionelle Magnetresonanz-Tomografie (fMRT), die auf MRT basiert (was ich gleich erklären werde), hat eine Revolution in unserem Verständnis der Gehirnfunktion ausgelöst. Es basiert auf der Beladung von Hämoglobin mit Sauerstoff. fMRT nutzt ein sehr starkes Magnetfeld, um den Blutfluss im Gehirn zu untersuchen [91]. Wie wir in Kapitel 4 gesehen haben, bringt Hämoglobin Sauerstoff in die Gewebe. Dieser wird dort abgeladen und diffundiert in das

Gewebe einschließlich des Gehirns. Sauerstofffreies Hämoglobin stört das Magnetfeld und kann daher als Reduktion des Signals nachgewiesen werden. Diese Beobachtung wurde ursprünglich von Linus Pauling und Charles Coryell 1936 gemacht als sie zeigten, dass sauerstoffreiches Blut andere magnetische Eigenschaften hatte als sauerstoffarmes Blut [90]. Die Störung des Magnetfelds kann beobachtet werden, wenn der Blutfluss zu aktiven Hirnarealen erhöht ist, um Glukose herbeizubringen. Die Erhöhung des Blutflusses tritt früher auf als die Erhöhung des Sauerstoffverbrauchs. Diese kurzfristige Diskrepanz zwischen Glukose- und Sauerstoffverbrauch wird durch das Milchsäure-Kreditkartensystem wie in der Muskulatur überwunden. Der Unterschied zwischen Muskel und Gehirn besteht darin, dass die Milchsäure lokal im Gehirn verbraucht wird, anstatt sich auf die Leber zu verlassen, um es in Glukose umzuwandeln. In einer weiteren Ähnlichkeit enthalten Hirnastrozyten Glykogen, und dieses Glykogen kann als leicht verfügbarer Glukosespeicher verwendet werden. Wie wir herausgefunden haben, benötigen aktive Bereiche des Gehirns viel ATP, um die Ionenbewegung auszugleichen und Neurotransmitter zurückzuführen. Wenn wir denken, sind nur bestimmte Bereiche des Gehirns aktiv. Es gibt spezifische Bereiche für visuelle Erfahrungen, Hören, Riechen und andere sensorische Eindrücke. Auch die Verarbeitung von Informationen findet an verschiedenen Orten statt. Angst, Erregung und kritische Analyse treten in verschiedenen Teilen des Gehirns auf. Deswegen können wir nun Menschen in einen großen Magneten stecken und sehen, wo ATP verbraucht wird.

Die Entwicklung der MRT, auf der die fMRT basiert, war von vielen Kontroversen umgeben [92]. Die MRT wiederum basiert auf einer anderen Technologie namens NMR (Kernspinresonanz). Kernphysiker erkannten, dass sich Protonen und Neutronen, die im Atomkern zu finden sind, drehen und dabei Magnetfelder bilden. Umgekehrt richten sich, wenn ein starkes Magnetfeld angelegt wird, die Neutronen und Protonen wie Kompassnadeln zum Feld aus. An diesem Punkt können Radiowellen eingesetzt werden, um die sich drehenden Kerne taumeln zu lassen. Werden die Radiowellen ausgeschaltet, erzeugen die taumelnden Protonen und Neutronen selbst nachweisbare Radiowellen. Chemiker verwenden diese Methode seit vielen Jahren, um die Struktur organischer Moleküle zu bestimmen. Wasserstoffe und eine bestimmte Form von Kohlenstoffatomen eignen sich für diese Art der Analyse. Wasser hat zwei Wasserstoffatome, und diese können durch NMR nachgewiesen werden. Raymond Damadian (1936-2022, Abbildung 37) war der erste, der das Potenzial dieser Methode zum Nachweis von Wasser in verschiedenen Geweben erkannte. Krebsgewebe ist oft sehr hart, während funktionelles Gewebe viel weicher ist und mehr Wasser enthält. Damadian argumentierte, dass dieser Unterschied möglicherweise durch NMR in einem intakten Organismus nachgewiesen werden könnte. Eine normale NMR-Maschine hat nur Platz für eine bleistiftgroße Glasröhre, die eine chemische Verbindung enthält; und diese Maschine ist bereits groß und benötigt entsprechenden Raum. Damadian war Arzt und Biophysiker und kannte beide Seiten des Problems. Er schlug vor und zeigte zum ersten Mal, dass sich Wasser in Krebsgewebe anders verhält als Wasser in Weichteilen oder Wasser in Knochen. 1971 veröffentlichte Damadian seine Ergebnisse in der renommierten Fachzeitschrift *Science* mit dem Titel "Tumor detection by nuclear magnetic resonance". Paul Lauterbur (1929-2007, Abbildung 37), ein NMR-Experte, las die Publikation und hatte die nächste bahnbrechende Erkenntnis, dass das Magnetfeld auf eine bestimmte Weise angeordnet werden kann, um Bilder zu erzeugen. Damadian hingegen hatte darauf gebaut, den Organismus Millimeter für Millimeter über den Magneten zu bewegen und dadurch eine bildähnliche Karte zu erzeugen. Lauterbur tat sich auch mit Mathematikern zusammen, die Software zu generieren, um die winzigen Radiosignale in Bilder umzuwandeln. Sofort entwickelte sich eine intensive Rivalität zwischen Damadian und Lauterbur. Damadian war besonders besorgt, ob er genug Anerkennung für seine erste Beobachtung erhalten würde und begann, seinen eigenen Prototyp eines MRT-Geräts zu bauen. Lauterbur machte indessen den nächsten Schritt und veröffentlichte das Bild von zwei Glasröhren mit Wasser. Trotz der ausgeklügelten mathematischen Werkzeuge brauchte sein Team ein Radiergummi, um das erste unscharfe Bild zu glätten. Lauterbur schickte seine Publikation an die konkurrierende Wissenschaftszeitschrift "Nature", wo sie als "eher trivial" und "nicht von ausreichend breiter Bedeutung" abgelehnt wurde. Lauterbur überarbeitete das Manuskript und veröffentlichte es schließlich 1973 in *"Nature"*. Dreißig Jahre später listete *"Nature"* diese bahnbrechende Publikation als eine der einundzwanzig einflussreichsten wissenschaftlichen Arbeiten des zwanzigsten Jahrhunderts. Peter Mansfield (1933-2017, Abbildung 37) von der University of Nottingham hatte die gleiche Methode unabhängig entwickelt und 1977 das NMR-Bild eines menschlichen Fingers veröffentlicht, während Damadian 1976 das Bild einer Maus mit Tumor veröffentlichte. Damadian machte sich dann daran, das erste MRT-Gerät zu bauen, in das ein Menschen passen würde. Dies war eine monumentale Aufgabe, da die für die Bildgebung benötigten Elektromagnete massiv sind und mit flüssigem Helium gekühlt werden müssen, um einen supraleitenden Zustand zu erreichen. Die Gruppe spulte 50000 m Draht, um die erforderliche magnetische Leistung zu erzeugen.

1977 schaffte Damadians Gruppe es schließlich einen unscharfen Querschnitt des menschlichen Oberkörpers abzubilden. Damadian wollte seinen eigenen Oberkörper abbilden, erwies sich aber als zu groß und wurde durch Lawrence Minkoff (Abbildung 37) aus seiner Gruppe vertreten. Im selben Jahr machte Mansfield einen großen Sprung nach vorne, indem er Bilder von einem atmenden Objekt analysieren und Bilder zehntausendmal schneller aufnehmen konnte. Zu diesem Zeitpunkt interessierten sich medizinische Bildgebungsunternehmen für die Technologie und rekrutierten einige der beteiligten Wissenschaftler, um die ersten kommerziellen Maschinen zu bauen. Damadian gründete seine eigene Firma, die bis heute MRT-Geräte produziert. Paul Lauterbur und Peter Mansfield erhielten 2003 den Nobelpreis für ihre Fortschritte in der Entwicklung des MRT.

Abbildung 37 Pioniere der medizinischen Bildgebung. (Nationalmedals.org) Peter Mansfield (oben), Paul Lauterbur (unten links), Raymond Damadian und Lawrence Minkoff (unten rechts).

Damadian ging leer aus. MRT ist heute eine Milliarden-Dollar-Industrie und 60 Millionen Scans werden weltweit jedes Jahr durchgeführt. Damadian fühlte sich übersehen und startete eine langjährige letztendlich erfolglose Medienkampagne, um die Vergabe des Nobelpreises zu korrigieren. Damadian besaß eine schwierige Persönlichkeit und verhielt sich im Wettbewerb mit Paul Lauterbur zunehmend kämpferisch. Infolgedessen wurde er von der NMR-Gemeinschaft ins Abseits gedrängt.

Die Energie des Lebens

Im verbleibenden Kapitel möchte ich zwei weitere Fragen bearbeiten. Erstens, ist ATP erforderlich, um Erinnerungen zu erstellen? Zweitens, haben wir mehr ATP, wenn wir uns energetisiert und erregt fühlen?

Es gibt verschiedene Arten von Erinnerungen, und es würde zu weit führen, in die Details zu gehen, abgesehen davon, dass ich kein Experte auf diesem Gebiet bin. Wie aber auch immer - Neuronen in einem Bereich namens Hippocampus sind besonders aktiv, wenn bestimmte Arten von Erinnerungen abgelegt und aufgerufen werden. Wenn wir etwas lernen, können wir die Informationen als eine Gruppe von Neuronen speichern, die miteinander sprechen. Wie wir bereits gesehen haben, entscheidet ein einzelnes Neuron über das Feuern auf der Grundlage der Integration vieler verschiedener Eingaben von umgebenden Neuronen, was einer Information entspricht. Um ein solches Muster zu speichern, merken wir uns die Informationen und rufen sie wiederholt ab. Dies führt dazu, dass ein bestimmtes Muster der neuronalen Kommunikation verstärkt wird. Das Gehirn kann keine neuen Neuronen züchten, aber es kann bestehende Verbindungen verbessern und stärken. Es kann mehr Neurotransmitter freisetzen und mehr Synapsen wachsen lassen, wo sie benötigt werden, und trimmen, wo sie nicht benötigt werden. Ein Schlüsselmolekül, das an diesem Prozess beteiligt ist, ist das zyklische AMP [93]. Zyklisches AMP entsteht, wenn ATP zwei Phosphate verliert und dabei eine chemische Bindung mit sich selbst eingeht. Diese Botschaft wird in vielen Zellen des Körpers verwendet, um bestimmte Stoffwechselprogramme zu starten. Es kann Fett für das Training mobilisieren oder Glykogen im Muskel abbauen, um Energie zu liefern. Earl W. Sutherland entdeckte das zyklische AMP (cAMP) und schlug 1960 vor, dass es als sekundäres Signal wirkt, wenn Adrenalin während des Trainings freigesetzt wird. Er erhielt 1971 den Nobelpreis für seinen Durchbruch in unserem Verständnis, wie Hormone Signale an Zellen senden. Wir werden dies in Kapitel 8 ausführlicher behandeln. Im Gehirn sagt cAMP den Neuronen, dass sie mehr Synapsen wachsen lassen sollen, aber nur in den Neuronen, die aktiviert wurden. Der Bau einer weiteren Synapse kostet viel

Energie, und dafür ist viel ATP erforderlich. Das zyklische AMP verwendet nur einen winzigen Bruchteil des verfügbaren ATP, ist aber ein sehr starkes Signal. Somit hat ATP zwei Rollen bei der Gedächtnisbildung, nämlich erstens, um ein Signal zu erzeugen, und zweitens, um bessere und mehr Synapsen herzustellen.

Ein Pionier auf diesem Gebiet ist Eric Kandel (Geboren 1929, Abbildung 38), der im Jahr 2000 den Nobelpreis für Physiologie und Medizin für seine Forschung zur Gedächtnisbildung erhielt. Er hatte die Einsicht, ein recht einfaches Modellsystem, nämlich die Riesennacktschnecke *Aplysia californica*, für seine Experimente zu verwenden.

Er benutzte einen simplen Reflex der Schnecke, die ihre Kiemen zurückziehen, wenn man sie anstößt. Diesen Reflex kann man für eine einfache Lernaufgabe benutzen, die Konditionierung genannt wird. Während der Konditionierung wird eine leichte Berührung, die noch nicht zum Zurückziehen der Kiemen führt von einem nachfolgenden stärkeren anderen Schock begleitet. Die Schnecken lernen dadurch ihre Kiemen schon auf die erste leichte Berührung zurückzuziehen. Die Neuronen sind recht groß, so dass Forscher die elektrischen und biochemischen Prozesse untersuchen können, die dabei vorgehen.

Abbildung 38 Pioniere, die die Rolle des zyklischen AMP bei der Bildung von Erinnerungen und der Nervenübertragung untersuchten. Eric Kandel (links) und Paul Greengard (rechts).

Eric Kandel wuchs als jüdisches Kind in Wien auf. Nach dem Anschluss Österreichs 1938 wurde das Leben für jüdische Familien schnell schwierig. Sein Vater wurde gezwungen, die Straßen Wiens mit einer Zahnbürste zu schrubben, um politische Graffiti zugunsten eines unabhängigen Österreichs zu entfernen. Eric wurde von der Schule verwiesen, und der Laden seiner Eltern wurde einem nichtjüdischen Staatsbürger gegeben. Die Eltern konnten Visa für die Vereinigten Staaten besorgen. Eric Kandel verließ Österreich Anfang 1939, und seine Eltern schlossen sich später im selben Jahr an [93]. Kandel machte seine Forschung über Gedächtnisbildung in *Aplysia* zunächst and der New York University und später and der Columbia University.

Nun zur zweiten Frage, ob ATP besonders hoch ist, wenn wir uns energetisiert und erregt fühlen. Hier ist die Antwort ein einfaches Nein. Wie bereits erwähnt, ist ATP für das Gehirn so wichtig, dass die ATP-Spiegel ständig hochgehalten werden. Wenn wir uns wach und energiegeladen fühlen, liegt es an der Aktivität einer kleinen Gruppe von Neuronen, die Noradrenalin freisetzen [94]. Dies ist das gleiche Molekül wie der beschleunigende Stoff, den Otto Loewi im Herzen entdeckt hatte. Otto Loewi kannte die chemische Identität des beschleunigenden Neurotransmitters nicht. Diese bewies Ulf von Euler 1946. Zu jener Zeit war Adrenalin bereits als Hormon bekannt, aber es war auch festgestellt worden, dass eine ähnliche und weitaus potentere Verbindung existierte, die die Herzfrequenz erhöhte. Als der beschleunigende Stoff als reine Chemikalie verfügbar wurde, war seine Identität geklärt. Für diese und andere Entdeckungen erhielt Ulf von Euler 1970 den Nobelpreis.

Noradrenalin gehört zur dritten Art von Neurotransmittern, die die Aktivität anderer Neuronen im Gehirn modulieren. Es gibt nur 32000 Neuronen im Gehirn, die Noradrenalin freisetzen, und sie sitzen alle an einem winzigen Punkt. Ihre Nervenfasern erreichen jedoch in großen Schleifen jeden Teil des Gehirns und haben dabei viele Synapsen. Wenn diese Neuronen aktiv sind, modulieren und optimieren sie die schnelle Übertragung von Signalen durch Rezeptionisten, die auf der Oberfläche vieler anderer Neuronen sitzen. So ist die Verarbeitung schneller, und ankommende Informationen werden effizient verarbeitet. Es muss jedoch die richtige Menge an Noradrenalin vorhanden sein. Wir alle haben erlebt, dass, wenn man in der Schule an die Tafel gerufen wird, um etwas zu erklären, die Neuronen blockiert sind und nichts in den Sinn kommt. Wachsamkeit erfordert die richtige Menge an Noradrenalin, und sie muss im richtigen Moment kommen. Ständige Überschwemmungen sind mit schlechter Leistung und mangelnder Aufmerksamkeit verbunden [94]. Zu wenig Noradrenalin macht Schläfrigkeit, weil andere modulatorische Neurotransmitter immer stärker in den Vordergrund treten. Formel-1-Fahrer haben wahrscheinlich eine außergewöhnlich niedrige Grund-Freisetzung von Noradrenalin und müssen etwas Riskantes tun, um sich zu wecken und wachsam zu sein. Umgekehrt kann jemand mit einem höheren Grundspiegel von Noradrenalin riskantes Verhalten als unangenehm empfinden, da zu viel Noradrenalin mit einer schlechten Leistung verbunden ist. Die Entfernung von freigesetztem Noradrenalin ist ein kritischer Schritt bei der Beendigung der Erregung und erfordert ATP, wenn auch indirekt. Dieser Mechanismus unterscheidet sich von dem Mechanismus, der im Muskel beobachtet wird. Acetylcholin, das aus den Muskelnerven freigesetzt wird, wird schnell in zwei Teile zerlegt. Erinnern wir uns, dass dies der Prozess ist, der Alex Nawalny vergiftete. Julius Axelrod (1912-2004) arbeitete heraus, dass die schnelle Entfernung von Neurotransmittern durch Rückführung in die Zelle ein alternativer Mechanismus des Abstellens ist, und erhielt 1970 den Nobelpreis für diese Entdeckung [95]. Dies hat wichtige praktische Konsequenzen, da eine Verlangsamung der Entfernung von Noradrenalin einen Erregungszustand verlängern würde, eine der Wirkungen von Antidepressiva. Noradrenalin-Wiederaufnahmehemmer, wie sie genannt werden, werden für Aufmerksamkeitsdefizit-Hyperaktivitätsstörung und Depression verschrieben. Ein weiterer Neurotransmitter, der unser

Nervensystem moduliert, ist Dopamin. Es wird freigesetzt, wenn wir bestimmte Aktivitäten als angenehm empfinden, wie Essen, Trinken oder Glücksspiel. Drogen des Missbrauchs zielen alle auf Dopaminrezeptoren und Dopamintransporter ab, um das Gefühl des Vergnügens zu verlängern. Dopamin wurde als Neurotransmitter erkannt von Arvid Carlsson (1923-2018), der im Jahr 2000 mit dem Nobelpreis ausgezeichnet wurde. Wir haben bereits gesehen, dass zyklisches AMP, das von ATP abgeleitet wird, das Wachstum zusätzlicher Synapsen stimulieren kann, um neuronale Schaltkreise zu verstärken. Aber zyklisches AMP moduliert die neuronale Aktivität an vielen Stellen im Gehirn. Die Bindung von Dopamin an seinen Rezeptor erzeugt auch zyklisches AMP und wird dort verwendet, um die schnellen Nervenübertragungen zu modulieren, die das angenehme Gefühl erzeugen. Paul Greengard (1925-2019, Abbildung 38) erhielt im Jahr 2000 den Nobelpreis für seine Einblicke in die Wirkung von Dopamin in Neuronen. Wir hatten ihn schon vorher getroffen, weil er gefunden hatte das ATP einen Schalter umwirft, um Neurotransmitterpakete freizusetzen.

Während ATP an der Erregung nicht beteiligt ist, spielt es eine Schlüsselrolle beim Schlaf. Nicht ATP selbst, sondern ein ATP, das alle drei Phosphate verloren hat. Das verbleibende Molekül heißt Adenosin (siehe Abbildung 1). 1954 fanden Feldberg und Sherwood heraus, dass die Injektion von Adenosin in das Gehirn von Katzen 30 Minuten Schlaf verursachte [96]. ATP verbleibt normalerweise auf der Innenseite von Zellen. Wenn aber AMP während eines intensiven Energiebedarfs gebildet wird, kann es weiter zu Adenosin umgewandelt werden, das die Zellen durch ein Gatter verlassen kann. Umgekehrt kann Adenosin in eine Zelle eindringen und wieder in ATP umgewandelt werden. Das Blockieren dieses Prozesses verlängert den Schlaf [97]. Eine genetische Variante beim Menschen, die die Fähigkeit zum Abbau von Adenosin reduziert, verstärkt den Tiefschlaf [98]. Schlafentzug erhöht den Adenosinspiegel im Gehirn, während der Tiefschlaf von der Entfernung von Adenosin begleitet wird. Die Pakete von Neurotransmittern, die während eines

Nervenimpulses aus Neuronen freigesetzt werden, enthalten oft auch ATP, das dann in der Hirnflüssigkeit in Adenosin zerlegt wird. Es ist bemerkenswert, dass AMP, das bei intensiver Gehirnaktivität erzeugt wird, auch in Adenosin umgewandelt wird, als ob Neuronen mitteilen wollen, dass sie für den Tag genug gearbeitet haben. Es gibt eine spezielle Empfangsdame, die die Nachricht annimmt, dass Adenosin angekommen ist und die Neuronen zum Schlafen auffordert. Bestimmte Medikamente können die Empfangsdame dazu bringen, zu glauben, dass eine große Menge Adenosin vorhanden ist (in der Pharmakologie werden sie Adenosinrezeptor-Agonisten genannt), um Neuronen in einen festen Schlaf zu versetzen. Fehlt die Rezeptionistin in gentechnisch veränderten Mäusen, bleiben die Neuronen wach. Der spezifische Bereich, der uns zum Schlafen bringt, sitzt über unseren Augen. Wie die Neuronen, die Adrenalin freisetzen, haben Neuronen in diesem Bereich Nervenfasern, die sich in viele Bereiche des Gehirns ausdehnen, wo sie Acetylcholin freisetzen, um Wachheit zu erzeugen. Adenosin blockiert die Freisetzung und versetzt uns so in den Schlaf. Koffein auf der anderen Seite lenkt die Empfangsdame vom Adenosin ab (in der Pharmakologie werden Ablenker wie Koffein Adenosinrezeptor-Antagonisten genannt), so dass die Adenosin-Botschaft nicht ausgeliefert wird. Es gibt mehr Regulatoren unseres Schlaf- und Wachzyklus, aber sie sind nicht mit ATP verbunden und infolgedessen werden wir hier nicht weiter ins Detail gehen.

Jetzt, da wir die vielfältigen Rollen von ATP im gesunden Gehirn untersucht haben, werden wir auch einen Blick darauf werfen, was passiert, wenn es zu einem katastrophalen Versagen kommt [99]. Ein Schlaganfall tritt auf, wenn ein Blutgerinnsel eine der Arterien blockiert, die das Gehirn mit Sauerstoff und Glukose versorgen. Meistens ist die mittlere Hirnarterie betroffen, die sich in zwei Äste spaltet. Das Gehirn besitzt Hemisphären und je nachdem, auf welcher Seite das Blutgerinnsel sitzt, ist eine Körperhälfte betroffen. Zum Beispiel hängt eine Seite des Gesichts herab, wenn die betroffene Person versucht zu lächeln. Wenn sie ihre Arme heben will, hängt einer weiter durch. Darüber hinaus ist die Person verwirrt, und die Sprache ist verwaschen. Wie ein Herzinfarkt ist ein Schlaganfall eine Energiekrise, diesmal im Gehirn. Glukose und Sauerstoff fehlen und wie wir bereits gesehen haben, hat das Gehirn wenig Fähigkeit, etwas anderes zur Energiegewinnung zu verwenden. Astrozyten werden ihr Glykogen verwenden, um Energie zu erzeugen, aber sie können diese Energie nicht auf die Neuronen übertragen. Neuronen haben Phosphagen, um ATP wie im Muskel aufzuladen [100], aber dies wird nur eine Minute oder so halten. Wir diskutierten, dass die Aufrechterhaltung der Batterieladung und die Entfernung von Neurotransmittern ATP erfordert. Wir haben auch gehört, dass das Gehirn Glutamat nicht in großen Mengen tolerieren kann, aber während eines Schlaganfalls erreichen die Glutamatspiegel in den betroffenen Bereichen Höhen, die denen im Blut entsprechen. Wenn Glutamat nicht entfernt werden kann oder sogar aus Zellen austritt, beginnt es mit den Rezeptionisten auf der anderen Seite der Synapsen zu sprechen. Dies öffnet die Tore, die Natrium- und Kalziumionen in die Zelle einströmen lassen. Das geschieht in kleinen Portionen und lokal unter normalen Bedingungen, um die Nervenimpulsübertragung zu verfeinern, aber es überwältigt das System, wenn zu viel Glutamat ganze Gehirnbereiche überflutet. Die daraus resultierende reduzierte Batterieladung verschlimmert das Problem und lässt noch mehr Kalziumionen herein. Zu viel Kalziumionen in einer Zelle ist eine unwillkommene Nachricht für die Mitochondrien. Dadurch sinkt die Batterieladung der Mitochondrien. Etwas Sauerstoff ist zu dieser Zeit noch da und die kämpfenden Mitochondrien beginnen, Bleichmittel und peroxidähnliche Chemikalien zu produzieren, weil die normale Atmung nicht sehr gut funktioniert. Einige Neuronen halten nur ein paar Minuten bei diesem Ansturm, bevor sie sterben, während die Astrozyten härter sind. Daher ist es wichtig, das Blutgerinnsel so schnell wie möglich aufzulösen, um dauerhafte Schäden zu vermeiden, insbesondere in Bereichen, in denen noch eine gewisse Menge an Blutfluss vorhanden ist.

Viele Nobelpreise wurden für grundlegende Entdeckungen in den Neurowissenschaften vergeben (siehe Tabelle 4). Nicht alle stehen in direktem Zusammenhang mit der Funktion von ATP, aber aufgrund der extrem hohen ATP-Nachfrage der Nervenfunktion untermauert es alle seine Funktionen.

Tabelle 4: Wichtige Entdeckungen von Gehirnfunktionen und Gehirnenergie

Jahr	Name	Entdeckung
1906	Camillo Golgi, Santiago Ramon y Cajal	Nobelpreis für die zelluläre Struktur des Nervensystems.
1932	Charles Scott Sherrington, Edgar Douglas Adrian	Nobelpreis für neuronale Funktionen.
1936	Henry Hallet Dale, Otto Loewi	Nobelpreis für die Entdeckung von Neurotransmittern.
1963	John Carew Eccles, Alan Lloyd Hodgkin, Andrew Fielding Huxley	Nobelpreis für erregende und inhibitorische Mechanismen der Nervenimpulsübertragung.
1967	Ragnar Granit, Haldan Keffer Hartline, Georg Wald	Nobelpreis für Physiologische und chemische Prozesse im Auge.
1970	Bernhard Katz, Ulf von Euler, Julius Axelrod	Nobelpreis für die Speicherung, Freisetzung und Inaktivierung von Neurotransmittern.
1971	Earl. W. Sutherland	Nobelpreis für den Mechanismus der Hormonsignale.
1991	Erwin Neher, Bert Sakmann	Nobelpreis für die Analyse von individuellen Ionenkanälen.
1994	Alfred Gilman, Martin Rodbell	Nobelpreis für Hormon- und Neurotransmitter-Rezeptoren.
2000	Arvid Carlsson, Paul Greengard, Eric Kandel	Nobelpreis für Signalübertragung im Nervensystem.
2003	Paul C. Lauterbur, Peter Mansfield	Nobelpreis für neuronale Bildgebung.
2003	Peter Agre, Roderick MacKinnon	Nobelpreis für die Struktur von Ionenkanälen.
2004	Richard Axel, Linda B. Buck	Nobelpreis für die Entdeckung von Geruchsrezeptoren.
2012	Robert J. Lefkowitz, Brian K. Kobilka	Nobelpreis für die Struktur von Neurotransmitterrezeptoren.

2017	Jeffrey C. Hall, Michael Rosbash, Michael W. Young	Nobelpreis für den Mechanismus des Tag und Nachtrhythmus.
2021	David Julius, Ardem Patapoutian	Nobelpreis für die Entdeckung von Temperatur und Druckwahrnehmung.

6

Überwinternde Bären

"Hunger, langanhaltend, ist vorübergehender Wahnsinn! Das Gehirn ist ohne die erforderliche Nahrung am Werk, und die fantastischsten Vorstellungen erfüllen den Geist. Bis dahin hatte ich nie gewusst, was Hunger wirklich bedeutet. Ich würde es jetzt wahrscheinlich verstehen.

– Jules Verne

Fettgewebe ist wahrscheinlich das am meisten unterschätzte Gewebe in unserem Körper. Das liegt natürlich daran, dass wir zu viel essen, und wir essen sehr regelmäßig. Dies wäre in Frühzeiten anders gewesen, wo im Winter und im frühen Frühling wenig Nahrung zur Verfügung stand. Die Menschen haben selbst im modernen Europa viele Hungerperioden überlebt. Das jüngste Ereignis dieser Art in Europa war die Hungersnot in den Niederlanden im Winter 1944/45. Aufgrund einer deutschen Blockade gingen die Lebensmittel in den Großstädten schnell zur Neige. Die Erwachsenenrationen in Amsterdam fielen bis Ende November 1944 unter 1000 Kalorien und bis Februar 1945 auf 580 Kalorien [101]. Wikipedia hat eine lange Liste von Hungersnöten mit vielen Millionen Toten. Das wahrscheinlich dramatischste Ereignis der letzten Zeit war die große chinesische Hungersnot (1959-1961), die zu einer geschätzten Zahl von 15-55

Millionen Toten führte. Bekannter sind die irischen Hungersnöte von 1740-1741 und 1845-1852, die den Tod eines erheblichen Teils der irischen Bevölkerung verursachten und eine Migration auslösten. 1694 beschrieb ein französischer Beamter die Lage nach zwei Fehlgeschlagenen Ernten: "Es gibt eine unzählige Menge von armen Seelen, schwach vom Hunger und Elend, die auf den Straßen und Plätzen in den Städten und auf dem Lande Sterben wegen Verlangen und Mangel an Brot. Weil sie weder Arbeit noch Lohn haben, fehlt das Geld, um Brot zu kaufen". Kurz gesagt, Hungersnöte sind ein häufiges Ereignis für den Menschen, und unser Fettgewebe bereitet uns auf diese Zeiten vor.

Wirtschaftlich gesehen ist unser Fettgewebe wie ein Sparkonto. Wann immer wir Geld übrighaben, legen wir es dort an. Wenn wir unser Geld verbrauchen, wie wir es verdienen, können wir kein Sparkonto aufbauen. Heutzutage generieren Sparkonten keine Zinsen, und Ähnliches gilt für das Fettgewebe. Der einzige Unterschied besteht darin, dass wir nicht einen großen Teil unseres Fettgewebes entfernen können, um etwas Teures auf einmal zu kaufen. Das Fettgewebe gibt nur Geld her, wenn es für wesentliche laufende Ausgaben akut benötigt wird.

Das wirft die Frage auf, wie groß das Sparkonto ist und wie lange es halten wird? Im Falle einer Hungersnot ist das nicht leicht zu sagen, weil die Menschen ein bisschen zu essen haben werden, was die Reserven verlängert. Wir wissen jedoch, dass wir ATP kontinuierlich in unseren Organen verwenden, die nie aufhören zu arbeiten. Ein Hungerstreik hingegen ist der bewusste Ausschluss jeglicher Nahrung mit der Bereitstellung von Wasser und Mineralien, um ein schnelleres Verdursten zu vermeiden. Wie lange könnte er dauern? Unsere Leber hat Energiespeicher in Form von Glykogen, dem Polymer von Zuckern, das Claude Bernard entdeckt hat. Während wir schlafen, versorgt uns dies mit Energie, aber es läuft nach spätestens 24h aus. Unsere Muskeln haben auch etwas Glykogen, aber das wird noch schneller verbraucht, wie wir es beim Marathonläufer gesehen haben, und es ist nur für die Muskeln zu konsumieren. Übrig bleiben Protein und Fett. Eine Person mit durchschnittlichem Gewicht hat etwa 15 kg Fett und 6 kg Protein in Form von Fettgewebe und Muskelmasse. Fett liefert 9 kcal pro g und Protein liefert 4 kcal pro g. Das entspricht 135.000 kcal Fett und 24.000 kcal Protein. Ein 70 kg schwerer Erwachsener verbraucht etwa 2000 kcal pro Tag. In diesem Fall sollten die Reserven also für ungefähr 80 Tage reichen. Wie oben erwähnt, ist Muskelmasse nicht vollständig entbehrlich, so dass etwa 2 Monate für einen Hungerstreik übrigbleiben, bevor er lebensbedrohlich wird. Die längste bekannte Fastenzeit wurde von einem extrem dickleibigen Mann durchgehalten, der für 382 Tage nur nichtkalorische Flüssigkeiten, Vitamine und Mineralien zu sich nahm und dabei 60% seines Gewichts verlor anscheinend ohne Nebenwirkungen [102].

Woher wissen wir wie lange wir Hungern können? Aus einer Studie von Ancel Keys (1904-2004), dem Minnesota-Hungerexperiment. Aus Sorge um Soldaten, die während des Zweiten Weltkriegs in Gefangenschaft Hunger litten, und um Zivilisten, die mit Lebensmittelrationen auskommen mussten, schlug Ancel Keys eine Untersuchung vor: Freiwillige wurden 1945 auf eine eingeschränkte Diät gesetzt. In der zwölfwöchigen Kontrollphase erhielten die Probanden eine ausreichende Ernährung von 3200 Kalorien pro Tag. Sodann folgte eine 24-wöchigen Diät mit nur 1570 Kalorien pro Tag. In beiden Zeiträumen mussten die Freiwilligen arbeiten und Sport treiben. In den ersten zwölf Wochen der Hungerphase zeigten die Probanden eine 21% ige Reduktion der Muskelkraft, 18% Gewichtsverlust und eine 55% Abnahme der allgemeinen Fitness [103]. Die Probanden wurden so schwach, dass sie Schwierigkeiten hatten, im Kaufhaus eine Drehtür zu schieben oder die große Tür zur Bibliothek zur öffnen. Dennoch mussten sie immer noch 35 km zu Fuß in einer Woche zurücklegen [104]. Ein Proband musste ausscheiden, weil er aggressiv wurde und von Kannibalismus träumte. Am Ende des 24-wöchigen Zeitraums hatten die Teilnehmer 24% ihres Körpergewichts verloren. Selbst essentielle Organe wie Leber und Nieren schrumpften in den

Hungerzeiten [105]. Die Gesundheit verschlechterte sich, erkennbar an Flüssigkeitsansammlung im Gewebe, Blutarmut, niedriger Herzfrequenz und genereller Schwäche. Dies sind typische Anzeichen von Hunger, da der Körper nicht genug Protein produzieren kann. Zum Beispiel kann die Leber nicht genug Albumin produzieren, das Protein, das im Blut reichlich vorhanden ist. Seine Anwesenheit bewirkt, dass Wasser aus den Geweben in den Blutkreislauf gezogen wird. Wie wir bereits gehört haben, wird Wasser ständig in den Mitochondrien produziert und muss ausgeatmet werden, da es sich sonst im Gewebe ansammelt. Blutarmut oder Anämie ist das Ergebnis einer verminderten Fähigkeit, rote Blutkörperchen zu produzieren. Die niedrige Herzfrequenz ist eine weitere verzweifelte Maßnahme des Körpers, um den Energieverbrauch während des Hungerns zu reduzieren. Zusätzlich zu den körperlichen Auswirkungen waren die Studienmitglieder depressiv, reizbar bei kleineren Problemen und besessen von Essensfantasien.

Die metabolischen Veränderungen während des Hungerns wurden von George F. Cahill (1927-2012) später im 20. Jahrhundert weiter untersucht. Er ist der Gründer der Wissenschaft vom Fasten und Hungern und untersuchte mit Hilfe von Freiwilligen, welche Brennstoffe in welchem Ausmaß in verschiedenen Phasen des Fastens verbraucht werden.

Eines der Hauptprobleme des Hungers ist unser hungriges Gehirn, das, wie wir gehört haben, fast ausschließlich Glukose benutzt, wenn wir gut ernährt sind. Unser Herz verwendet gerne Fett (oder genauer gesagt Fettsäuren), wahrscheinlich um dem Gehirn Glukose zu überlassen. Selbst wenn wir hungern, hält unser Körper den Blutzucker auf > 3 mM. In 24 Stunden Fasten müssen wir 180 g Glukose erzeugen, von denen das Gehirn 144 g [106] verbraucht.

Muskelprotein wird verwendet, um etwa 40% der Glukose herzustellen, sobald uns das Glykogen ausgeht. Ein kleiner Teil unseres Fettes, genannt Glyzerin, kann auch in Glukose umgewandelt werden, aber nicht die Fettsäuren, die den größten Teil des Fetts ausmachen [n]. Außerdem gibt es noch Milchsäure, die von unseren roten Blutkörperchen und Muskeln produziert wird. Trotz dieser zusätzlichen Quellen würden unsere Muskeln beim Hungern sehr schnell verschwinden, um 180g Glukose pro Tag zu erzeugen.

Wir brauchen also einen Trick, um unser Gehirn am Laufen zu halten und unser Muskelprotein zu schonen, während wir hungern. Der Trick heißt Ketogenese (Abbildung 39). Dies war früher ein Begriff, den nur Biochemiker kannten, aber mit der Popularität der ketogenen Diäten sind Ketonkörper der letzte Schrei. Was sind Ketonkörper? Wenn wir Fett als Brennstoff verwenden, zerlegen wir es in kleinere Fragmente.

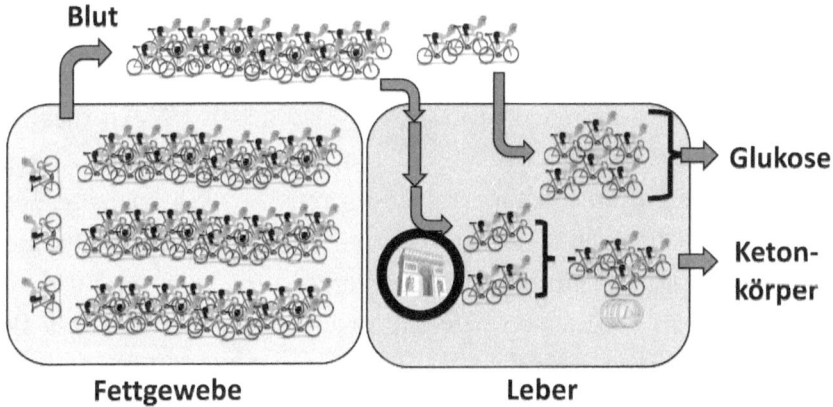

Abbildung 39 Ketonkörper sind eine Treibstoffreserve während des Fastens und Hungerns. Das Fettgewebe zerlegt Fett zu Fettsäuren (große Pelotons) and Glyzerin (3 Fahrradfahrer), welche dann freigesetzt werden. Beide Gruppen radeln zur Leber, wo sie Glukose oder Ketonkörper bilden.

In unserem Peloton-Gleichnis hat ein typisches Fettmolekül etwa 55 Radfahrer. Im ersten Schritt teilen wir die Gruppe in vier kleinere

---

[n] Um genau zu sein kann auch ein kleiner Teil der Fettsäuren in Glukose umgewandelt werden, wenn sie eine ungerade Anzahl von Kohlenstoffatomen haben.

Pelotons auf: einen mit nur drei Radfahrern und drei mit 16-18 Radfahrern. Die größeren Gruppen werden auch Fettsäuren genannt. Die drei Radfahrer, Glycerin genannt, verlassen das Fettgewebe und radeln zur Leber, wo sie sich anderen Pelotons von drei Radfahrern anschließen, um Gruppen von sechs zu bilden, die dann leicht in Glukose umgewandelt werden. Die drei größeren Pelotons wechseln ebenfalls vom Fettgewebe zur Leber, werden aber weiter in Gruppen von zwei Radfahrern zerlegt. Die Zweiergruppen könnten am Radrennen Arc de Triomphe teilnehmen, aber während des Fastens oder auf einer ketogenen Diät wird eine Alternative bevorzugt. Sie können zu Ketonkörpern werden. Dafür fusionieren sie zu Gruppen von 4 Radfahrern und erhalten auch einige Münzen. So beladen verlassen sie die Leber und fahren zu jedem anderen Gewebe, das Energie benötigt, insbesondere zum Gehirn. Normalerweise verwendet das Gehirn nur Glukose, um Energie zu erzeugen, aber während des Hungerns beginnt es, Ketonkörper zu verwenden, sonst müssten wir zu viel Muskelmasse aufgeben [107]. All dies ist optimiert, um ein möglichst langes Überleben zu ermöglichen. Nach einer Woche Fasten müssen statt 180 g nur 80 g Glukose pro Tag hergestellt werden, und nur die Hälfte davon geht an das Gehirn. Der Muskelproteinbeitrag zur Glukoseerzeugung wird von 40% auf 25% reduziert. Stattdessen liefert die Ketonkörper Produktion die verbleibende Energie für das Gehirn und andere Gewebe.

Ein weiterer Vorteil der Umstellung von Protein- auf Ketonkörper ist die reduzierte Menge an Harnstoff, die von der Leber produziert wird. Harnstoff muss über die Nieren ausgeschieden werden und dafür braucht man Wasser. Für den Fall, dass eine Hungersnot auch unseren Zugang zu Wasser einschränkt, wird dies den Verlust reduzieren. Es gibt noch einen weiteren Grund, warum wir so gut darin sind, Glukose zu sparen: Wir werden sogar mit einer ketogenen Diät geboren. Bei der Geburt verbraucht unser Gehirn 60-70% des gesamten Energiebedarfs unseres Körpers. Die Hälfte davon kommt von Ketonkörpern. Deshalb werden wir ein wenig fettleibig geboren, um uns mit all dem Fett zu versorgen, das wir brauchen, um Ketonkörper herzustellen. Da die Gehirne bei anderen Tieren vergleichsweise kleiner sind, sind sie viel weniger auf Ketonkörper angewiesen. Bären, die überwintern, haben nach einem Fastentag weniger Ketonkörper als Menschen. Wale ernähren sich nur für ein paar Wochen pro Jahr und haben auch weniger Ketonkörper als wir [107].

Etwa 150 g Fettgewebe werden während eines Fastens pro Tag verwendet. Der große Gewichtsverlust nach dem ersten Fastentag kommt von dem Verlust des Wassers, das zusammen mit Glykogen in der Leber gespeichert ist: etwa 80 g Glykogen mit 160 g Wasser. Wenn man am ersten Tag des Fastens 300 g verloren hat, hat man größtenteils Glykogen und Wasser verloren, aber nur eine geringe Menge an Fett. Dies macht es so schwierig, Fett zu verlieren, wenn man Glykogen jeden Tag mit Kohlenhydraten auffüllt. Es erklärt auch, warum wir dazu neigen, zu viel zu essen und an Gewicht zuzunehmen. In prähistorischen Zeiten hatte der Mensch selten die Möglichkeit, viel Fett anzusammeln, und etwas Fett war sicherlich etwas Gutes, um sich auf die nächste Hungersnot vorzubereiten. Während unser Körper sehr gut darin ist, uns zu sagen, wie viel wir Essen müssen, um unser Energiegleichgewicht zu halten, irrt er sich leicht auf der großzügigen Seite, um das Sparkonto zu füllen.

Während Fettgewebe seit langem als Speicherorgan bekannt ist, wurde es in jüngster Zeit auch als ein Organ anerkannt, das Hormone produziert. Ein wichtiges Hormon, das unserem Körper sagt, dass wir genügend Fettspeicher haben, heißt Leptin. Mäuse, denen Leptin fehlt, sind monströs fettleibig und tägliche Injektionen von Leptin reduzieren schnell die Nahrungsaufnahme und die Körpermasse. Es gibt eine ganze Reihe von Hormonen, die vom Fettgewebe produziert werden, aber um unseres Themas ATP willen werden wir uns an Leptin halten. Die Leptinproduktion ist proportional zur Masse des Fettgewebes und erreicht während der Nacht ihren Höhepunkt. Einige der Rezeptionisten für Leptin befinden sich im Gehirn, wo der Appetit kontrolliert wird. Leptin signalisiert dem Gehirn, dass wir genügend Reserven haben und die Nahrungsaufnahme reduzieren und glücklich sein können. Leptin-Rezeptionisten finden sich auch in anderen Geweben, zum Beispiel in Muskeln, wo sie die Botschaft vermitteln, mehr Fettsäuren für die Energieproduktion zu verwenden. Hier ist der AMP-Detektor beteiligt, den wir kurz kennengelernt haben, als wir über das Energiemanagement im Muskel während des Trainings diskutierten.

Es gibt eine Art von Fettgewebe, die jeder mag. Es wird braunes Fettgewebe genannt und hilft Tieren, die Körpertemperatur in kalten Klimazonen hochzuhalten. Es wurde auch "Überwinterungsdrüse" genannt, weil überwinternde Tiere es verwenden, um sich warm zu halten. Erwachsene Menschen erzeugen Wärme durch Muskelbewegungen. Wir zittern, wenn es kalt ist, und wie wir bereits gesehen haben, entsteht Wärme, wenn ATP während der Muskelbewegung gespalten wird. Neugeborene bewegen sich nicht viel und folglich haben sie etwas braunes Fettgewebe, aber es verschwindet weitgehend bei Erwachsenen, und nur Reste werden rundum Arterien gefunden, die entlang den Rippen verlaufen, um die Bluttemperatur aufrechtzuerhalten [108].

Wie macht man Wärme ohne Bewegung? Wenn wir ATP spalten und für einige Arbeiten verwenden, wird die freigesetzte Energie zum Teil zu Arbeit und zum Teil zu Wärme. Wenn wir ATP spalten, ohne irgendwelche Arbeiten durchzuführen, erzeugt das nur Wärme. Im braunen Fettgewebe haben wir, um bei der mitochondrialen Batterie-Analogie zu bleiben, 20-mal mehr Schaufelräder, die Strom erzeugen und die mitochondriale Batterie aufladen, als Sternmotoren, die ATP produzieren [109]. Dies würde normalerweise keinen Sinn ergeben, da die Batterieladung verwendet wird, um die Achse des Sternmotors zu drehen, um ATP herzustellen. Im braunen Fettgewebe wird die Batterie einfach kurzgeschlossen und wie bei jedem Kurzschluss wird die Energie in Wärme umgewandelt. Elektrische Sicherungen in Haushaltsgeräten haben kleine Drähte, die während eines Kurzschlusses durch Hitzeproduktion schmelzen und dadurch den Stromkreis unterbrechen. In braunen Fettmitochondrien gibt es keine Sicherung und wenn Noradrenalin ausgeschüttet wird, wird Wärme erzeugt (Abbildung 40).

Der Kurzschluss wird durch eine Ionenpore vermittelt, ähnlich den Mechanismen, die wir für die Nervenimpulsübertragung diskutiert haben. Der einzige Unterschied ist die Art des Ions, das für den Kurzschluss verwendet wird. In diesem Fall sind es Protonen oder Säure, weil die die Mitochondrienbatterie aufladen. Bei Säugetieren erreicht die Wärmeerzeugung in der ersten Woche nach der Geburt ihren Höhepunkt und nimmt danach kontinuierlich ab [109]. In Erwachsenen, die längere Zeit Kälte ausgesetzt werden, erhöht sich die Kapazität des Kurzschlusses.

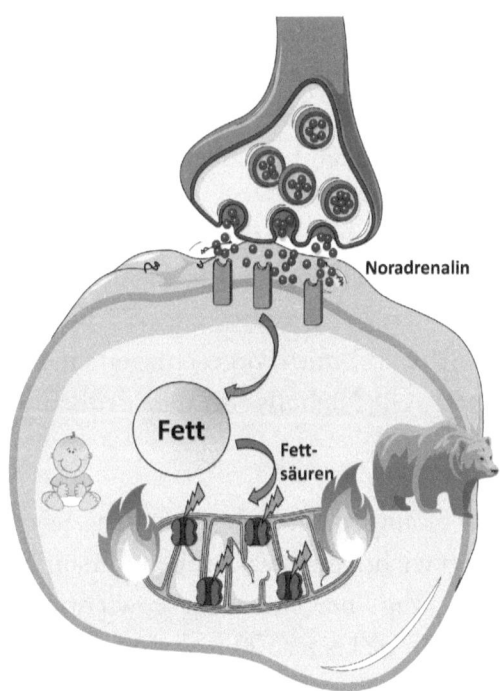

Abbildung 40: Ein Schema des braunen Fettgewebes. Wenn Noradrenalin freigesetzt wird, wird Fett abgebaut und die resultierenden Fettsäuren benutzt, um Hitze zu generieren. Dies wird von winterschlafenden Tieren und Neugeborenen benutzt. Die kurzschließenden Kanäle in den Membranen der Mitochondrien sind angedeutet.

Das heißt man muss zu den Polen umziehen, wenn man mehr braunes Fettgewebe entwickeln will, um abzunehmen. Es besteht jedoch die Hoffnung, dass einige normale weiße Fettzellen, die sich unter der Haut befinden, sich "bräunen" und zu sogenannten beigen Fettzellen werden.

Große Aufregung erzeugte der Harvard-Biologe Bruce Spiegelmann, als er 2012 veröffentlichte, dass Bewegung die Freisetzung eines neuartigen Hormons namens Irisin verursacht, das weiße Fettzellen in "beige" Fettzellen verwandeln kann [110]. Dies wurde als das "Sporthormon" gefeiert, das wir alle einnehmen könnten, um Gewicht zu verlieren. Schnell wurde ein Start-up-Unternehmen namens Ember Therapeutics gegründet. Die ursprüngliche Studie wurde später aus technischen Gründen kritisiert und es wurden Zweifel an der Rolle des Hormons geäußert [111,112]. Ember Therapeutics hat nun seinen Fokus auf andere Hormone verlagert, die die Entwicklung von Fettzellvorläufern zu braunen Fettzellen vorantreiben mögen.

Beim Menschen wurde eine Überwinterungsdrüse zum ersten Mal 1902 von Shinkishi Hatai (1876-1963) bei Neugeborenen beschrieben. Die Rolle des braunen Fettgewebes zur Wärmeerzeugung wurde erstmals 1961 von Robert Smith vorgeschlagen, und der Kurzschluss wurde von David G. Nicholls in den frühen 1970er Jahren demonstriert [109].

Die Wärmeentwicklung passt sich auch dem Körpergewicht an. Bei einer normalgewichtigen erwachsenen Person beträgt sie etwa 100 Kalorien pro Tag, bei einer übergewichtigen Person nach Gewichtsverlust kann sie bis zu 500 Kalorien pro Tag erreichen. Bei hungernden Individuen ist die Wärmeproduktion vernachlässigbar [105].

Wie wird das ausgelöst? Das natürliche Mittel, um die Wärmeproduktion im braunen Fettgewebe zu initiieren, ist Noradrenalin, derselbe Neurotransmitter, der unser Herz schneller schlagen lässt und unser Gehirn dazu bringt, sich zu konzentrieren und aufmerksam zu sein. Noradrenalin verursacht die Erzeugung von zyklischem AMP, dass, wie wir gehört haben, von ATP abgeleitet ist und das Signal ist, um mit der Wärmeerzeugung zu beginnen. Damit kann gemessen werden, wie viel Wärme produziert wird. Wenn Noradrenalin zu einer Aufschlämmung von Zellen aus braunem Fettgewebe hinzugefügt wird, erzeugen sie sofort 300 W/kg Zellen. Dies ist eine enorme Menge im Vergleich zu unserer Ganzkörperwärmeproduktion von 100W im Ruhezustand. Das impliziert natürlich, dass die Aktivierung von braunem Fettgewebe bei übergewichtigen Menschen das Körpergewicht reduzieren könnte. Bei Erwachsenen und bei normaler Temperatur ist der Energieverbrauch des braunen Fettgewebes jedoch zu gering, um einen Unterschied zu machen. Es gibt jedoch einen chemischen Kurzschluss, der als 2,4-Dinitrophenol bekannt ist. Nach der Einnahme entlädt sich ständig die mitochondriale Batterie in jeder Zelle unseres Körpers. Gewichtsverlust ist garantiert, aber das therapeutische Fenster ist eng, wie man sagt. Was bedeutet, dass leicht überdosiert wird. Dies kann zu Herzversagen führen, da die Verbindung in die Mitochondrien des Herzens gelangt und dadurch die Herzfrequenz erhöht [113]. Die Gewichtsverlustaktivität von 2,4-Dinitrophenol wurde 1933 entdeckt, und es wurde bald als rezeptfreies Medikament zur Gewichtsreduktion vermarktet. Wegen seiner Toxizität und seines engen therapeutischen Fensters wurde es 1938 in den USA und später in anderen Ländern als ungeeignet für den menschlichen Gebrauch bezeichnet. Viele Internetseiten bieten es jedoch immer noch illegal an und vermarkten es als Fettverbrenner. Mittlerweile wurden sicherere Alternativen entwickelt, die nicht anfällig für Überdosierungen sind. Es bleibt abzuwarten, ob diese Verbindungen wirksame Medikamente zur Gewichtsreduktion werden [114].

Wir haben ausführlich darüber diskutiert, wie wir Fett in Zeiten der Not verwenden, aber nicht, wie es hergestellt wird. Wir legen Geld auf unser Sparkonto, wenn wir Geld bekommen, in der Regel am Zahltag. Das Gleiche gilt für unseren Körper. Wir essen nur alle

4 Stunden während des Tages und schlafen 8 Stunden. Zumindest sollten wir genug essen, um unsere ATP-Produktion für die nächsten 4-8 Stunden aufrechtzuerhalten, aber oft essen wir mehr als das. Es gibt zwei Szenarien, die wir alle kennen, insbesondere ab einem Alter über 40; das sind der Spagettibauch und der Bierbauch. Natürlich können wir auch einen Bauch wachsen lassen, wenn wir zu viel Fett essen - man denke an cremige Desserts und Kuchen, aber es ist recht offensichtlich, dass Fett als Fett gespeichert werden kann.

Beginnen wir mit dem Spagettibauch. Justus von Liebig, der die Hauptnährstoffe Kohlenhydrate, Fett und Eiweiß (Protein) entdeckte, bemerkte als erster, dass Nährstoffe umgewandelt werden können. Er beobachtete, dass eine magere Gans mit einem Gewicht von 4 Pfund in 36 Tagen, in denen sie mit 24 Pfund Mais gefüttert worden war, 5 Pfund an Gewicht zunahm. Darunter waren 3,5 Pfund in Form von Fett, das nicht direkt aus dem Mais stammen konnte, da er weniger als 0,1% Fett enthielt. Bevor wir Kohlenhydrate in Fett umwandeln, speichern wir zuerst Kohlenhydrate in Form von Glykogen. Bis zu 80 g Kohlenhydrate werden auf diese Weise gespeichert. 80 g trockene Spaghetti, die fast ausschließlich Kohlenhydrate sind, erscheinen nicht wie eine großzügige Portion sind dafür aber absolut ausreichend. Zweitens ist unser Glykogen selten vollständig erschöpft. Es braucht 24 Stunden Fasten, um es vollständig herunterzubringen. Das bedeutet, dass der größte Teil unserer Spaghetti-Portion anderswo aufbewahrt werden muss, wenn man nicht bulimisch veranlagt ist. Dies geschieht in der Leber, wo die Kohlenhydrate in Fett umgewandelt werden. Von dort aus werden sie zur Langzeitlagerung in das Fettgewebe transportiert.

Der Bierbauch funktioniert etwas anders. Alkohol enthält ein gutes Quantum Kalorien. Wir bemerken das nicht so leicht, weil Getränke unseren Magen nicht ausdehnen, was ja eines der Hauptsignale ist, mit dem Essen aufzuhören. Um auf unsere Peloton-Analogie zurückzukommen: Alkohol ist eine Gruppe von nur 2 Radfahrern. Eine der Eigenheiten unseres Stoffwechsels ist, dass wir nicht 3 Gruppen von 2 Radfahrern kombinieren können, um Glukose herzustellen (6 Radfahrer), wir können nur 2 Gruppen von 3 Radfahrern in Glukose umwandeln. Stattdessen wandelt unsere Leber Alkohol in Essig um und der Essig kann von unseren Muskeln als Brennstoff verwendet werden. Wir trinken jedoch abends und trainieren in der Regel nicht nach einer halben Flasche Wein. In diesem Fall wird der Essig in Fett umgewandelt. Fettgewebe kann auch Essig verwenden und speichert den Überschuss als Fett. Hier und in der Leber haben wir die richtige Ausrüstung um 8–10-mal 2 Radfahrer zu einem Molekül Fettsäure zu kombinieren. Die Fettsäuren werden dann mit einer aus Glukose stammender 3-Radfahrer-Gruppe kombiniert, um ein richtiges Fettmolekül herzustellen. Im Gegensatz zu Kohlenhydraten kann Fett ohne Wasser gespeichert werden. Ein Blick in einen Topf Margarine wird dies bestätigen. Wichtig ist, dass es keine Begrenzung für die Speicherung gibt. Biologisch macht das sogar Sinn. Vor dem Winterschlaf fressen Bären so viel wie möglich, um fett zu werden und genügend Reserven zu haben. Die "Fetter-Bär-Woche" ist ein jährlicher Wettbewerb im Katmai-Nationalpark in Alaska, bei dem Fotos geschossen werden und online abgestimmt wird, um den dicksten Bären zu nominieren (Abbildung 41). Um Fett von Grund auf neu zu machen, was sowohl in der Leber als auch im Fettgewebe geschieht, verwenden wir eine verschlungene Art, Pelotons neu anzuordnen. Es wäre zu kompliziert, dies im Detail zu behandeln, aber ich kann das Küchenrezept geben. Was wir brauchen, ist eine Gruppe von 2 Radfahrern, die aus Glukose gebildet wird, ATP wird für mehrere Schritte benötigt, und schließlich brauchen wir Otto Warburgs Koferment.

Abbildung 41 Ein fetter Bär vor dem Winterschlaf.

ATP wird für bestimmte Reaktionen gebraucht, die sonst aus Energiegründen nicht funktionieren würden. Das Koferment muss das Gegenteil von Verbrennen bewerkstelligen. Wie bereits besprochen, werden beim Verbrennen so viele Sauerstoffatome wie möglich an Kohlenstoffatome angelagert. Das Gegenteil ist, so viele Wasserstoffatome wie möglich an Kohlenstoffatome anzulagern. Das Koferment macht genau das: es überträgt zwei Wasserstoffatome auf ein Kohlenstoffatom. Wie bereits erwähnt, ist ein Fettmolekül dem Benzin oder Kerzenwachs nicht unähnlich. Beide haben fast die maximale Menge an Wasserstoffatomen, die an Ketten von Kohlenstoffatomen gebunden sein können. In unserer Analogie ist das ein Peloton von 16-20 Radfahrern mit jeweils sechs Münzen. Das macht ein schönes Sparkonto aus und kann beliebig vergrößert werden.

Wir verstehen jetzt, wie man eine schöne Reserve für schwierige Zeiten aufbaut. Wie aber setzen wir das Fett frei? Adrenalin ist der Schlüssel. Es wird aus einer Drüse auf unseren Nieren freigesetzt, zum Beispiel während des Sports, und kündigt sich den Rezeptionisten auf dem Fettgewebe an. Die geben die Nachricht weiter das ATP in zyklisches AMP umgewandelt werden soll. Das zyklische AMP initiiert eine ganze Kaskade von Ereignissen die dazu führt, das

Fett in Fettsäuren und Glycerin zerlegt werden. Während Adrenalin während des Sports freigesetzt wird, wird ein anderes Hormon namens Glukagon während des Fastens freigesetzt und verursacht die gleiche Abfolge von Ereignissen. Insulin verhindert dies. Sport nach einer Mahlzeit reduziert nicht die Fettspeicherung, da Insulin freigesetzt wurde. Um Fett zu verlieren, sollte man vor einer Mahlzeit trainieren.

Ich hoffe der Leser sieht jetzt mit einem wohlwollenden Blick auf sein/ihr Fettgewebe. Es würde ein weiteres Buch brauchen, um die Gesundheitseffekte von Dickleibigkeit zu besprechen, aber das würde uns zu weit von unserem Weg abbringen und deswegen beende ich das Kapitel hier.

7

Mythbusters und Blockbuster

> *"Wie viele Dinge wurden an einem Tag geleugnet,*
> *nur um am nächsten Tag Wirklichkeit zu werden!"*
> **Jules-Verne, Von der Erde zum Mond.**

Der Darm ist ein sehr großes und oft unterschätztes Organ, bis es zu Fehlfunktionen kommt. Es gibt den Dünn- und Dickdarm. Der Dünndarm vermittelt zusammen mit dem Magen die Verdauung von Nahrung, während der Dickdarm den größten Teil der Mikroflora enthält und die Flüssigkeit aus den Resten der verdauten Nahrung entfernt. Für das Thema dieses Buches werde ich mich auf den Dünndarm konzentrieren. Der menschliche Dünndarm ist etwa 7 m lang und seine Oberfläche beträgt massive 200 m², was ungefähr der Fläche eines Tennisplatzes entspricht.

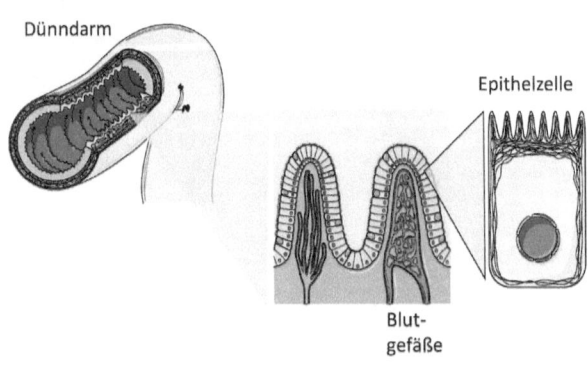

Abbildung 42 Anatomie des Dünndarms. Die Oberfläche des Darms vergrößert sich durch Falten, Finger und Minifinger (Bürstensäume) auf der Oberfläche der Darmzellen.

Der Grund, warum sie so groß ist, sind die Falten und Finger, die die Oberfläche des Darms bilden (Abbildung 42). Darüber hinaus hat jede Zelle, die dem Lumen, dem Innenraum, des Darms zugewandt ist, nochmals fingerartige Vorsprünge auf ihrer Oberfläche. Wir haben also Finger und Minifinger, die Zotten bzw. Bürstensäume genannt werden. So passt der Tennisplatz in unseren Bauch. Unser Körper hat spezielle Zellen für den Kontakt mit der Außenwelt, die sogenannten Epithelzellen. Sie kommen unter anderem in Lunge, Darm, Haut, Drüsen und Nieren vor. Einige Epithelzellen, etwa Schweißdrüsen, sondern etwas ab, andere, wie der Darm, nehmen etwas auf. Der Darm hat auch Epithelzellen, die Stoffe wie Schleim absondern, damit das verdaute Material reibungslos den Darm durchlaufen kann. Epithelzellen, die Dinge absorbieren oder sezernieren, haben eine Oberfläche mit Bürstensäumen auf der Seite, die der Umwelt zugewandt ist, und eine glatte Seite, die dem Blut zugewandt ist. Dadurch können sie leicht Material zwischen der Umgebung und dem Blut austauschen oder umgekehrt. Die Vergrößerung der Oberfläche des Darms dient dazu, Nahrung effizient aufzunehmen. Der Darm braucht auch seine Zeit, etwa 24 Stunden, bis die Futterschlämme von Anfang bis zum Ende durchgelaufen sind, aber es ist ein ziemlich effizientes Verfahren. Je nach Nahrungsquelle werden bis zu 95% der verfügbaren Nährstoffe während der Passage aufgenommen. Bevor wir Nahrung aufnehmen können, müssen wir sie verdauen. Die meisten Lebensmittel, die wir essen, sind entweder ähnlich wie menschliche Gewebe, zum Beispiel Muskelfleisch von Kühen, Schweinen, Lämmern und Hühnern, oder sie werden aus Pflanzen gewonnen. Pflanzliche Nahrungsbestandteile sind entweder Wurzeln oder Samen, die Stärke oder Fett enthalten, Blätter in irgendeiner Form oder Früchte. Um Teilen eines Organismus Form und Gestalt zu geben, werden viele Polymere verwendet. In tierischen Geweben sind dies Proteine wie Kollagen und Mischpolymere aus Zuckern und Proteinen. Im Muskel natürlich vor allen Dingen die Faserproteine Aktin und Myosin. Proteine bestehen aus zwanzig verschiedenen Aminosäuren, die wie Perlen aneinandergereiht sind. Sie hängen jedoch nicht wie eine Halskette, sondern bilden Spulen und Schlaufen und sind dicht gepackt (siehe Abbildung 23 als Beispiel). Bestimmte Proteine sind zusätzlich mit langen Zuckerketten überzogen, die Wasser binden und das Gewebe elastisch machen. Aus diesem Grund ist unsere Haut elastisch und gleichzeitig reißfest. Haut ist eine komplexe Mischung aus Schnüren, die miteinander verbunden sind, und daher wird die Haut beim Kochen sehr zäh. Die Schweineschwarte zeigt all diese Eigenschaften. Ein solches Geflecht aus Proteinen und Zuckern zu verdauen, ist keine leichte Arbeit. Pflanzenteile, die Stärkespeicherorgane sind, sind leicht verdaulich, wie Kartoffeln und Reis. Getreide wird sogar in Form von Mehl vorverarbeitet und ist daher auch leicht verdaulich. Dann gibt es andere Pflanzenteile, die wir überhaupt nicht verdauen können, insbesondere die Zellwände. Diese werden Ballaststoffe genannt, und unsere Mikroflora befasst sich mit diesen. Mechanisches Kauen erzeugt ein Mus, das leichter verdaulich ist. Das Kauen ist nicht unbedingt notwendig, weil Fleischfresser erhebliche Fleischstücke schlucken und den Magen den Rest erledigen lassen. Wer einen Labrador zu Haus hat, wird eine Ahnung davon haben, was alles verdaut werden kann, ohne jemals gekaut zu werden. Werfen wir zunächst einen Blick darauf, was der Magen macht und wie seine Funktion entdeckt wurde.

Friedrich Tiedemann (1781-1861) und Leopold Gmelin (1788-1853), Professoren für Physiologie beziehungsweise Chemie in Heidelberg, berichteten in den 1820er Jahren, dass der Magen eines nüchternen Hundes eine neutrale Flüssigkeit enthielt, die bei Nahrungsaufnahme schnell sauer wurde [115]. Zur gleichen Zeit identifizierte William Prout (1785-1850) die Säure als Salzsäure. Tiedemann und Gmelin entdeckten auch, dass der Abbau von Stärke im Darm Zucker produziert. Da starke Säuren Proteine und Stärke in ihre Bausteine (oder Perlen) zerlegen können, wurde der Prozess der Verdauung von vielen Wissenschaftlern als chemischer, und nicht als biologischer Prozess angesehen.

Die ersten Zweifel wurden von William Beaumont (1785-1853) geäußert, einem amerikanischen Militärchirurgen, der einen Patienten mit einer Schusswunde hatte, die sich in den Magen erstreckte und das Entnehmen von Magensaftproben ermöglichte. Er führte das wichtige Kontrollexperiment durch, und verglich die Wirkung auf ein Stück Fleisch von Säure allein und von Magensaft. Da Magensaft Fleisch viel besser verdaute, kam er zu dem Schluss, dass Magensaft neben Säure ein spezielles Verdauungsprinzip enthielt. Nepomuk Eberle (1795-1834) verwendete einen angesäuerten Extrakt aus getrockneter Magenschleimhaut zur Behandlung von Eiweiß und kam zu dem Schluss, dass die proteinähnlichen Eigenschaften des Eiweißes verschwanden. Mit Eberles Methode führte Theodor Schwann (1810-1882) diese Experimente fort und kam 1836 zu dem Schluss, dass Magensaft ein "Ferment" enthielt, das Protein verdaute, das er Pepsin nannte. "Ferment" war ein früher Name für Enzyme, weil sie eine Umwandlung von biologischem Material verursachten, ähnlich der Umwandlung von Zucker in Alkohol durch Hefe oder einen Hefeextrakt. Ein Prozess, der Fermentation genannt wird. Heutzutage werden Enzyme, die Protein verdauen, als Proteasen bezeichnet. Viele prominente Forscher lehnten Schwanns Idee ab, aber er wurde von Louis Mialhe (1807-1886) in Frankreich unterstützt, der auch die besondere Wirkung von Speicheldrüsensaft auf Stärke und von Magensaft auf Proteine erkannte. Die Existenz von Pepsin wurde in den 1880er Jahren von den Cambridge-Physiologen John Newport Langley (1852-1925) und John Sydney Edkins (1863-1940) fest etabliert. Pepsin kann nicht als aktives Verdauungsenzym vom Magen produziert werden, da es die Magenzellen selbst verdauen würde. Stattdessen wird es als inaktive Vorstufe produziert, die durch Säure aktiviert wird. Der Vorläufer wird Pepsinogen genannt. Langley und Edkins erkannten, dass Pepsinogen in alkalischen Lösungen stabil war, was seine Isolierung ermöglichte. Schließlich wurde Pepsin 1930 von John Howard Northrop (1891-1987) isoliert und kristallisiert [115].

Säure ist eine potente Zutat, um die Verdauung zu initiieren. Die Säure denaturiert Protein. Denaturierung bedeutet, dass die Form des Proteins verloren geht, aber seine Perlen, die Aminosäuren, sind immer noch wie an einer Halskette aufgereiht. Der Denaturierungsprozess kann durch Zugabe von Zitronensaft zur Milch demonstriert werden, was zu Gerinnung führt. Das Gerinnen kommt daher, dass denaturiertes Protein gerne verklumpt. Pepsin kann nun die Perlenschnur angreifen und in kürzere Stücke schneiden.

Woher kommt die Säure? Letztendlich aus dem Wasser. Wenn Kohlendioxid sich in Wasser löst, werden Bikarbonat und Protonen (Säure) erzeugt. Diese Protonen können dann in den Magen gepumpt werden. Wie es eine Natriumpumpe und eine Kalziumpumpe gibt, die wir schon in vorherigen Kapiteln kennengelernt haben, gibt es auch eine Protonenpumpe. Sie benutzt ATP, um Protonen in den Magen zu pumpen.

Manchmal wird zu viel Säure gepumpt. Sodbrennen ist ein Symptom, das verursacht wird, wenn verdaute Nahrung und Magensäure wieder zurück in die Speiseröhre gelangen. Jeder, der sich zu viel Cabernet Sauvignon gegönnt hat, hat das vielleicht in der Nacht gehabt und als ein sehr unangenehmes Gefühl empfunden. Häufiger, gar chronischer Reflux kann zu Geschwüren in der Speiseröhre führen. In dem Fall hilft eine Tablette Prilosec oder ein ähnliches Medikament, um die Anhäufung von Säure zu verhindern durch eine Blockierung der Protonenpumpe.

George Sachs (1935-2019), der an der University of Alabama arbeitete, demonstrierte die Existenz einer Protonenpumpe in den späten 1960er Jahren [116]. Er initiierte ein Wirkstoffforschungsprojekt mit dem Pharmaunternehmen Smith Kline & French (SK&F) in Philadelphia zur Behandlung von Magengeschwüren. Im Jahr 1973 entdeckten James Black (1924-2010) und Kollegen von SK&F jedoch eine andere Gruppe von Medikamenten, die die Produktion von Magensäure reduzierten, indem sie die Rezeptionistin blockierten, die das Signal erhält, die Säureproduktion im Magen einzuleiten. James Black erhielt 1988 den Nobelpreis für die Entwicklung von β-Blockern und Anti-Säure-Medikamenten. Dies beendete die Bemühungen von SK&F, nach anderen Anti-Säure-Medikamenten zu suchen. Etwa zur gleichen Zeit startete ein schwedisches Unternehmen, Hässle AB, das später in Astrazeneca aufging, ein unabhängiges Programm zur Entwicklung neuer Anti-Säure-Medikamente. Sie testeten eine Reihe von Verbindungen in lebenden Tieren und machten langsam Fortschritte, ohne jedoch eine Vorstellung davon zu haben, durch welchen Mechanismus die Verbindungen wirken könnten. 1977 traf das Hässle-Team George Sachs auf einer Konferenz in Uppsala, wo beide Seiten Daten präsentierten. Nach anfänglichen Problemen, wegen chemischer Instabilität der Verbindungen, wurde klar, dass das Hässle-Medikament Timoprazol die Protonenpumpe blockierte. Dies ermöglichte es, die Entwicklung besserer Medikamente weg von lebenden Tieren hin zu biochemischen Präparaten der Protonenpumpe zu verlagern, was weniger Zeit in Anspruch nimmt. Die mit Timoprazol assoziierte Toxizität wurde bald reduziert, und 1976 wurde Picoprazol entwickelt. Es gab anfänglich weiterhin Bedenken hinsichtlich der Toxizität von Picoprazol, wenn es an Hunden getestet wurde. Es stellte sich jedoch heraus, dass die Nebenwirkungen durch Antiparasiten-Medikamente verursacht wurden, die den Hunden zur selben Zeit verabreicht wurden. Nach weiteren Runden der Verbesserung, wurde 1979 ein neues Blockbuster-Medikament geboren. Es bekam den Namen Omeprazol, wurde aber bekannter unter seinem Handelsnamen Prilosec. Insgesamt hatte das Projekt von Anfang bis Ende 10 Jahre gedauert, und 1980 wurden Versuche am Menschen gestartet. 1988 genehmigten die schwedischen Behörden Omeprazol zur Behandlung von Zwölffingerdarmgeschwüren und Reflux. Das Medikament hat eine interessante Wirkungsweise, weil es durch die Säure im Magen aktiviert wird und dann eine chemische Reaktion mit der Protonenpumpe eingeht und sie dadurch hemmt. Die meisten anderen Medikamente haften nur an der Oberfläche eines Proteins und blockieren den Eintritt eines Reaktionspartners. Protonenpumpenhemmer im Allgemeinen und Prilosec im Besonderen revolutionierten die Behandlung von Magen-Darm-Geschwüren °. Prilosec wurde kurz nach seiner Markteinführung zu einem Blockbuster-Medikament für Astrazeneca. Auf seinem Höhepunkt im Jahr 1999 belief sich der Jahresumsatz auf 6 Milliarden US-Dollar [116].

Nachdem wir die Rolle von ATP bei der Bildung von Magensäure behandelt haben, können wir nun zur Verdauung zurückkehren. Wie bereits erwähnt, baut Pepsin in der sauren Umgebung des Magens Protein ab, was wir als Perlenschnüre visualisiert haben, die in kürzere Schnüre aufgebrochen werden. Anfangs dachte man, dass diese kürzeren Schnüre vom Darm aufgenommen wurden, aber Otto Cohnheim (1873-1953) zeigte 1901 unter Verwendung von Extrakten der Darmwand, dass die Fäden weiter in einzelne Perlen zerlegt werden, die schließlich vom Darm absorbiert werden. Dies deutete darauf hin, dass es weitere, nicht erkannte, verdauende Enzyme gab. Otto Loewi (1873-1961), berühmt durch den "Vagusstoff", entdeckte 1902, dass die Ernährung aufrechterhalten werden kann, wenn Protein durch eine Mischung aus einzelnen Perlen, oder Aminosäuren, ersetzt wird. Aufgrund der Einschränkungen der Analysetechniken zu dieser Zeit war es jedoch schwierig, einzelne Aminosäuren, die durch die Verdauung im Darmlumen erzeugt wurden, und ihre anschließende Ankunft im Blutkreislauf nachzuweisen.

Auf der Suche nach weiteren Verdauungsenzymen berichteten Tiedemann und Gmelin 1827, dass Bauchspeicheldrüsensäfte verdauungsfördernde Eigenschaften haben. Die Bauchspeicheldrüse ist eine große Drüse, die sich an den ersten Teil des Dünndarms, den

---

° Heute wissen wir, dass die meisten Magengeschwüre durch Bakterieninfektion verursacht werden. Protonenpumpen-Hemmer werden aber immer noch in Kombination mit Antibiotika zur Behandlung verwendet.

sogenannten Zwölffingerdarm, anheftet. Sie hat einen Kanal, der alle produzierten Säfte sammelt und in den Zwölffingerdarm entleert. Die Säfte enthalten viele Verdauungsenzyme und Bikarbonat, um die aus dem Magen kommende Säure zu neutralisieren. Die Erzeugung einer großen Menge Bikarbonat zur Neutralisierung der Magensäure erfordert auch ATP, aber diesmal, um die Natriumpumpe anzutreiben. In den Bauchspeicheldrüsenzellen wird Kohlensäure aus Kohlendioxid erzeugt. Bikarbonat ist Kohlensäure, die von ihrem säurebildenden Proton befreit ist. Da wir Bikarbonat allein zur Neutralisierung von Säure ausscheiden wollen, müssen wir das Proton zurückschicken. Das ist der umgekehrte Prozess wie im Magen. Dies beinhaltet einen kleinen Tanz von Ionen durch mehrere Gatter, wobei Protonen zurück in den Blutkreislauf gelangen, während Natriumionen sich im Austausch in die Zelle bewegen und dann durch die Natriumpumpe, die durch ATP mit Energie versorgt wird, wieder hinausgeschmissen werden.

Es dauerte bis 1876, dass Friedrich Wilhelm Kühne (1837-1900) das Vorhandensein von Verdauungsenzymen im Pankreassaft nachwies. Er nannte das Hauptenzym zunächst Pankreatin und später Trypsin.[p] Im Gegensatz zu Pepsin war Trypsin in neutralen Lösungen aktiv. Das macht Sinn, weil wir gerade den Magensaft mit Bikarbonat neutralisiert haben. Während Trypsin ganze Proteine abbauen kann, konnten Cohnheims Extrakte von der Darmoberfläche nur kürzere Perlenschnüre in einzelne Perlen zerlegen. Dies deutete wiederum darauf hin, dass die Verdauung von Protein durch den Magen unvollständig war und mehr Enzyme benötigt wurden. Er nannte die mit der Darmoberfläche verbundene Aktivität "Erepsin". Donald Van Slyke (1883-1971) und Gustave M. Meyer (1875-1945) folgerten 1912 mit Hilfe besserer Analysemethoden: "Der Anstieg von Aminosäuren... des Blutes, der während der Aufnahme von Protein festgestellt wird, ist... ein positiver Beweis dafür, dass

---

[p] Wir wissen heute, dass Pankreassaft eine Vielzahl von Enzymen für die Verdauung von Proteinen, Fett, Stärke und anderen Nahrungsbestandteilen enthält.

Aminosäuren als solche normalerweise die Darmwand passieren und in den Blutstrom eintreten" [117].

In den 1920er Jahren zeichnete sich ein Bild ab, dass die Verdauung von Protein in mehreren Schritten erfolgt. Im Magen wird die komplizierte Struktur des intakten Proteins durch Säure zerstört, was zu Gerinnung führt. Dies ermöglicht es Pepsin, die Perlenketten anzugreifen, aus denen Protein besteht, und kleinere Stränge freizusetzen. Das saure Verdauungsgemisch des Magens wird durch Pankreassaft neutralisiert, der auch Trypsin (und andere Enzyme, die Proteine angreifen) enthält, was zu einer weiteren Verkürzung der Perlschnüre führt. Schließlich setzt Cohnheims Erepsin [q] einzelne Perlen frei, die dann von den Epithelzellen des Darms aufgenommen und in den Blutkreislauf befördert werden. Die nächste Frage war dann, wie einzelne Perlen oder Aminosäuren durch die Epithelzellen in unser Blut geleitet werden.

Svante Arrhenius (1859-1927) war der erste, der 1909 erkannte, dass Zucker und andere Nährstoffe nicht passiv die Darmwände passieren. Andere Forscher beobachteten, dass einige Zucker schneller aus dem Darmlumen entfernt wurden als andere und dass lebendes Gewebe benötigt wurde. Dies deutete auf das Vorhandensein eines aktiven Entfernungsprozesses hin, und wie wir festgestellt haben, ist eine der Eigenschaften von "lebendem" Gewebe die Aufrechterhaltung von ATP. 1938 zeigten Ernst Bárány und Erik Sperber, dass der Glukosetransport über die Darmwand gegen einen Konzentrationsgradienten erfolgen kann, die Definition eines aktiven Prozesses [118]. Sie führten das Experiment mit einem narkotisierten Kaninchen durch. Sie legten den Darm frei und schnürten einen 50 cm langen Abschnitt mit Ligaturen ab. Als sie eine glukosehaltige Lösung in diesen Abschnitt injizierten, stellten sie fest, dass die Glukose innerhalb

---

[q] Heute wissen wir, dass Erepsin eine Mischung aus einer Handvoll sogenannter Bürstensaum-Peptidasen ist, bei denen es sich um Enzyme handelt, die an der Oberfläche des Darms sitzen.

von zwei Stunden verschwand und eine Konzentration erreichte, die nur 1/10 der Konzentration im Blut betrug. Die Konzentration eines anderen zuckerähnlichen Nährstoffs, der nicht vom Darm aufgenommen wurde, blieb konstant. Es dauerte überraschend lange, um zu erkennen, wo ATP am Prozess der intestinalen Nährstoffaufnahme beteiligt war. Wir haben früher gesehen, dass die Natriumpumpe Natriumionen zurückbringt, nachdem diese während eines Nervenimpulses in die Zelle gerauscht sind. Die plötzlichen Veränderungen der Ionenkonzentrationen sind eine besondere Eigenschaft erregbarer Zellen im Nervensystem. Die meisten anderen Zellen halten die Konzentration von Natriumionen einfach niedrig und die Spannung konstant. Zellmembranen lassen Natriumionen nicht leicht herein, so dass ein großer Konzentrationsgradient zwischen Blut und dem Raum innerhalb einer Zelle besteht, der von der Natriumpumpe aufrechterhalten wird. Robert K. Crane (1919-2010, Abbildung 43) erkannte, dass dies die Entfernung von Glukose aus dem Darmlumen in die Epithelzellen vorantreiben könnte. Es ist wie bei der Rolltreppe in einem Einkaufszentrum: man betritt sie, und sie zieht einen aufwärts. Ähnlich springt Glukose auf den Natriumkonzentrations-gradienten auf und wird in die Zelle gezogen, aus der die Natriumionen wieder entfernt werden. Die mikroskopisch kleine Rolltreppe sieht allerdings eher, wie das "Kissing gate" aus, dass wir uns zuvor angesehen haben. Glukose und das Natriumion betreten das Tor, wo sie sich "küssen". Beide dürfen passieren und driften anschließend auseinander. Natrium wird am anderen Ende durch die Natriumpumpe aus der Darmzelle entfernt. Glukose verlässt gemächlich die Zelle durch ein anderes Gatter ohne Gesellschaft und gelangt so in den Blutkreislauf. Robert K. Crane skizzierte die Idee auf eine Serviette, kurz bevor er 1960 auf einer internationalen Tagung über Membrantransport und -stoffwechsel in Prag einen Vortrag hielt (Abbildung 43) [119]. Seiner Ansicht nach treibt ATP indirekt die Aufnahme von Nährstoffen im Darm voran, indem es ständig die Natriumrolltreppe antreibt, die von den Nährstoffen verwendet wird. Dies gilt nicht nur für Glukose, sondern auch für Aminosäuren. Peter Mitchell, der die Idee der mitochondrialen Batterie entwickelte, nahm an dem Treffen teil. Er erkannte sofort den konzeptionellen Fortschritt und antwortete mit "Sie haben das Problem gelöst" [120]. Die Natrium-Kotransport-Hypothese wurde seitdem vielfach bestätigt und wird bei allen Zelltypen beobachtet.

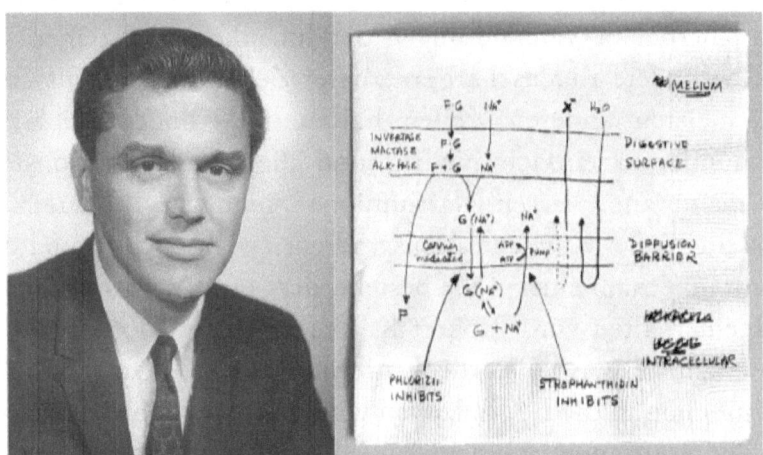

Abbildung 43: Robert K. Crane und die Serviettenskizze. Der interessante Teil ist die Diffusionsbarriere, die die Membran der Zelle darstellt. Kompartimente werden als Medium (außen) und intrazellulär aufgeführt. G symbolisiert Glukose und Na^+ sind die Natriumionen. Der Durchgang durch das Gatter wird durch zwei entgegengesetzte Pfeile symbolisiert, da er in beide Richtungen gehen kann. Wenn Natriumionen jedoch von der Natriumpumpe entfernt werden (nur "Pumpe" in der Skizze), wird Glukose mitgeschleppt. Zu beachten ist, dass Robert Crane die Natriumpumpe in der falschen Membran hatte. Sie sollte am gegenüberliegenden Ende der Zelle sitzen, was nicht dargestellt ist. F ist Fruktose; in seinem Schema beginnt er mit Saccharose (Zucker), die zu Glukose und Fruktose verdaut wird.

Darüber hinaus hat die Natrium-Kotransport-Hypothese eine sehr praktische Anwendung, die als orale Rehydrationstherapie bezeichnet wird und Millionen von Leben gerettet hat. In vielen armen Regionen der Welt können Menschen bei Durchfall an

Dehydrierung sterben. Wasser allein rehydriert den Körper nicht, da es unter den Umständen vom Darm nicht aufgenommen wird. Wenn es jedoch mit Salz (Natriumionen) und Glukose kombiniert wird, wird das Wasser zusammen mit Glukose- und Natriumionen in den Körper gezogen. Heutzutage wissen wir sogar, dass es eine Wasserpore in der Glukoserolltreppe gibt.

Ich möchte nochmal auf die Rolltreppe und das Gatter zurückkommen. Während es uns intuitiv selbstverständlich ist, dass eine Rolltreppe uns für eine Bergaufbewegung mitziehen kann, ist es weniger intuitiv begreiflich, wie ein Gatter uns mitziehen könnte. Wir bleiben bei der "Kissing gate"-Analogie und verwenden Hunde und Schafe als Glukose- bzw. Natriumionen. Das Kissing gate ist der Eingang zu einer Koppel. Hunde und Schafe bewegen sich außerhalb der Koppel zufällig und stoßen häufig aufeinander. Die Koppel hat am gegenüberliegenden Ende einen Farmer (die Natriumpumpe), der jeden Hund hinausbugsiert, der in die Koppel kommt, der aber die Schafe unbeachtet lässt. Auf derselben Seite der Koppel befindet sich ein weiteres Gatter, das nur Schafen erlaubt, die Koppel zu verlassen.

Die einzige Regel, die wir brauchen, ist, dass das Kissing gate nur von einem Hunde-Schaf-Paar betreten werden kann. Zunächst einmal haben wir viele Hunde und Schafe auf der Außenseite (die Glukose, die wir konsumiert haben, plus Natriumionen aus den Pankreas-Bikarbonat-Sekreten) und nur sehr wenige Hunde und Schafe in der Koppel. Aufgrund der größeren Anzahl von Hunden und Schafen auf der Außenseite ist es viel wahrscheinlicher, dass ein Hund und ein Schaf am Außeneingang des Kissing gate aufeinanderstoßen. Wenn dies geschieht, dürfen sie in das Tor gehen, weil sie ein Paar sind.

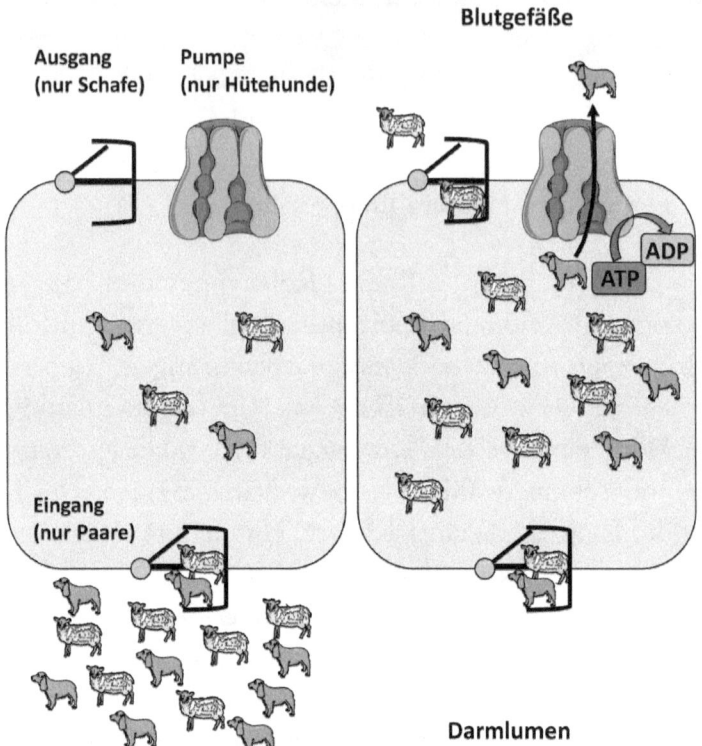

Abbildung 44 Absorption von Nährstoffen. Schafe repräsentieren Nährstoffe während Natriumionen durch Hunde repräsentiert sind. Weitere Erklärungen im Text.

Auf der anderen Seite driften sie auseinander und laufen wahllos herum. Schließlich wird der Hund auf den Farmer stoßen, der ihn aus der Koppel befördert. Infolgedessen gibt es so wenige Hunde in der Koppel, dass es sehr unwahrscheinlich ist, dass ein Hund und ein Schaf jemals direkt an der Innenseite des Eingangstors aufeinanderstoßen. In diesem unwahrscheinlichen Fall würden sie auf die Außenseite der Koppel zurückkehren, von wo sie herkamen. Darüber hinaus hat die Zelle auch noch eine elektrische Spannung, die das Natriumion aktiv in die Zelle zieht und dabei die Glukose mitnimmt. Wenn wir dieses Spiel fortsetzen, werden weit mehr Hund-Schaf-Paare eintreten als austreten, weil die Hunde immer vom Farmer herausgedrängt werden. Irgendwann haben wir genug

Schafe in der Koppel, sodass sie gegen das zweite Gatter im hinteren Teil der Koppel stoßen und die Koppel auf der anderen Seite verlassen. Auf molekularer Ebene ist es nur ein Zufallsprozess, der die Rolltreppe erzeugt, die die Nährstoffe benötigen, um im Darm absorbiert zu werden.

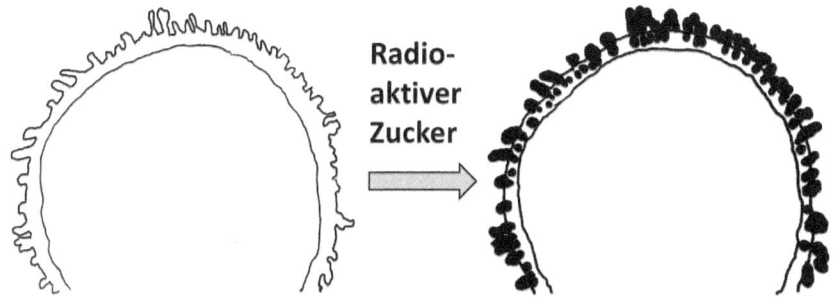

Abbildung 45: Nachweis der aktiven Aufnahme von Zuckern in Darmepithelzellen. Ein auf links gestülpter Darmabschnitt wurde mit radioaktiv markiertem Zucker inkubiert. Die Radioaktivität kann dann durch Film nachgewiesen werden. Es wird schwarz, wo radioaktives Material gefunden wird, hier ist es deutlich in den Fingern konzentriert, die herausragen, weil der Darm auf links gestülpt ist.

Die wahren Treibkräfte sind jedoch Informationen und ATP. Der Farmer erkennt nur Hunde, das Eingangsgatter lässt nur Paare durch, das Ausgangsgatter nur Schafe. Wenn Sie das unwahrscheinlich finden, denken Sie an eine Tür mit Schloss und Schlüssel. Nur ein bestimmter Schlüssel kann das Schloss des Gatters öffnen. Wir werden im letzten Kapitel auf Information und das Leben zurückkommen. Der komplette Prozess wird von der Kraft (ATP) des Farmers angetrieben, der die Hunde aktiv hinausbugsiert. Darüber hinaus hilft auch noch die elektrische Spannung der Zelle, die aber auch durch ATP aufrechterhalten wird. Alles andere sind nur zufällige Begegnungen. Die aktive Aufnahme von Zucker in Darmzellen wurde 1965 von William Kinter und T. Hastings Wilson wunderschön demonstriert [121]. Sie inkubierten radioaktiv markierten Zucker in umgestülpten Darmsäckchen und fingen die

Radioaktivität auf Film ein (Abbildung 45). Wegen der Umstülpung des Darms zeigen die fingerartigen Prozesse (Zotten) nach außen und sind wegen der darin enthaltenen radioaktiven Glukose schwarz.

Aminosäuren, die aus der Proteinverdauung gewonnen werden, verwenden ähnliche Prinzipien wie Glukose, um vom Darm aufgenommen zu werden. Für bestimmte Aminosäuren stehen spezielle Gatter zur Verfügung. Meine eigene Forschungsgruppe identifizierte einige der Gene, die diese Transporter in unserem Genom kodieren.

Die Natrium-Kotransport-Hypothese beruht entscheidend auf der Aktivität der Natriumpumpe. Natrium wird in allen Geweben aus Zellen gepumpt, und das Prinzip einer Natriumpumpe wurde erstmals 1941 von Robert Dean [122] im Muskel postuliert. 1948 zeigte Hans Henriksen Ussing dass Natriumionen aktiv aus dem Muskelgewebe bewegt wurden [123]. Karl Zerahn und Ussing verwendeten dann Froschhaut als Modellepithel und nutzten das elektrische Signal, das durch die Bewegung von Ionen über die Froschhaut erzeugt wurde. Sie erfanden eine Kammer, in der Ionenbewegungen durch Epithelbarrieren untersucht werden können, die bis heute als Ussing-Kammer bekannt ist. Ussing führte auch die elektrische Terminologie in den Epitheltransport ein, mit Begriffen wie Natriumbatterie und Kurzschlussstrom. Wie der Leser bemerkt haben wird, verwende ich eine ähnliche Terminologie in diesem Buch. 1958 schlug er vor, dass in Epithelzellen die Natriumpumpe und die Eingangsgatter auf gegenüberliegenden Seiten der Koppel zu finden sind. Als Robert Crane 1960 die Natriumionen-Kotransport-Hypothese formulierte, hätte er die Natriumpumpe auf die richtige Seite stellen können, aber vielleicht war er nicht davon überzeugt, dass Froschhaut genauso organisiert ist wie das Darmepithel.

Keine Diskussion über den Darm wäre vollständig, ohne die Betrachtung der Darmmotilität. Um den Nahrungsbrei durch das Verdauungssystem zu bewegen, verengt sich der Darm in Wellen, die alle 80-110 Minuten den Darm durchlaufen. Jede Welle benötigt 6-10 min, um einen bestimmten Punkt des Darms zu passieren [124]. Dies funktioniert als Dialog zwischen einem Nervensystem, das sich am Darm entlang zieht, und den Muskelzellen, die die Verengung bewirken. Darüber hinaus verengt sich der Dünndarm regelmäßig, um seinen Inhalt zu mischen und die Verdauung zu unterstützen. Die Darmmuskulatur unterscheidet sich von der Skelettmuskulatur dadurch, dass sie sich viel langsamer zusammenzieht. Ihre Zellen werden glatte Muskelzellen genannt, weil sie nicht die charakteristischen Streifen zeigen, die in der Skelettmuskulatur beobachtet werden (Abbildung 21). Glatte Muskelzellen umgeben unter anderem unsere Blutgefäße und den Darm. Ihre Aktivität wird vom Darmnervensystem unter Verwendung zahlreicher Neurotransmitter einschließlich ATP reguliert. Die Kontraktion nutzt Aktin und Myosin und benötigt ATP als Energiequelle, aber die Kontraktion ist langsam und wird nicht unbedingt durch einen Nervenimpuls ausgelöst.

Es gibt noch ein anderes Organ, in dem Epithelzellen eine Hauptrolle spielen - die Niere. Die Niere ist ein Klempnerhimmel. Sie sieht von außen wie eine große Bohne aus und scheint glatt zu sein, aber dies ist nur die äußere Hülle, die das funktionelle Gewebe umschließt. Im Inneren finden wir 1-1,5 Millionen Röhren (Tubuli genannt), die in Schleifen verlaufen und in der Mitte der Niere enden, wo sie in den Harnleiter übergehen, der Urin in die Blase bringt (Abbildung 46).

Wie sich diese Struktur in einem Embryo entwickelt, ist ein wahres Wunder. Also, was machen Nieren? Unser Körper produziert mehrere Abbauprodukte, die wir für nichts verwenden können. Harnstoff ist eines dieser Moleküle. Er entsteht, wenn Aminosäuren, die aus der Proteinverdauung gewonnen werden, als Nährstoffe verwendet werden. Aminosäuren haben ein Stickstoffatom in ihrer Struktur. Wenn wir Aminosäuren verbrennen wollen, verwenden wir den Arc de Triomphe-Zyklus, wie wir es für Kohlenhydrate und Fett tun.

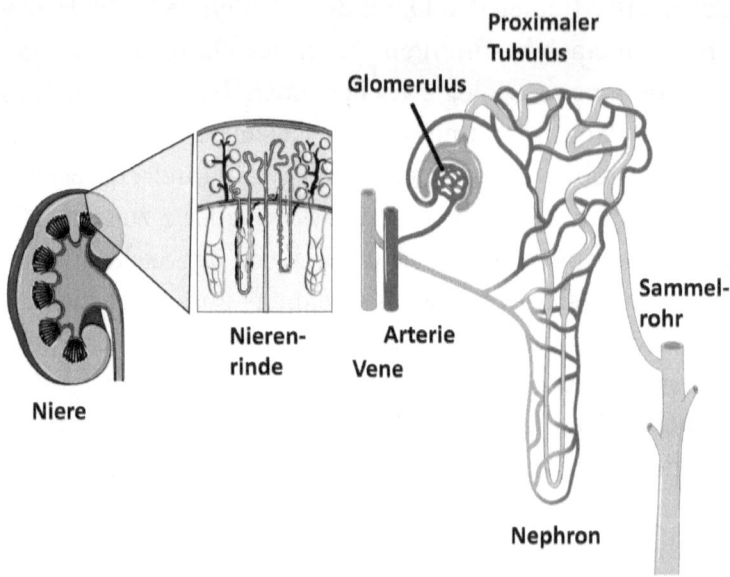

Abbildung 46 Struktur der Niere und des Nephrons. Servier Medical Art.

Der Arc de Triomphe Zyklus, wie ich ihn bereits beschrieben habe, enthält nur Kohlenstoffatome (die Radfahrer), die neu angeordnet werden und Münzen (Elektronen) abgeben müssen, um Nährstofffragmente in Kohlendioxid umzuwandeln. Um am Rennen teilzunehmen, müssen die Aminosäuren den Stickstoff abgeben. Unsere Leber tut das gerne und produziert Harnstoff, um den Stickstoff endgültig loszuwerden. Ein weiteres Abfallprodukt ist Harnsäure, die entsteht, wenn DNA oder RNA abgebaut wird. Diese enthalten auch viel Stickstoff. Ohne Nieren würde sich unser Blut mit stickstoffhaltigen Abfallprodukten füllen. Zunächst filtern sie das Blut und fangen dann alles Wertvolle wieder ein, so auch den größten Teil des Wassers; und der Rest wird Urin. Wie funktioniert das? Im ersten Schritt filtern wir das Blut im Glomerulus (Abbildung 46). Es ist ein bisschen wie ein Druckfilter für Kaffee. Das Wasser mit extrahierter Farbe und Geschmack kommt durch, aber das Kaffeepulver bleibt zurück. Das Kaffeepulver wären alle roten und weißen Blutkörperchen und größere Proteine wie Serum-albumin und Antikörper. Die 1,5 Millionen Glomeruli filtern unser Blut mehrmals am Tag, was einem Volumen von etwa 180 Litern entspricht. Das ist eine Menge Urin. Wir könnten nicht so viel trinken, also müssen wir es zurückholen. Wasser folgt osmotischen Gradienten. Wenn man Wasser gerade verwelkten Pflanzen zuführt, werden diese wieder straffer. Dies geschieht, weil sich in der Pflanze Wasser, viele Mineralien und andere Moleküle befinden. Auf der Außenseite befinden sich aber nur Wassermoleküle. Infolgedessen ist Wasser auf der Seite, auf der es rein ist, "konzentrierter" als im Inneren der Pflanze, wo es durch andere Moleküle verdünnt wird. Der Trick besteht darin, dass die Pflanzen das Salz nicht austreten lassen und das Wasser von konzentriert zu weniger konzentriert fließt und die Blätter aufquellen lässt. Wenn man umgekehrt die gleichen Pflanzen in konzentrierten Salzlösungen badet, werden sie schrumpfen. Die Rohre oder Tubuli der Niere sind Entsalzungsanlagen. Wir alle wissen, dass Blut salzig schmeckt, und wenn es im Glomerulus gefiltert wird, ist das Salz im Presssaft. Die Epithelzellen, die die Tubuli auskleiden, sind wie unsere Viehkoppeln im Darm mit Gattern und Farmern ausgestattet. Wir haben eine Natriumpumpe (den Farmer) auf der Seite, die den Blutgefäßen zugewandt ist. In Abbildung 46 kann man erkennen, wie nahe die Blutgefäße den Tubuli kommen. Die Zellen sind nicht dargestellt, erstrecken sich aber von den Tubuli bis in die Nähe der Blutgefäße. Auf der Seite, auf der die Zellen dem Lumen des Tubulus zugewandt sind, befinden sich fingerartige Ausstülpungen wie in Darmzellen. Sie haben zahlreiche Gatter eingebettet. Ich möchte nur zwei erwähnen. Ein Gatter lässt Natriumionen herein und Protonen (Säure) hinaus. Wenn ein Natriumion in das Gatter gerät, wird bei der Rückkehr ein Proton (Säure) das Gatter passieren, das den entgegengesetzten Weg geht. Einmal drinnen, wird es schließlich den Natriumpumpen-Farmer treffen, der es zurück ins Blut schiebt. Infolgedessen wird Salz aus dem Presssaft entfernt und ins Blut zurückgeführt. Das andere Gatter ist das gleiche, das von Robert K. Crane für Glukose- und

Natriumionen im Darm entdeckt wurde[r]. Wie im Darm ist der Farmer der wichtige Teil. Ohne ihn gäbe es keine Entfernung von Ionen und Nährstoffen aus dem Presssaft. Der Saft wird nahe der Oberfläche der Niere erzeugt. Wenn der Presssaft immer tiefer in die Niere gelangt, wird die Osmolarität [s] des umgebenden Gewebes immer höher. Dies treibt das Wasser aus dem Urin. Es gibt eine Feinabstimmung, bevor die Rohre in den Harnleiter übergehen. Schließlich wird der endgültige Urin produziert und landet in der Blase. Bemerkenswert ist, dass alle Salz-, Wasser- und Nährstoffe in den wenigen Sekunden, die der Presssaft benötigt, um durch die Rohre zum Mark der Niere zu gelangen, resorbiert werden. Eine Filtrations-Reabsorptionseinheit wird Nephron genannt.

Marcello Malpighi entdeckte die Glomeruli 1666. William M. Bowman (1816-1892) zeigte dann 1842, dass die Tubuli an der Stelle begannen, an der Blutgefäße kleine Schleifen im Inneren des Glomerulus bilden. Die harte Schale um diese Blutgefäßschleifen wird immer noch als Bowman-Kapsel bezeichnet. Carl Ludwig schlug 1844 die Idee vor, dass im Glomerulus ein Presssaft erzeugt wird und dass das Wasser und die Nährstoffe während der Passage entlang der Tubuli resorbiert werden, obwohl er dachte, es sei ein passiver Prozess. Seine Vorschläge wurden jedoch bestritten, und es dauerte bis zum 20. Jahrhundert, bis die Filtrations-Reabsorptions-Hypothese fest etabliert war. Alfred Newton Richards (1876-1966) verwendete in den 1920er Jahren sehr kleine scharfe Glaskapillaren, um den Glomerulus anzustechen und seinen Inhalt zu analysieren. An diesem Punkt, an dem das Filtrat erzeugt wird, enthielt es Glukose- und Chloridionen, während der endgültige Urin dies nicht tat. Bis 1936 hatten Arthur M. Walker und Charles L. Hudson die Technik so weit verfeinert, dass Tubulus-Proben in unterschiedlichen Abständen

---

[r] Nicht ganz, der Transporter in der Niere ist von einem separaten Gen kodiert, aber sehr ähnlich.

[s] Osmolarität beschreibt die Menge an Molekülen in einem bestimmten Volumen einer Lösung. Meistens ähnelt dies seiner Salzkonzentration.

vom Glomerulus entnommen werden konnten [125]. Diese zeigten, dass Glukose früh während der Passage durch den Tubulus entfernt wurde, Chlorid dagegen in distaleren Teilen. Dies demonstrierte gleichzeitig spezifische Prozesse zur Entfernung verschiedener Ionen und Nährstoffe entlang des Nephrons. Weiterhin wurde gezeigt, dass das Pflanzengift Phlorizin, von dem bekannt war, dass es das Überlaufen von Glukose in den Urin verursacht, die Entfernung von Glukose während der Passage durch die Tubuli blockiert. Es blockiert das Gatter für Natrium/Glukose-Paare. Richards zeigte auch, dass der Großteil des Wassers in den frühen Teilen der Tubuli entfernt wird. 1938 wurde erkannt, dass es eine maximale Kapazität für die Glukoserückresorption durch das Nephron gibt. Wenn der Blutzuckerspiegel bei Menschen mit Diabetes ansteigt, wird diese Schwelle überschritten, und Glukose wird im Urin nachweisbar. Es dauerte bis 1965, zu zeigen, dass der Glukosetransport in der Niere Natriumionen erfordert und daher den gleichen Prinzipien wie im Darm folgt [126].

Joseph von Mering (1849-1908) entdeckte als Erster, dass das Pflanzengift Phlorizin bei Tieren Diabetes auslösen kann. Wie oben erklärt ist dies ist jedoch ein Pseudodiabetes, da er durch die Blockierung des Glukosegatters in den Tubuli der Niere verursacht wird. Glukose schwappt in den Urin über, weil seine Reabsorption blockiert ist. Das Pflanzengift wurde schließlich zu hochspezifischen Inhibitoren des Nierenglukosetransporters weiterentwickelt und wird heute zur Behandlung von Diabetes eingesetzt, da es überschüssige Glukose effizient aus dem Körper entfernt.

Hermes überbringt die Botschaft

*"Ich wollte sehen, was noch niemand beobachtet hatte,
auch wenn ich das mit meinem Leben bezahlen müsste."*
Jules Verne

Wenn wir Nahrung zu uns nehmen, ist die Leber das erste Organ nach dem Darm, das sie ankommen sieht. Es gibt einen speziellen Arm unseres Kreislaufs, der als splanchnisches Bett bezeichnet wird. Es versorgt Darm, Magen, Bauchspeicheldrüse, Milz und Leber mit Blut. Wenn sich Arterien in Kapillaren im Darm verzweigen, sammeln sie die Nährstoffe ein und von dort führt der Weg über die Pfortader direkt zur Leber. Dies ist einer der Gründe, warum in der Antike angenommen wurde, dass Nahrung Blut bildet und dass venöses Blut aus der Leber kommt, und Gewebe bildet. Der wahre Grund für diese Art der Klempnerei ist ein anderer. Mit dieser Anordnung "sieht" die Leber, die das Organ ist, das mehr Chemikalien verdauen kann als jedes andere Organ, sofort, was in den Körper kommt. Der Stoffwechsel der Leber wird sehr stark durch die ankommenden Nährstoffe, insbesondere Zucker, angetrieben. Die Leber sorgt mit Hilfe des Fettgewebes, der Niere und der Muskeln dafür, dass unser Blutzuckerspiegel in einem engen Bereich gehalten wird, der bei einem gesunden Menschen zwischen 0,75-1 g pro Liter während des Fastens und bis zu 2 g pro Liter nach einer Mahlzeit liegt. Wir werden im nächsten Kapitel über seine Regulierung sprechen.

Wie der Muskel hat auch die Leber einen Glukosespeicher in Form von Glykogen. Claude Bernard war der erste, der die Leber als das Organ erkannte, das den Körper während des Fastens mit Glukose versorgt. Er überprüfte das Vorhandensein von Zucker im Blut von Hunden, die mit einer Diät aus Zucker, Stärke oder Fleisch gefüttert wurden oder zwei Tage lang überhaupt nichts erhielten [8]. In einem anderen Experiment band er eine Ligatur um die Pfortader, um zu verhindern, dass Nährstoffe die Leber erreichen, und stellte *"nicht ohne Erstaunen"* fest, dass Blut, das von der Leber rückwärts in die Pfortader geflossen war, enorme Mengen an Zucker enthielt, und kam zu dem Schluss, dass "es offensichtlich die Leber war, aus der der Zucker entsprang". Wie bereits erwähnt, kann Glykogen unseren Körper bis zu 24 Stunden lang mit Glukose versorgen. Das Reservoir kann jedoch jedes Mal wieder aufgefüllt werden, wenn Kohlenhydrate mit einer Mahlzeit ankommen. Ausnahmsweise erfordert der Einbau neuer Glukoseeinheiten in Glykogen kein ATP, sondern seinen Cousin, das Nukleotid UTP (Uridintriphosphat). Luis Frederico Leloir (1906-1987, Abb. 47) entdeckte 1957 basierend auf Arbeiten in Hefe und Pflanzen, dass Glykogen in der Leber unter Verwendung eines ungewöhnlichen Nukleotids, synthetisiert wurde, das mit Glukose verbunden ist, eben UTP.

Es sieht ein bisschen wie Eulers Koferment aus, und es ist nicht klar, warum die meisten Organismen andere Nukleotide verwenden, um Zucker über diese Nukleotide chemisch zu aktivieren, anstatt ATP zu nehmen. Leloir trainierte bei Frederick Gowland Hopkins (1861-1947, Nobelpreis 1929), dem Begründer der britischen Biochemie in Cambridge, und arbeitete kurz mit Carl und Gerty Cori an der Washington University in St. Louis zusammen. Er schuf den Hauptteil seines Werkes in Buenos Aires, wo er geboren wurde. Für seine Entdeckungen im Kohlenhydratstoffwechsel erhielt er 1970 den Nobelpreis für Chemie.

Abbildung 47: Pioniere des Zucker- und Glykogenstoffwechsels. Links Luis Federico Leloir und rechts Earl W. Sutherland.

ATP selbst spielt eine weitere entscheidende Rolle bei der Regulierung des Auf- und Abbaus von Glykogen nach einer Mahlzeit bzw. beim Fasten. Stellen wir uns den Glykogenspeicher als ein Bankkonto vor. Außerdem haben wir ein Portemonnaie für die täglichen Ausgaben. Das Bankkonto ist immer da, aber es füllt sich nur wenn wir Zahltag haben. Sind wir mal altmodisch und nehmen an, dass wir Bargeld am Zahltag bekommen. Wieviel Geld im Bankkonto ist wird durch Ausgaben und Einnahmen geregelt. Um unser Bild stimmig zu machen ist jede Mahlzeit ein Zahltag und die Zeit zwischen den Mahlzeiten ist die Zeit zwischen den Zahltagen. Nach einer Mahlzeit benutzen wir Glukose (Geld) um die Glykogenspeicher (Bankkonto) aufzufüllen. Wenn wir zwischen den Mahlzeiten sind oder über Nacht fasten, verbrauchen wir aber weiterhin Geld und der Kontostand nimmt ab. In unserem Körper kommt ein Teil des Geldes, dass wir ausgeben, zurück, als würden wir große Banknoten abheben und Münzen wieder einzahlen. Dies ist der Cori-Zyklus, den wir zuvor kennengelernt haben, als wir uns das Kreditkartensystem der Muskelenergieerzeugung in Kapitel 3 angesehen haben. Der Muskel war in der Lage, Energie (ATP) sehr schnell zu erzeugen, indem er Milchsäure erzeugte, weil der Blutfluss nicht genug Sauerstoff lieferte. Diese Milchsäure wird in die Leber zurückgeführt, wo sie zu Glukose recycelt wird (mehr dazu gleich), von der ein Teil als Glykogen gespeichert wird. Milchsäure wird auch ständig von unseren roten Blutkörperchen produziert, weil sie keine Mitochondrien haben. So gibt es immer Milchsäure, die in Glukose umgewandelt werden kann.

Der Stoffwechsel in der Leber ist außerordentlich komplex. Wenn man eine Karte der chemischen Reaktionen in der Leber zeichnet, sieht sie wie in Abbildung 48 aus.

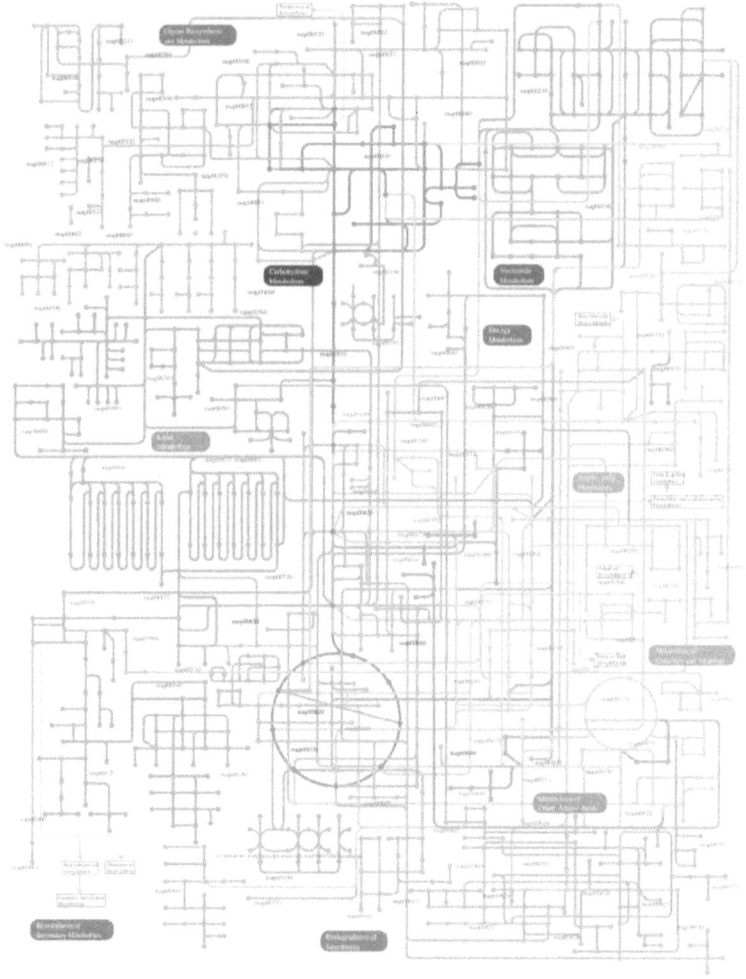

Abbildung 48: Eine Karte der menschlichen Stoffwechselwege. Jeder Punkt ist ein Metabolit, jede Linie ist eine chemische Reaktion, die durch ein Enzym vermittelt wird.

Im Nachhinein sieht es ein bisschen albern aus, aber als ich Biochemie studierte, war es unser Stolz, all diese Wege im Detail zu kennen und sie in Prüfungen reproduzieren zu können. Keine Chance mit Studenten im Zeitalter des Internets! Dabei vermittelt es uns doch eine Wertschätzung dessen, was in unserem Körper vor sich geht. Wer den Arc de Triomphe-Zyklus auf der Karte erkennen kann, hat bereits etwas Biochemie gelernt. Ein Vergleich mit der Karte einer Großstadt ist sachdienlich und hilfreich. Es wäre sinnlos, an jeder Kreuzung Ampeln zu haben. Stattdessen möchten wir die wichtigen Kreuzungen regulieren. Um bei unserer Analogie zu bleiben können wir das Diagramm als Geldverkehr ansehen. Wir können Rechnungen bezahlen, oder Geld abheben, um Lebensmittel oder Konsumgüter zu kaufen. Wir können mehr Geld ausgeben, wenn gerade Zahltag war und weniger kurz vor dem nächsten Zahltag.

Bleiben wir bei unserer altmodischen Bank, die auch Bankangestellte hat. Nach dem Zahltag bringen wir Geld zur Bank, wo es gezählt wird und dann im Konto verbucht wird. Das passiert auch in unserem Körper. Wenn Nährstoffe ankommen, wird der Transfer von Glukose zum Glykogenkonto genehmigt und es füllt sich an. Das Ausgeben von Geld aus unserem Portemonnaie geht kontinuierlich weiter, aber wenn wir es auffüllen wollen und nicht gerade Zahltag ist, müssen wir zur Bank und etwas abheben.

Also, was hat ATP damit zu tun? Die Anweisung Geld in das Konto zu deponieren, benötigt ATP als Schalter. Es überträgt sein Phosphat an das Protein, das Glykogen synthetisiert oder abbaut. Somit ist ATP die Kraft, die den Schalter umwirft, damit Geld gespart oder ausgegeben wird. Der Kassierer wartet auf unsere Nachricht, dass Geld angekommen ist. Wenn die Rezeptionistin (oder Rezeptor) das Geld sieht, ruft sie beim Kassierer an und sagt, wieviel in unser Bankkonto geht. Dasselbe passiert bei Ausgaben. Wenn wir eine Rechnung bekommen, sagen wir der Bank, das Geld überwiesen werden muss. Für die täglichen Ausgaben gehen wir zum Bankautomaten und benutzen das Geld zum Einkaufen.

Abbildung 49 zeigt meine eigene Blutzuckerkonzentration über einen Zeitraum von 24 Stunden, gemessen mit einem Glukosesensor. Es ist leicht, scharfe Spitzen als Frühstück und Mittagessen und einen breiteren Gipfel als das Abendessen zu identifizieren, was eine aufwendigere Mahlzeit war.

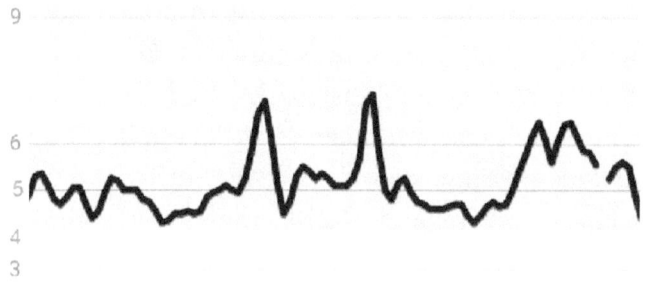

Abbildung 49: Die Blutzuckerwerte des Autors über einen Zeitraum von 24 Stunden. Die Einheit, in der Glukose gemessen wurde, ist Millimol pro Liter. Zum Vergleich: 5 mMol/L entspricht 0,9 g Glukose/L. Frühstück, Mittagessen und ein längeres Abendessen sind leicht zu erkennen.

Der Grund für den starken Rückgang nach dem Frühstück, Mittag- und Abendessen ist nicht, dass das Essen plötzlich beendet war, sondern dass die Empfangsdame, ein Signal erhält, Geld auf das Bankkonto einzuzahlen.

In Bezug auf die Speicherung von Glukose nach einer Mahlzeit haben unsere Muskeln mehr Kapazität als unsere Leber. Wir haben sozusagen zwei Bankkonten bei zwei verschiedenen Banken und wir können das Geld entsprechend verteilen. Das Labor von Carl und Gerty Cori war das führende Labor, das den Glykogenstoffwechsel in den 1930er Jahren untersuchte. Ihr Labor an der George Washington University in St. Louis ähnlich wie das Labor von Otto Meyerhof in Deutschland waren Orte, an denen die besten Köpfe Biochemie lernten. Mindestens sechs Wissenschaftler, die mit den Coris trainierten, wurden Nobelpreisträger, nämlich Arthur Kornberg (1959), Severo Ochoa (1959), Luis Lelior (1970, Abbildung 47), Earl W. Sutherland (1971, Abbildung 47), Christian de Duve (1974) und Edwin Krebs (1992, Abbildung 50). Earl Sutherland schrieb: "Ich glaube, dass diese Art von stimulierendem Umfeld, mit der notwendigen "kritischen Masse" junger und talentierter Forscher, und mit der Möglichkeit zum freien Austausch von Ideen, ein wichtiger Bestandteil des wissenschaftlichen Fortschritts ist." [127] In Bezug auf das Glykogen-Konto spielten Earl W. Sutherland und Edwin G. Krebs eine herausragende Rolle, indem sie enthüllten, wie Einzahlungen und Auszahlungen gemacht werden und wer die Kassiererin ist. Edwin G. Krebs (Abbildung 50) und Edmond H. Fischer (Abbildung 50) arbeiteten an den Auszahlungen.

Wie wir im Fall der Entdeckung von ATP gesehen haben, können geringfügige Änderungen am experimentellen Verfahren einen signifikanten Unterschied im Ergebnis eines Experiments machen. Anstelle von Leber stellten sie Extrakte aus Muskeln her, die auch Glykogen enthalten. Während die Coris Filterpapier zur Klärung der Muskelextrakte verwendet hatten, verwendeten Krebs und Fischer eine andere Methode, die auf dem schnellen Zentrifugieren von Extrakten basierte, um Zellfragmente zu entfernen. Zu ihrer Überraschung konnte nach dem Isolationsvorgang kein Geld mehr abgehoben werden. Zweitens fanden sie heraus, dass sie einen frischen Extrakt verwenden mussten, keinen gelagerten. Weiter oben haben wir diskutiert, wie verschiedene Arten von Extrakten, gekocht oder nicht erhitzt, verwendet werden können, um Kofaktoren und Kofermente zu identifizieren. Das Gleiche galt in diesem Fall. Weitere Studien ergaben, dass das Filterpapier Kalziumionen band und der Faktor, der beim Lagern des Extrakts verschwand, ATP war. In den späten 1950er Jahren stellten Krebs und Fisher fest, dass ATP notwendig war, um die Auszahlung vom Bankkonto anzuordnen.

In der Zwischenzeit arbeitete Earl W. Sutherland mit Leberschnitten, anstatt Extrakte zu verwenden, weil er sich für die Rezeptionistin der Hormone wie Adrenalin und Glukagon[t] interessierte, für die intakte Zellen vielversprechender waren. Er fand heraus, dass die Zugabe von Adrenalin eine sofortige Auszahlung bewirkte [u]. Er erkannte auch, dass dem Enzym ein Phosphat zugesetzt wurde, wenn die Auszahlung erfolgte. Dies passte zu Krebs' und Fischers Beobachtung, dass ATP erforderlich sei, um das Phosphat zu spenden.

Abbildung. 50 Edwin G. Krebs (links) und Edmond H. Fischer (rechts) entdeckten, wie Proteine mit Hilfe von ATP ein- oder ausgeschaltet werden können.

---

[t] Glukagon ist ein Hormon, das beim Fasten freigesetzt wird und die Blutzuckerkonzentration erhöht.

[u] Physiologisch ist es Glukagon, das die Auszahlung anordnet. Zu dieser Zeit wurden unphysiologische Konzentrationen von Adrenalin verwendet, die den gleichen Effekt erzielen. Normalerweise verursacht Adrenalin den Abbau von Glykogen im Muskel.

Weitere Arbeiten, in denen Extrakte auf unterschiedliche Weise gewonnen wurden, zeigten, dass eine Rezeptionistin beteiligt war, die die Rechnung übermittelte. Außerdem übermittelte die Rezeptionistin die Adrenalin-Botschaft nicht direkt zum Kassierer, sondern über einen Mittelsmann, der heute als zweiter Bote bezeichnet wird. Dieser zweite Botenstoff erwies sich als ein weiteres Nukleotid, das von ATP abgeleitet wurde. Es wird erzeugt, indem ATP mit sich selbst reagiert, um ein ringförmiges ATP zu bilden, das zyklisches AMP genannt wird, da Phosphate verloren gehen.

Abbildung 51 fasst zusammen, was passiert, wenn wir während des Fastens Glukose mobilisieren müssen. Glukagon wird während des Fastens freigesetzt. Mit dem Blut wird es als Nachricht an die Leber geliefert, wo es auf die Rezeptionistin trifft. Diese schickt einen zweiten Boten auf den Weg, der den Kassierer anweist, mittels eines ATP-Schalters Geld auszuzahlen (Glykogen abzubauen). Das Geld kann dann für tägliche Ausgaben benutzt werden. Solche Botensysteme steuern fast jeden Prozess in unseren Zellen, aber es würde zu weit führen, um all diese hier zu erläutern. Indessen sind wir auf das zyklische AMP schon im Nervensystem gestoßen, wo es für die Bildung von Gedächtnis wichtig ist. Die Natur verwendet erfolgreiche Werkzeuge immer wieder, um in verschiedenen Zelltypen unterschiedliche Ergebnisse zu erzielen.

Adrenalin wird während des sportlichen Trainings freigesetzt und übt Effekte aus, die denen von Glukagon ähneln, aber seine Empfangsdame befindet sich auf der Oberfläche von Muskelzellen, nicht so sehr in der Leber.

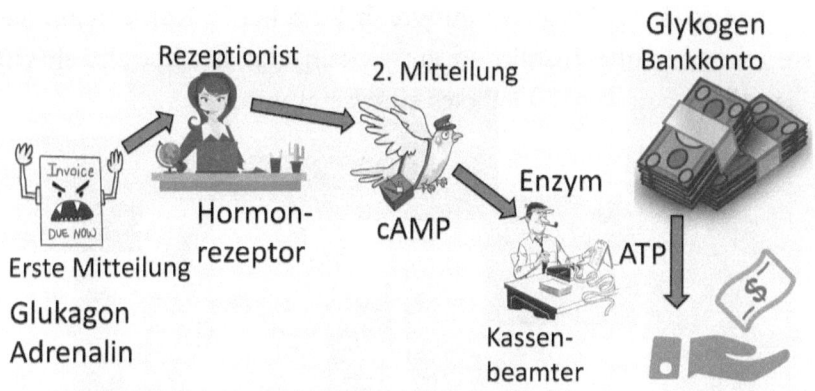

Abbildung 51: Die Botenkaskade, die unseren Körper während des Fastens mit Glukose versorgt. Glukagon ist der erste Botenstoff in der Leber, während Adrenalin die gleiche Wirkung auf den Muskel hat. Die Kassiererin (Empfangsdame) empfängt die Nachricht und sendet einen zweiten Boten (zyklisches AMP) zum Kassierer, der mit Hilfe von ATP die Auszahlung anweist.

Ich erwähnte kurz, dass die Bank offen oder geschlossen sein kann. Die Leberbank ist immer auf, aber Muskeln sind anders. Glukose kann nur in den Muskel gelangen, wenn er die Nachricht erhalten, dass Nährstoffe hereinkommen. Hier ist Insulin die Botschaft, und es sagt der Muskelbank, seine Gatter zu öffnen, um Geldeinzahlungen hereinzulassen. Die Muskelbank hat einige dieser Tore mit Rollgittern. Beim Fasten sind die Rollgitter geschlossen, nach einer Mahlzeit werden sie geöffnet.

Der in Polen geborene Rachmiel Levine (1910-1998, Abbildung 52) verlor beide Eltern und emigrierte zunächst nach Kanada, weil er Verwandte in den USA hatte. Später zog er nach Chicago, um an der Wirkung von Hormonen im Stoffwechsel zu arbeiten. Der vermehrte Eintritt von Glukose in den Muskel nach Insulinausschüttung wird als "Levine-Effekt" bezeichnet und machte ihn zum Vater der modernen Diabetesforschung [128]. Er musste eine große Gemeinschaft von Forschern davon überzeugen, dass eine der Hauptwirkungen von Insulin darin bestand, die Rollgitter für Glukose zu öffnen, und es nicht die Geschwindigkeit ist mit der Glukose metabolisiert wird.

In seinen späteren Jahren ermutigte er Forscher in Kalifornien, das erste rekombinante Insulin zu entwickeln, das heute weltweit zur Behandlung von Typ-1-Diabetes eingesetzt wird.

Abbildung 52 Pioniere, die den Stoffwechsel von Nahrungsmitteln untersuchten. Links: Rachmiel Levine (National Library of Medicine) und rechts Feodor Lynen (Wikimedia Commons).

Nachdem wir festgestellt haben, wie sich das Glykogen-Bankkonto füllt und leert, wollen wir untersuchen, was passiert, wenn das Bankkonto alle ist. Wenn das Glykogen zur Neige geht, müssen wir Glukose von Grund auf bzw. durch Glukoneogenese, wie Biochemiker es nennen, erzeugen. Um innerhalb der Analogie zu bleiben: die Leber borgt Kleingeld aus anderen Quellen, wenn das Bankkonto leer ist. Claude Bernard hatte bereits 1848 beobachtet, dass Hunde, die nur mit Schmalz und Kutteln gefüttert wurden, erhebliche Mengen von Glukose im Blut hatten. Anfangs überrascht, überzeugte er sich selbst, dass Glukose aus anderen Nährstoffen erzeugt wurde. Ferner stellte er fest, dass Glukose nicht nur im Blut von Diabetikern, sondern immer im Blut zu finden ist. Diese Beobachtungen machten deutlich, dass die Leber Glukose nicht nur aus Glykogen erzeugen kann. Wie wir bereits gesehen haben, zeigten Carl und Gerty Cori 1929, dass Milchsäure aus Muskeln in Glukose und Glykogen umgewandelt werden kann. Sie schlugen einen Zyklus zwischen Muskel und Leber vor, in dem aus dem Muskel freigesetzte Milchsäure in der Leber wieder in Glukose umgewandelt wird, die wiederum verwendet werden kann, um Muskeln zu energetisieren oder ihr Glykogen aufzufüllen. Wir sind bereits auf diesen Cori-Zyklus gestoßen, als wir uns die Energieproduktion im Muskel [47] angesehen haben. Zu dieser Zeit dachten die meisten Wissenschaftler, dass die Erzeugung von Glukose aus Milchsäure die gleiche Reihe von Reaktionen verwendete wie beim Abbau von Glukose, den Embden-Meyerhof-Parnas-Stoffwechselweg (Kapitel 2). Herman Kalckar war der erste, der vorschlug, dass bestimmte Organe wie die Niere und die Leber einen spezifischen Weg zur Erzeugung von Glukose hätten. Es dauerte bis 1954, dass Merton F. Utter (1917-1980) die spezielle Reaktion identifizierte, die die Umwandlung von Milchsäure in Glukose ermöglichte [129]. 1963 fand er eine zweite spezielle Reaktion dieses Stoffwechselweges [130]. Bei diesen Reaktionen können Tiere und Menschen Kohlendioxid in organisches Material einbauen, eine Art von Reaktion, von der typischerweise angenommen wird, dass sie nur in Pflanzen vorkommt. Das ist eine schwierige Reaktion und braucht natürlich ATP als Energiequelle. Es ist nur die dominante Erzeugung von Kohlendioxid aus der Nährstoffverbrennung, die die vergleichsweise geringe Fixierung von Kohlendioxid in Tieren in den Schatten stellt. Wie wir in Kapitel 6 gesehen haben können wir nicht nur Milchsäure zu Herstellung von Glukose verwenden, sondern auch aus Muskelproteinabbau stammende Aminosäuren und Glyzerin aus dem Abbau von Fettgewebe.

Jetzt müssen wir auch auf das andere Ende schauen. Was passiert, wenn zu viel Glukose vorhanden und das Bankkonto bereits voll ist? In diesem Fall beschließt die Leber, Fett zu machen. Es ist, als würde man überschüssiges Geld in Gold umtauschen. Das ist stabil, aber es ist schwieriger wieder in Bargeld zurückzutauschen.

Die Chemie ist komplex und umfasst mehrere Vitamine, Cofaktoren und vor allem ATP. Der Stoffwechselweg wurde von Salih J. Wakil (1927-2019) an der University of Wisconsin und von Feodor Lynen

(1911-1979, Abbildung 52) am Max-Planck-Institut für Zellchemie in München ausgearbeitet.

Salih J. Wakil wuchs im Irak auf und erhielt aufgrund seiner Leistungen in einer voruniversitären Prüfung ein Stipendium für ein Studium an der American University in Beirut [131]. Er zog dann in die Vereinigten Staaten, um dort zu promovieren. Seine Karriere begann wirklich, als er wissenschaftlicher Mitarbeiter am Institut für Enzymforschung an der Universität von Wisconsin in Madison wurde, wo er die Reaktionssequenz der Fettsäuresynthese identifizierte. Feodor Lynen (1911-1979) graduierte bei Heinrich Otto Wieland (1877-1957, Nobelpreis 1927), der als erster annahm, dass biologische Oxidationen die Entfernung von Wasserstoff anstelle der Bindung von Sauerstoff beinhalten [132]. Das Max-Planck-Institut für Zellchemie wurde auf Initiative von Otto Warburg und Otto Hahn (1879-1968) für Feodor Lynen neu gegründet. Wie bei der ATP-Verwendung für die Erzeugung von Glukose ist es auch die Fixierung von Kohlendioxid, bei der ATP für einen frühen Schritt in der Synthese von Fettsäuren benötigt wird.

Nachdem wir die Rolle der Leber bei der Aufrechterhaltung der Blutzuckerkonzentration erforscht haben, wollen wir nun eine weitere Rolle der Leber bei der Entgiftung untersuchen.

Ammoniak ist für uns sehr giftig. Wenn seine Spiegel zu weit ansteigen, beginnt das Gehirn zu schwellen, was zu einem tödlichen Hirnbruch führen kann. Dennoch müssen wir uns ständig mit Ammoniak befassen. Unsere Mikroflora produziert zum Beispiel Ammoniak beim Abbau von Aminosäuren und verwandten Verbindungen. Sogar unser eigener Körper produziert ständig Ammoniak, wenn wir Aminosäuren zur Energiegewinnung verwenden. Da der "Arc-de-Triomphe-Zyklus" nur mit kohlenstoffhaltigen Verbindungen umgehen kann, müssen wir den in Aminosäuren enthaltenen Stickstoff loswerden. In den 1930er Jahren war schon bekannt, dass die Leber Ammoniak entgiftet, indem sie es in Harnstoff umwandelt. Harnstoff ist ein harmloses organisches Molekül, das durch Urinbildung ausgeschieden werden kann. Hans Krebs beschloss, die Reaktionen, die zur Harnstoffbildung führten, mit Hilfe von Gewebeschnitten zu untersuchen, eine Methode, die er im Labor von Otto Warburg gelernt hatte [133]. Es gibt eine Aminosäure, die ein vorgeformtes Harnstoffmolekül enthält, nämlich Arginin, aber es wurde damals angenommen, dass dies eine Ausnahme sei und die Harnstoffbildung aus allen Aminosäuren nicht erklären könne. Um das Rätsel der Harnstoffbildung zu lösen, inkubierte Hans Krebs Leberschnitte mit vielen Aminosäuren und war enttäuscht, eine eher schleppende Produktion von Harnstoff bis auf Arginin zu sehen. Selbst Ammoniak allein oder in Kombination mit Aminosäuren erzeugte nur winzige Mengen an Harnstoff. In einer breiteren Suche nach stickstoffhaltigen Metaboliten fügte sein Forschungsassistent Kurt Henseleit am 15. November 1931 den Schnitten eine Aminosäure namens Ornithin hinzu. Ornithin gehört nicht zu den Perlen (Aminosäuren), die bei der Verdauung von Proteinen entstehen, und stand daher nicht im unmittelbaren Fokus der Untersuchung. Überraschenderweise erzeugte diese ungewöhnliche Aminosäure zusammen mit Ammoniak weit mehr Harnstoff als Ammoniak oder Ornithin allein. So war eine Aminosäure, die bei der Verdauung von Proteinen nicht produziert wird, am besten bei der Stimulierung der Harnstoffsynthese. Noch überraschender war, dass der Harnstoff vollständig aus Ammoniak gebildet wurde, ohne Stickstoff aus Ornithin zu verwenden. Als die Forscher die Menge an Ornithin reduzierten, fanden sie heraus, dass ein Molekül Ornithin zwanzig Moleküle Harnstoff erzeugen konnte, wenn Ammoniak vorhanden war. Dies veranlasste Hans Krebs, ein zyklisches Reaktionsschema in Betracht zu ziehen, bei dem Ornithin regeneriert wurde. Ich habe oben erwähnt, dass die Aminosäure Arginin ein vorgeformtes Molekül Harnstoff enthält. Wenn von Arginin Harnstoff abgespalten wird, entsteht Ornithin, dass schließlich zur Regeneration von Arginin verwendet werden könnte.

Um den ganzen Zyklus zu verstehen, benutzen wir wieder Fahrradfahrergruppen die diesmal Müll transportieren (Abbildung 53). Jeder Radfahrer sammelt zwei Aluminiumdosen an zwei verschiedenen Stellen ein, entsorgt sie aber zusammengepresst an der Sammelstelle. In unserer Analogie sind die Aluminiumdosen das Ammoniak und wenn sie zusammengepresst sind der Harnstoff. Je mehr Radfahrer wir haben umso mehr Dosen können wie entsorgen und abgeben. Die Radfahrer tragen selber nichts zum Abfall bei außer dem Transport und Zusammenpressen. Das erklärt warum die Zugabe der ungewöhnlichen Aminosäure (Radfahrer) die Produktion von Harnstoff (zusammengepresste Dosen) erhöhte so lange Ammoniak (Dosen) vorhanden waren. Kurz darauf identifizierte Hans Krebs ein weiteres Mitglied des Zyklus [133] als eine Verbindung namens Citrullin. Hans Krebs hatte erstmals gezeigt, dass ein zyklischer Stoffwechselprozess genutzt werden kann, um andere Metabolite zu verarbeiten.

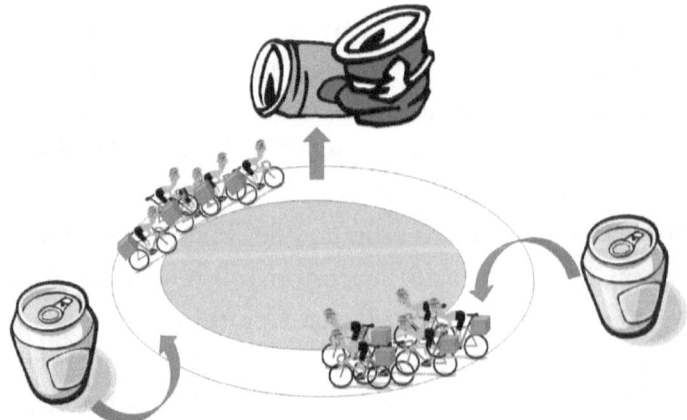

Abbildung 53: Analogie des Harnstoffzyklus. Radfahrer sammeln Bierdosen an zwei Stellen ein, pressen sie zusammen und geben sie am Sammelpunkt ab.

Wir sind schon einmal auf ein solches Reaktionsschema gestoßen, nämlich den Arc de Triomphe-Zyklus, der zur Erzeugung von Kohlendioxid und zur Entfernung von Münzen zur Herstellung von ATP verwendet wird. Ich erinnere daran, dass dieser Zyklus auch von Hans Krebs ausgearbeitet wurde, aber erst, nachdem er den Harnstoffzyklus oder Krebs/Henseleit-Zyklus, wie er manchmal genannt wird, entdeckt hatte.

Ich erinnere mich, wie ich Leber aus dem Schlachthof verarbeitete, um den Studenten die klassischen Experimente von Krebs zu demonstrieren. Dazu brauchte man viel eiskaltes Aceton, eine Methode, die in der modernen Biochemie nicht mehr verwendet wird; und, um ehrlich zu sein, der Zyklus funktionierte abgesehen von der ersten Reaktion nie so richtig. Wir hätten wie Hans Krebs Leberschnitte verwenden sollen, die die Zellstruktur erhalten - ein weiterer experimenteller Trick, den Krebs als wichtig für den Erfolg ansah.

Franz Knoop (1875-1946), der entdeckte, wie Fettsäuren verstoffwechselt werden, schrieb einen Brief an Hans Krebs, um ihm zu diesen Erkenntnissen zu gratulieren [133]: *"Lieber Doktor Krebs! Ich danke Ihnen sehr für Ihre schöne Veröffentlichung. Die Art und Weise, wie Sie schließlich zur Synthese von Harnstoff über Arginin und damit zu dieser bedeutenden Rolle von Ornithin kommen, ist sehr überzeugend. Sie ergibt sich völlig von selbst aus der Reihenfolge Ihrer Untersuchungen."*

Der gesamte Zyklus benötigt Energie, um zu laufen. Insgesamt werden vier Moleküle ATP benötigt, um ein Molekül Harnstoff herzustellen - eine kostspielige Übung, aber unerlässlich, um unser Gehirn zu schützen. Die Leber befindet sich in unserem Körper, um als erstes Organ alle Nährstoffe aus dem Darm einzufangen. Wie wir gerade gesehen haben, kommen nicht nur Nährstoffe aus dem Darm, sondern auch giftige Verbindungen wie Ammoniak, das zu Harnstoff entschärft werden muss. Die Leber muss sich mit viel mehr toxischen Verbindungen und heutzutage auch mit Medikamenten auseinandersetzen. Wir haben mehrere Ionenpumpen diskutiert, die Zellen energetisieren und Nervenzellen funktionieren lassen. Es gibt eine weitere Gruppe von Pumpen, die ebenfalls von ATP angetrieben werden und uns vor einer Vielzahl von Pflanzengiften schützen [134].

Wenn wir Pflanzen essen, essen wir auch Chlorophyll, das grüne Pigment, das Licht einfängt. Ein Abbauprodukt von Chlorophyll ist Pheophorbid, das die Haut lichtempfindlich macht. Ohne dass wir es wissen, wird Pheophorbid bereits vom Darm mittels einer Pumpe abgestoßen, die es in dem Moment herauswirft, in dem es in unseren Körper eindringen will [135]. Ohne sie wäre unsere Haut spröde, wenn sie Licht ausgesetzt wird. Mäuse ohne die Pumpe verlieren die Spitze ihrer Ohren, weil sie nicht mit Fell bedeckt und dem Licht ausgesetzt sind.

Darm und Leber haben jede Menge dieser sogenannten Multiresistenzpumpen [136]. Der Darm kann Giftstoffe damit sofort abstoßen, während die Leber Moleküle, die sie nicht will, in die Galle eliminieren kann, mit der sie wieder in den Darm freigesetzt werden. Diese Pumpen sitzen auch in der Blut-Hirn-Schranke, um unser Gehirn zu schützen. Ivermectin ist ein Medikament, das in der Human- und Veterinärmedizin zur Behandlung von Parasiteninfektionen weit verbreitet ist. Gleichzeitig ist es ein Neurotoxin und kann nur deswegen sicher verwendet werden, weil die Wände der Blut-Hirn-Schranke mit ATP-getriebenen Medikamenten-pumpen ausgestattet sind. Aufgrund von Inzucht tragen einige Hundesorten eine Mutation in dieser Medikamentenpumpe und können nicht mit Ivermectin behandelt werden, da es sich im Gehirn ansammeln und Lähmungen verursachen würde [137]. Leider macht die Überexpression dieser Medikamentenpumpen in Krebszellen sie resistent gegen Chemotherapeutika. Da es sich um mehrere dieser Pumpen handelt, gibt es kein einzelnes Medikament, das verwendet werden kann, um die Krebszellen wieder empfindlich zu machen. Was uns hilft, toxische Verbindungen in Lebensmitteln zu vermeiden, kann abtrünnige Zellen resistent gegen Medikamente machen, aber die Evolution konnte nun einmal keine medizinischen Behandlungen vorhersehen. Mehr davon in Kapitel 10.

9

Marjorie bereitet den Weg

Es ist ein großes Unglück, allein zu sein, meine
Freunde; und man muss annehmen, dass
Einsamkeit die Vernunft schnell zerstören kann.
- Jules Verne

Unser Körper ist besonders gut darin, Zucker nach einer Mahlzeit zu entfernen. Um dies zu veranschaulichen, berechnen wir die Menge an Glukose, die wir aus einer Pizza bekommen würden. Eine Pizza aus dem Gefrierschrank hat ca. 80 g Kohlenhydrate. Die Kohlenhydrate werden zu Glukose verdaut, weil sie meist Stärke sind. Der Verdauungsprozess erhöht das Gewicht der Kohlenhydrate um 10% aufgrund des Wassers, das wir verwenden, um die Stärke zu spalten. Ein erwachsener Mann hat etwa 5 Liter Blut. So würden 88 g verdaute Kohlenhydrate zu 16 g Glukose pro Liter werden. Doch nach einer Mahlzeit ist die Blutzuckerkonzentration kleiner als 1,5 g pro Liter, wenn man gesund ist. Wenn jemand Diabetes hat, wird sie um einiges höher sein, vielleicht 3 g pro Liter. Auch wenn die Stärke nicht sofort abgebaut wird, dauert es nicht länger als eine Stunde, bis die Verdauung abgeschlossen ist. Dies deutet darauf hin, dass Glukose irgendwo gespeichert wird und dass diese Speicherung bei Diabetes nicht so gut funktioniert.

Es gibt zwei Formen von Diabetes, nämlich Typ 1 und Typ 2. Typ 1 ist der juvenile Diabetes, eine Autoimmunerkrankung, bei der das Immunsystem bestimmte Zellen in der Bauchspeicheldrüse, die sogenannten Beta-Zellen, angreift. Typ-2-Diabetes ist eine später einsetzende Form, die typischerweise durch ein langfristiges Überangebot an Nahrungsmitteln verursacht wird. Typ 2 wird oft von Fettleibigkeit, Bluthochdruck und erhöhtem Cholesterinspiegel im Blut begleitet. Die Überversorgung mit Nährstoffen betäubt das System gegenüber der Anwesenheit von Glukose oder, genauer gesagt, gegenüber dem durch Glukose ausgelöstem Botenstoff Insulin. Infolgedessen wird die Glukoseentfernung träge, und der Blutzuckerspiegel bleibt mehrere Stunden nach einer Mahlzeit und über Nacht hoch. Erhöhte Glukosespiegel im Blutplasma führen zu einem Überlaufen in den Urin, da die Niere die Glukose nicht vollständig zurückbefördern kann. Diabetes mellitus bedeutet wörtlich "honigsüßer Durchfluss". Die Krankheit ist auch mit einem erhöhten Urinvolumen verbunden. Bei der Betrachtung des Darms diskutierten wir, dass Glukose und Salz verwendet werden können, um bei Durchfall Wasser aus dem Darm zu entfernen. Die Verbindung zwischen Wasserentfernung und Glukose führt zu größeren Urinvolumen, wenn Glukose unvollständig resorbiert wird. Der süß schmeckende Urin war bereits in der Antike bekannt, wurde aber 1674 von Thomas Willis (1621-1675) wiederentdeckt. Er erklärte, dass der Urin "wunderbar süß war, als wäre er mit Honig oder Zucker durchdrungen" [138]. Er bezog sich auf Typ-1-Diabetes, da Typ-2-Diabetes ein modernes Leiden ist. 1815 wurde der Blutzucker von Diabetikern durch Michel Chevreul (1786-1889) als Glukose identifiziert. Matthew Dobson (1735-1784) erkannte, dass Diabetes eine systemische Erkrankung war, und nicht durch die Nieren verursacht wurde, die Zucker freisetzten. Claude Bernard entdeckte, wie wir bereits besprochen haben, dass Glukose von der Leber produziert werden kann. Die Schlüsselrolle der Bauchspeicheldrüse bei Diabetes wurde von Joseph von Mering (1849-1908) und Oskar Minkowski (1841-1904) entdeckt, die feststellten, dass die Entfernung der Bauchspeicheldrüse bei Hunden Diabetes verursachte und dass dies nichts mit den von der Bauchspeicheldrüse produzierten Verdauungsenzymen zu tun hatte (siehe Kapitel über den Darm) [139]. Paul Langerhans (1847-1888) hatte zuvor Gruppierungen spezialisierter Zellen beschrieben, die in das normale Pankreasgewebe eingebettet sind. Diese werden immer noch die Langerhans-Inseln genannt. Mehrere Forscher versuchten, Diabetes mit Injektionen von Pankreasextrakten zu verbessern, aber die Toxizität war zu hoch, oder die Ergebnisse waren unzuverlässig. Zu Beginn des 20. Jahrhunderts wurde klar, dass nicht das Hauptgewebe der Bauchspeicheldrüse an der antidiabetischen Wirkung beteiligt war, sondern die Langerhans-Inseln. Es war der Belgier Jean de Meyer (1878-1934), der 1909 erstmals den Namen Insulin aus dem Lateinischen "insula" (Insel) für die Substanz vorschlug, die den Glukosestoffwechsel steuerte. Edward Albert Sharpey-Schafer (1850-1935) popularisierte die Verwendung des Begriffs Insulin. Das Problem von rohen Pankreasextrakten zur Behandlung von Diabetes ist die Kontamination mit den Verdauungsenzymen, die die Bauchspeicheldrüse in den Darm absondert. Louis Vaillard (1850-1935) und Charles Louis Xavier Arnozan (1852-1928) hatten jedoch entdeckt, dass das Abbinden des Ganges, der die Bauchspeicheldrüse mit dem Darm verbindet, eine Degeneration der Bauchspeicheldrüse verursacht, ohne die Langerhans-Inseln zu beeinträchtigen und ohne Diabetes zu verursachen. So könnten Extrakte mit weniger Kontamination hergestellt werden. Dies wurde die Basis für die Isolierung von Insulin, wie von den Autoren Thea Cooper und Arthur Ainsberg lebhaft beschreiben [140]. Als Frederick Banting (1891-1941, Abbildung 54) sich in letzter Minute auf eine Vorlesung an der University of Western Ontario vorbereitete, las er um Mitternacht des 31. Oktober 1921 die neuesten Forschungsartikel [140]. Er stieß auf einen Artikel, in dem beschrieben wurde, dass ein seltener Pankreasstein eine Degeneration der Bauchspeicheldrüse verursachte, ohne die Inseln zu beeinträchtigen, wodurch ältere Experimente mit Ligaturen des Pankreasgangs bestätigt wurden. Banting wusste nichts von den früheren Versuchen, Pankreasextrakte zur Verbesserung von Diabetes zu verwenden, aber er war auch unwissend bezüglich der Misserfolge und Schwierigkeiten. Die University of Western Ontario hatte keine Laborräume zur Verfügung, also ging er zurück nach Toronto, wo er in Medizin ausgebildet worden war. Er wandte sich an John James Rickard MacLeod (1876-1935, Abbildung 54), um ein Labor und Forschungsmittel zu bekommen. MacLeod beauftragte einen jungen Studenten namens Charles Best, Frederick Banting zu unterstützen. In ihren Experimenten kombinierten sie zwei Hunde. Bei dem ersten Hund wurde der Pankreasgang abgebunden, um eine Degeneration zu induzieren. Nach ein paar Tagen wurde die komplette Bauchspeicheldrüse des zweiten Hundes entfernt, um Diabetes zu induzieren. Dann wurden Pankreasextrakte vom ersten Hund hergestellt und dem zweiten Hund injiziert. Trotz vieler Experimente und der Verwendung von Extrakten aus degenerierter Bauchspeicheldrüse blieben die Ergebnisse gemischt. Am 20. August waren die Forscher verzweifelt, weil sie nicht genug Extrakt hatten, um Hund 92 zu behandeln. Um einen Extrakt schneller zu erhalten, stimulierten sie die Freisetzung der Verdauungsenzyme aus der Bauchspeicheldrüse mit dem Hormon Sekretin und bereiteten danach einen Extrakt. Hund 92, der aufgrund von Diabetes fast nicht mehr ansprechbar war, erholte sich wunderbar und konnte sogar aus ihrem Käfig springen, ohne zu fallen. Banting beschrieb das Ereignis später als eine der größten Erfahrungen seines Lebens. Schließlich starb Hund 92 nach 21 Tagen, weil ihnen der Extrakt ausging. Die Forscher waren emotional am Boden zerstört. Unzuverlässige Extrakte blieben ein Problem, und im November 1921 gingen sie zum Schlachthof, um Pankreas von fötalen Kälbern zu holen. Diese Auszüge funktionierten gut, und die Ergebnisse wurden auf einer Konferenz im Dezember 1921 vorgestellt und 1922 veröffentlicht. Mit diesen Extrakten überlebte Hund Marjorie siebzig Tage ohne Bauchspeicheldrüse. Im Publikum der Konferenz war George Henry Alexander (Alec) Clowes, der Forschungsdirektor von Eli Lilly and Company. Alec Clowes wandte sich an Banting und bot die Hilfe des Unternehmens an, um die Produktion von Extrakten zu steigern und ihre Wirksamkeit zu verbessern. J.J.R. MacLeod, der die Konferenzmitteilung mitverfasst hatte, lehnte das Angebot jedoch ab und begann stattdessen mit der Produktion von Insulin an der Universität von Toronto [140]. Da die Extrakte zu grob für die Injektion in Menschen waren, bat MacLeod den Biochemiker James Bertran Collip um Hilfe. Der entwickelte eine Extraktionsmethode mit steigenden Alkoholkonzentrationen, die eine viel reinere Insulinzubereitung ergab. Am 23. Januar 1922 wurde Leonard Thompson als erstem Patient Collip's Insulinpräparat injiziert, woraufhin das Überlaufen von Glukose in den Urin verschwand, was darauf hindeutet, dass sein Blutzucker auf ein normales Niveau gesunken war. Frederick Banting, der unter normalen Bedingungen schon cholerisch war, schätzte den von Collip gemachten Fortschritt überhaupt nicht und attackierte ihn. Hätte er gewusst, dass er sich 1923 den Nobelpreis mit MacLeod teilen würde, wäre er vielleicht sanfter gewesen. Weil er sich mit MacLeod und Collip überwarf, verlor Banting das Interesse an dem Projekt und hörte für eine Weile auf, daran zu arbeiten, obwohl er attraktive Angebote erhielt. Harvey Kellogg zum Beispiel bot an, Banting einen eigenen Flügel im Battle Creek Sanatorium zu bauen und ihm ein Jahresgehalt von zehntausend Dollar zu zahlen. Während seiner Forschung hatte Banting keine Entschädigung erhalten und sich in öffentlichen Suppenküchen ernährt. Schließlich kehrte er jedoch in die Klinik nach Toronto zurück.

In der Zwischenzeit hatte die University of Toronto immer noch Schwierigkeiten, Insulinpräparate von zuverlässiger Qualität herzustellen, und schließlich wurde vereinbart, Eli Lilly and Company einzubeziehen. Zu diesem Zeitpunkt war Insulin bereits sehr gefragt, aber selbst für die schwersten Fälle war nicht genug verfügbar. Bis August 1922 war Eli Lilly in der Lage, kleine Mengen nach einem regelmäßigen Zeitplan zu produzieren, und 1923 stieg die Produktion so weit, dass schätzungsweise 7500 Ärzte 25.000 Patienten Insulin verschreiben konnten. Der Umsatz überstieg 1 Million US-Dollar.

Abbildung 54: Die Entdeckung des Insulins. Linkes Bild: Charles Best (links) und Frederick Banting (rechts) mit Marjorie(?), rechtes Bild, John J.R. MacLeod.

Bevor es Insulin gab, fielen Diabetiker letztlich in ein Koma, das durch stark erhöhte Glukosespiegel induziert wird. Eine der wenigen lebensverlängernden Maßnahmen, die vor Insulin verfügbar waren, war die Einhaltung einer sehr kalorienarmen Diät. Elisabeth Hughes, Tochter des Außenministers in den Vereinigten Staaten, war die erste berühmte Patientin, die Insulin erhielt, und ihre Genesung machte Schlagzeilen. Sie war seit über drei Jahren auf einer Fast-Hunger-Diät und konnte schreiben [140]: *"Niemand hier außer Dr. Banting weiß natürlich, was für Mengen ich esse und von welchen Lebensmitteln. Und wenn sie es wüssten, würden sie vom Stuhl fallen. Es ist unser großes Geheimnis! Ich brauchte viele Seiten, nur um all die Gerichte aufzuzählen, die ich heutzutage habe, und es scheint mir, dass ich jeden Tag etwas esse, das ich seit über drei Jahren nicht mehr probiert habe, und Sie wissen nicht, wie gut es scheint und wie ich jeden Bissen schätze, den ich esse."* Sie nahm innerhalb weniger Wochen 10 kg an Gewicht zu und wog nach einem halben Jahr 25 kg mehr.

Insulin ist das Haupthormon zur Senkung des Blutzuckerspiegels. Nach dem Gleichnis aus dem vorigen Kapitel geschieht dies, indem die Rollgatter, der Muskel- und Fettgewebe-Bank geöffnet werden und dann Geld (Glukose) auf das Sparkonto eingezahlt werden kann. Zusätzlich wird Geld (Glukose) auf die Leber Glykogen-Bank eingezahlt. Insgesamt entfernt dies Glukose effizient und speichert sie als Glykogen. Bei Menschen mit Typ-I-Diabetes ist der Körper nicht in der Lage, Glukose zu verwerten oder Glukose zu speichern. Infolgedessen hungert der Körper, obwohl Nährstoffe verfügbar sind. Die Injektion von Insulin stellt die Fähigkeit zur Verwendung von Glukose wieder her, was zu einer Gewichtszunahme und Normalisierung des Stoffwechsels führt.

In diesem Kapitel wollen wir den Mechanismus betrachten, durch den unser Körper Glukose erkennt und die Freisetzung von Insulin anordnet, da er ATP involviert. Bereits in den 1930er Jahren wurde festgestellt, dass erhöhte Blutzuckerspiegel die Insulinsekretion stimulieren [141]. In den 1960er Jahre wurde dann gezeigt, dass Glukose metabolisiert werden muss, damit Insulin freigesetzt werden konnte. Es war auch bekannt, dass Insulin in kleinen Paketen gelagert wird, die mit der Membran verschmelzen, um Insulin freizusetzen. Dies ist wie beim Nervensystem, wo ein eingehender Abfall der Spannung die Freisetzung von Neurotransmitterpaketen verursacht. Als weitere Ähnlichkeit wurde 1968 festgestellt, dass Beta-Zellen der Bauchspeicheldrüse ihre elektrische Spannung in Reaktion auf Glukose veränderten [142]. Es gibt verschiedene Möglichkeiten, die Spannung zu verändern. Im Stromnetz steigt die Spannung, wenn zu viel Strom produziert wird und nicht genügend verbraucht wird. Andersherum bricht das Netz zusammen, wenn zu viel Strom verbraucht und zu wenig erzeugt wird. So ändern Beta-Zellen ihre Netzspannung. Sie reduzieren die Leistungsabgabe, und weil die Verbraucher gleichbleiben, bricht die Spannung zusammen. Der Mechanismus, der die Batterie in Betazellen geladen hält, ist die Bewegung von Kaliumionen über die Zellmembran, die 1978 von Jean-Claude Henquin nachgewiesen wurde [143]. 1984 zeigte Frances M. Ashcroft von der Universität Oxford, dass die Inkubation mit Glukose die Freisetzung von Kaliumionen durch ein bestimmtes

Tor stoppte und dadurch die Netzspannung destabilisierte. Ein Jahr später demonstrierten P. Rorsman und G. Trube, dass diese Tore von ATP reguliert werden [144]. Das Gen, das die ATP-regulierten Tore kodiert, wurde schließlich 1995 von Lydia Aguilar-Bryan und Kollegen identifiziert.

Dies bestätigte die Brennstoffhypothese, die besagt, dass die Freisetzung von Insulin direkt mit der im Blut vorhandenen Kraftstoffmenge korreliert [145], die wiederum die Menge von ATP bestimmt. ADP stemmt sich gegen die Wirkung von ATP, so dass das Kalium-Tor den Wert der ATP-Währung jederzeit sorgfältig überwacht [146]. Im ersten Kapitel habe ich erwähnt, dass unser Körper die ATP-Währung immer versucht bei einem Euro zu halten und jeder Wertverlust zeigt eine Energiekrise an. Betazellen sind die Ausnahme da sie gebaut sind, um den Energiegehalt des Blutes zu messen.

Wie wir bereits gesehen haben, überwachen viele Zellen auch die Menge an AMP, um Energieermüdung zu erkennen, aber die Reaktion auf Energiemangel ist recht langsam und führt zur Mobilisierung von Energiereserven wie Fettsäuren. Die Beta-Zelle muss schneller reagieren, um den starken Anstieg der Glukose im Blut nach einer Mahlzeit umzukehren (Abbildung 49), und überwacht direkt das Verhältnis zwischen ATP und ADP.

Wenn Typ-2-Diabetes einsetzt, wird Glukose nicht mehr effizient durch Muskeln, Fettgewebe und Leber entfernt. Der Körper wird insulinresistent. Zunächst kann dies kompensiert werden, indem die Freisetzung von Insulin verstärkt wird. Dies kann darüber hinaus durch eine Gruppe von Arzneimitteln, die Sulfonylharnstoffe, gestärkt werden. Deren Entdeckung ist eine interessante Geschichte.

Im Jahr 1940 waren Sulfonamide als erste Antibiotika entdeckt worden [147]. 1942 evaluierte Marcel Janbon am Krankenhaus in Montpellier ein neues Sulfonamid zur Behandlung von Typhus [148].

Nach dem ungeklärten Tod einiger seiner Patienten erkannte Janbon, dass dies durch gefährlich niedrige Blutzuckerwerte verursacht wurde. In den nächsten Jahren studierte Auguste Loubatiere (1912-1977) die Wirkungen sorgfältiger und fand heraus, dass das Medikament bei Hunden, bei denen die Bauchspeicheldrüse entfernt worden war, nicht wirkte. Darüber hinaus waren sehr kleine Dosen wirksam bei der Senkung des Blutzuckers, wenn das Medikament direkt in die Arterie injiziert wurde, die die Bauchspeicheldrüse versorgt.

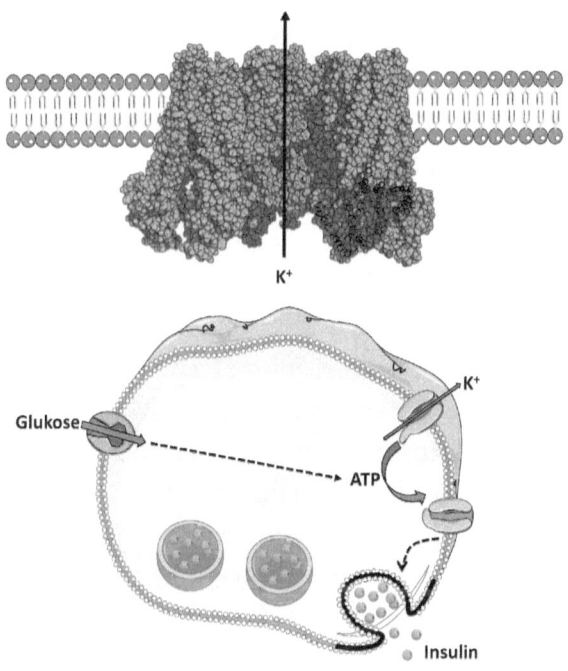

Abbildung 55: Oben: ein Modell der Pore die Kaliumionen aus Beta-Zellen freisetzt. ATP blockiert den Kanal und löst die Freisetzung von Insulin aus. Unten: Blockade der Kaliumpore löst die Freisetzung von Insulin aus. Dies wird durch den Zusammenbruch der Zellspannung ausgelöst.

Ähnliche Nebenwirkungen von Sulfonamiden beobachteten Franke und Fuchs 1954 in Berlin. Carbutamid, wie die Verbindung genannt wurde, wurde dann an Diabetikern getestet, die keine Insulinbehandlung benötigten. Kurz darauf wurde eine neue

Verbindung, die Sulfonylharnstoff-Verbindung Tolbutamid, synthetisiert, die keine antibakterielle Wirkung hatte, aber ihre Wirkung auf den Blutzuckerspiegel beibehielt. Ende der 1950er Jahre wurde festgestellt, dass Sulfonylharnstoffe die Freisetzung von Insulin erhöhen. Es dauerte bis in die 1980er Jahre, bis nachgewiesen wurde, dass Sulfonylharnstoffverbindungen die gleichen Kaliumporen wie ATP blockieren. Sie besetzen nicht den gleichen Platz, haben aber ähnliche Wirkung.

Insulin hatte seinen gerechten Anteil an Nobelpreisen auch nach Banting und MacLeod. Dorothy Hodgkin (1910-1994, Abbildung 56) wurde vor dem Ersten Weltkrieg in Kairo geboren [149]. Als der Krieg begann, brachte ihre Mutter sie zurück nach Großbritannien, wo sie von einer Krankenschwester und älteren Verwandten aufgezogen wurde. Dorothy Hodgkin schrieb ihren unabhängigen Geist oft dieser Zeit in ihrer Kindheit zu. 1928 begann sie ein Chemiestudium an der Universität Oxford. Sie war fasziniert von Kristallen und promovierte bei John Desmond Bernal (1901-1971), der mit Röntgentechniken biologische Moleküle untersuchte. 1934 erhielten sie Pepsinkristalle und lernten, dass Kristalle aus biologischen Molekülen feucht bleiben mussten, wenn man mit ihnen arbeiten wollte. Sie fuhr fort, die Struktur von Penicillin und Vitamin B12 aufzuklären, bevor sie sich an Insulin versuchte. 1935 gelang es ihr, Insulinkristalle herzustellen. Dorothy Hodgkin erinnert sich daran als den aufregendsten Moment ihres Lebens. Wie wir für die Struktur des Hämoglobins diskutierten, waren die Mathematik und Werkzeuge zur Berechnung einer Struktur aus der Röntgenbeugung aber zu dieser Zeit noch nicht verfügbar.

1955 gelang es Frederick Sanger (1918-2013, Abbildung 56), die Reihenfolge der Perlen der Insulinkette durch ausgeklügelte chemische Reaktionen zu bestimmen. Dies trug dazu bei, die endgültige Struktur des Insulins aufzulösen, die 1969 publiziert wurde. Dorothy Hodgkin erhielt 1964 den Nobelpreis für ihre Gesamtarbeit zur Struktur von Biomolekülen. Frederick Sanger erhielt 1958 den Nobelpreis für die Bestimmung der Reihenfolge der Perlen des Insulinmoleküls und 1980 einen weiteren für die Entwicklung einer Methode zur Bestimmung der Sequenz eines DNA-Moleküls.

Abbildung 56: Pioniere der Insulinstruktur. Links: Dorothy Hodgkin und rechts: Frederick Sanger.

Insulin sorgte im Laufe der Jahre für mehr Dramatik. Vor allem, als die Biotechnologie so weit fortgeschritten war, dass die Produktion von rekombinantem Humaninsulin möglich wurde [150-152]. Insulin wurde ausgewählt, weil es ein so berühmtes Protein war und seine medizinische Anwendbarkeit offensichtlich. Der Prozess braucht ATP als Perle um das Gen aufzubauen zusammen mit seinen Vettern TTP, GTP, und CTP aber auch als Energieträger um die DNA-Stücke zu fusionieren. Drei Gruppen waren im Wettbewerb, als erste menschliches Insulin in Bakterien zu produzieren: Harvard-Professor Walter Gilbert und sein Team, Herbert Boyer und sein Team in San Francisco und William Rutter und sein Team ebenfalls in San Francisco. Kein Labor an der Spitze der Wissenschaft arbeitet ohne Postdoktoranden, die von ihrer Arbeit in einem Spitzenlabor eine hochkarätige Publikation mitnehmen wollen. Walter Gilbert wurde von Argiris Efstradiatis begleitet, William Rutter zog John

Chirgwin und den deutschen Postdoc Axel Ullrich an, und Herbert Boyer beschäftigte Herb Heyneker. Alle Gruppen begannen 1976 mit der Arbeit an Insulin. Der Fortschritt in Harvard wurde durch strenge Biosicherheitsvorschriften behindert. Da zu diesem Zeitpunkt niemand wusste, ob die Produktion menschlicher Gene in Bakterien unvorhergesehene Folgen haben könnte, war für die Durchführung der Arbeiten eine Isolierung unter strikter Kontrolle erforderlich. Während Harvard die entsprechenden Labors baute, brach eine öffentliche Debatte aus, die bis 1977 zu einem Moratorium für Arbeiten zum Klonen menschlicher Gene führte. Währenddessen plagten das Rutter-Team weitere technische Probleme. Die Isolierung der kodierenden Botschaft zunächst aus Rattenpankreas erwies sich als äußerst schwierig, da die Verdauungsenzyme der Bauchspeicheldrüse die kodierende Nachricht zerstörten, wenn das Gewebe zur Isolierung aufgebrochen wurde. Schließlich entwickelte Chirgwin Ende 1976 eine Methode, die die Enzyme inaktivierte, ohne die kodierende Botschaft zu beschädigen. Dies ermöglichte das Klonen des Ratteninsulin-Gens Anfang 1977. Zwar geschah dies zunächst in einer Weise, die die Produktion von Insulin nicht erlaubte, doch war es ein erfolgreicher Testlauf der Methoden, die zur Isolierung des menschlichen Insulingens erforderlich waren. Die Gruppe konnte ihre Erfolge nicht veröffentlichen, da die damals verwendeten Werkzeuge vom National Institute of Health noch nicht für die Forschung zugelassen waren. Schlimmer noch, ihnen wurde befohlen, die Bakterien zu zerstören, die das Insulingen enthielten. Sie behielten aber das ursprüngliche kodierende Gen, das mit der bakteriellen DNA verbunden war, in isolierter Form. Schließlich mussten sie das Insulin mit einer zugelassenen bakteriellen DNA verbinden und veröffentlichten im Mai 1977 die Isolierung des Ratteninsulingens. Aufgrund der kommerziellen Implikationen hatte sich Herbert Boyer 1976 mit dem Geschäftsmann Robert Swanson zusammengetan, um Genentech zu gründen und Geld von Risikokapitalgebern zu sammeln. Während das Boyer-Team zunächst zurücklag, hatte es einen großen Vorteil. Da das Insulingen ziemlich klein ist, war es möglich, seine DNA chemisch zu synthetisieren und Nukleotid für Nukleotid zusammenzubauen. Damit wurden regulatorische Hürden umgangen, die für die menschliche DNA galten. Für die Synthese der humanen Insulin-DNA taten sie sich mit Arthur Riggs und Keiichi Itakura aus Los Angeles zusammen. Riggs und Itakura wollten aber zuerst ein kleineres Hormon als Testfall synthetisieren, bevor sie sich an Insulin versuchten. Im Dezember 1977 gab das Team die Produktion des Hormons Somatostatin in Bakterienzellen bekannt.

Walter Gilbert rekrutierte eine weitere Postdoktorandin, Lydia Villa-Komaroff, der es zusammen mit Argiris Efstradiatis bis Mitte 1977 gelang, das Ratteninsulin-Gen mit bakterieller DNA zu verbinden. Gilbert meldete ein Patent an, das bald für die von ihm gegründete Firma Biogen lizenziert werden sollte. Um das Klonen des menschlichen Insulingens zu versuchen, erhielten sie Material aus einem seltenen Tumor, der aus Betazellen in der Bauchspeicheldrüse, einem Insulinom, stammt. Zur Durchführung des Verfahrens mussten Einrichtungen der höchsten biologischen Sicherheitsstufe verwendet werden, die zu dieser Zeit nur in militärischen Labors zur Verfügung standen. Dafür musste das Team nach Porton Down in Großbritannien umziehen. Tragischerweise kehrten die Forscher mit leeren Händen zurück, genauer: anstelle des menschlichen hatten sie wieder nur das Ratteninsulingen isoliert. Ein Teil des verwendeten Materials musste kontaminiert gewesen sein. Die Rutter-Gruppe versuchte die gleiche Strategie und schickte Axel Ullrich Mitte 1978 nach Straßburg, um das menschliche Insulingen zu isolieren und in Bakterien einzubringen. Zu diesem Zeitpunkt unterzeichnete Eli Lilly einen Forschungsvertrag mit der University of California in San Francisco, um Rutters Team zu finanzieren, um das Klonen und die bakterielle Produktion des menschlichen Insulingens zu erreichen.

Nach dem Erfolg von Somatostatin konnte Bob Swanson mehr Geld für Genentech sammeln, und das Unternehmen gründete ein eigenes Labor. Es rekrutierte Dennis Kleid und seinen Postdoktoranden David Goeddel. Gleichzeitig synthetisierte das Team um Keiichi

Itakura das humane Insulingen in zwei Teilen, die dann von David Goeddel und Dennis Kleid einzeln mit bakterieller DNA verbunden wurden. Die Herstellung der beiden Teile des Humaninsulins erfolgte separat, bevor die beiden resultierenden Perlenketten zum endgültigen Insulinmolekül verbunden wurden [v]. Am 6. September 1978 gab Genentech bekannt, dass sie erfolgreich Insulin in Bakterien produziert und damit eine neue Ära in der Biotechnologie eingeleitet hatten. Eli Lilly unterzeichnete sofort einen Vertrag mit Genentech, um an der Insulinproduktion beteiligt zu sein. Axel Ullrich kehrte aus Straßburg zu Genentech zurück, und das Gilbert-Team gab das Klonen von Insulin auf.

Was hat ATP damit zu tun? Die Energie, die den an die Nukleotide gebundenen Phosphatgruppen innewohnt, wird verwendet, um die DNA-Moleküle zu verbinden, bevor sie in Bakterien eingeführt werden. ATP wird der Reaktion zugesetzt, und mit dem entsprechenden Enzym wird die Energie verwendet, um zwei DNA-Moleküle zu verbinden. Darüber hinaus sind es nicht nur ATP, sondern auch GTP, CTP und TTP (die Desoxy-Varianten in der DNA), die ihre eigene Energie mitbringen, wenn DNA durch Bindung von Nukleotid nach Nukleotid synthetisiert wird. Dabei gehen zwei Phosphate verloren, und das verbleibende Phosphat wird Teil der Sprossen, aus denen die verdrehte DNA-Leiter besteht.

---

[v] Im Pankreas wird Insulin von einer einzigen Messenger RNA abgelesen. Der resultierende Insulinvorläufer wir dann prozessiert und in drei Teile geschnitten von denen zwei zusammenbleiben, um das endgültige Insulin zu bilden. Diesen Vorgang können Bakterien nicht nachvollziehen, aber man kann das Problem durch die separate Produktion der zwei Ketten umgehen.

10

Der hydrophobe Staubsauger

"Wir mögen den menschlichen Gesetzen trotzen, aber wir können den natürlichen nicht widerstehen."
Jules Verne, 20.000 Meilen unter dem Meer

Bisher haben wir die Rolle von ATP in Zellen und Organen unter physiologischen Bedingungen untersucht. Ich möchte ein wenig Zeit damit verbringen, die Rolle von ATP bei Krebs zu betrachten. Es ist eine Diagnose, die jeder fürchtet, aber es wurden beträchtliche Fortschritte bei der Behandlung einer Vielzahl von Krebssubtypen erzielt, und die Hoffnung ist, dass wir schließlich maßgeschneiderte Therapien für alle verschiedenen Krebsarten haben werden. Die Hoffnung, dass wir in Krebszellen ATP als Energiequelle dezimieren könnten, ist aus zwei Gründen zweifelhaft. Erstens haben Krebszellen eine großzügige Sicherheitsmarge, wenn es um die Erzeugung von ATP geht, sie haben eher Probleme genügend Bausteine zu erzeugen, um eine neue Zelle zu bilden, und zwar nicht wegen der Energie, die sie dazu benötigt. Zweitens reagieren andere Zellen wie Neuronen und Muskelzellen im Herzen viel empfindlicher auf den Abbau von ATP. Wie würden wir wohl eine Sicherheitsmarge oder ein therapeutisches Fenster, wie es genannt wird, für ein Medikament schaffen, das die Energieerzeugung beeinträchtigt? Tatsächlich haben Versuche, die Glykolyse zu verlangsamen, das Wachstum von Krebszellen nicht reduziert. Krebszellen haben eine besondere Art, ATP zu erzeugen. Sie verwenden hauptsächlich die Glykolyse, umgehen dann aber weitgehend ihre Mitochondrien, obwohl Sauerstoff vorhanden ist. Der Erste, der dieses Verhalten bemerkte, war Otto Warburg [153]. Diese Anpassung ermöglicht es den Mitochondrien, mehr Bausteine bereitzustellen, während die Geschwindigkeit der Glykolyse sehr stark durch den ATP-Bedarf reguliert wird.

ATP und sein Cousin GTP spielen jedoch in Krebszellen eine weitaus heiklere Rolle, die wir jetzt diskutieren werden.

Neuartige Krebstherapien werden nicht den Organursprung als Entscheidungsträger verwenden, wie es jetzt der Fall ist, sondern basieren auf der genomischen Landschaft des Krebses. Der Grund für diesen Paradigmenwechsel ist, dass Krebs eine genetische Krankheit ist. Alle unsere Zellen haben Kontrollen und Gegenmaßnahmen, um zu vermeiden, dass eine Gewebezelle plötzlich beginnt, sich zu teilen und nicht-funktionelles Gewebe zu bilden. Einige unserer Organe können sich jedoch regenerieren. Zum Beispiel wächst die Leber, wenn ein Leberlappen entfernt wird, zu ihrer ursprünglichen Größe zurück, aber nicht weiter. Die Epithelzellen des Darms werden ständig erneuert und werden dabei durch jüngere Zellen ersetzt, die sich die Zotten hinaufbewegen. Die Wundheilung ist ein weiteres Beispiel, bei dem sich Hautzellen teilen und Narbengewebe bilden. Andere Organe regenerieren sich nicht, wie wir es im Fall des Herzens und des Gehirns gesehen haben. Wenn es jedoch zu Hirnschäden kommt, können Astrozyten den Raum, der von toten Neuronen hinterlassen wird, beschlagnahmen und ersetzen. Infolgedessen ist die kontrollierte Zellteilung in unserem Körper ein normales Ereignis. Es wird normalerweise durch Zell-zu-Zell-Kontakte gestoppt, die ein weiteres Wachstum verhindern. Abgesehen von Immunzellen entfernen sich Gewebezellen nicht von ihrem Ursprung.

Warum sind Krebszellen anders? Das Genom ist in allen unseren Zellen gleich, aber die Gene, die in einem bestimmten Zelltyp aktiv sind, unterscheiden sich von Organ zu Organ. Dies wird verursacht durch kleine Modifikationen der DNA, und dadurch, wie die DNA in jedem Zelltyp verpackt ist, was ihre Zugänglichkeit und Ablesbarkeit verändert. Während der Embryonalentwicklung teilen und bewegen sich die Zellen ständig. In diesem Stadium gelten die Zellen jedoch als pluripotent, was bedeutet, dass sie unterschiedliche Schicksale haben werden und sich zu verschiedenen endgültigen reifen Zelltypen entwickeln können. Embryonale Stammzellen, die nach der Befruchtung einer Eizelle zu wachsen beginnen, können sich sogar zu jedem Zelltyp entwickeln. Sie sind omnipotent [154]. Wenn Zellen reifen und sich differenzieren, wird ein Teil des Genoms zum Schweigen gebracht und vergraben, und aktiv sind nur die Regionen des Genoms, die für die Funktionen des Gewebes benötigt werden. Auch innerhalb von Geweben findet eine weitere Spezialisierung statt. Dies verhindert jegliches Fehlverhalten, sobald sich die Zellen niedergelassen haben. Es wird angenommen, dass Krebszellen in einen pluripotenten Zustand zurückkehren, in dem sie ihren spezifischen Gewebeursprung vergessen, in andere Gewebe wandern und wachsen können. Indes, wie wird das ausgelöst?

Während unseres Lebens sind wir verschiedenen Gefahren ausgesetzt, die unsere DNA mutieren lassen können, wie kosmische Strahlung und toxische Verbindungen. Normalerweise wird dergleichen repariert, aber eben nicht immer. Infolgedessen akkumulieren sich Mutationen in den Zellen unseres Körpers, doch sind in jeder Zelle die Mutationen unterschiedlich, weil es sich um einen zufälligen Prozess handelt. Das Zellwachstum und die Zellteilung werden durch spezifische Hormone, sogenannte Wachstumsfaktoren, gesteuert, die abgesondert (sezerniert) werden, um die Zellteilung einzuleiten, zum Beispiel bei der Wundheilung oder bei der Regeneration der Leber. Wenn Wachstumsfaktoren sich bei der Empfangsdame anmelden, wird die Nachricht weiter übermittelt, und manchmal werden mehrere Kopien derselben Nachricht an verschiedene Stellen weitergegeben. Endstation innerhalb der Zelle ist eine Gruppe von Enzymen, die Proteinkinasen genannt werden und ATP benötigen. Wir sind ihnen schon einmal in der Leber begegnet, wo ATP von diesen Enzymen verwendet wurde, um ein Phosphat auf einem Zielprotein zu fixieren, das als Ein- oder Ausschalter fungiert oder Tore öffnet. In der Leber regulierte dies die Synthese und den Abbau von Glykogen. Beim Zellwachstum sind mehrere Proteinkinasen beteiligt, die wie eine Staffel funktionieren. Proteinkinase 1 setzt ein Phosphat auf Proteinkinase 2, die aktiviert wird und ein Phosphat auf Proteinkinase 3 setzt. Die endgültigen Ziele sind Proteine, die die Aktivierung großer Gruppen von Genen verändern, die an der Zellteilung beteiligt sind. Diese Zielproteine befinden sich normalerweise im Hauptteil der Zelle, dem sogenannten Zytoplasma. Das Anhängen eines Phosphats kann ein Signal sein, um sie in den Zellkern zu bewegen, wo sich die gesamte DNA befindet und wo sie beginnen können, bestimmte Gene zu aktivieren. Es stellt sich heraus, dass bei vielen Krebsarten spontane Mutationen aufgetreten sind, die eine bestimmte Proteinkinase ohne einen Anruf von der Empfangsdame aktivieren. Eine dieser Mutationen allein reicht selten aus, um eine Zelle in eine Krebszelle umzuwandeln. Normalerweise müssen mehrere Mutationen auftreten, zum Beispiel in Proteinen, die die Zellteilung unterdrücken, oder in Genen, die Schäden an der DNA reparieren. Sobald genügend Mutationen aufgetreten sind, werden Gruppen von Genen aktiviert, die normalerweise stumm und ausgeschaltet wären. Dies erklärt drei Beobachtungen. Erstens ist Krebs meist eine Krankheit älterer Menschen. Sie müssen Mutationen im Laufe Ihres Lebens ansammeln, bevor etwas passiert. Zweitens ist der Prozess zufällig, verschiedene Menschen entwickeln unterschiedliche Krebsarten. Drittens können Menschen für eine bestimmte Art von Krebs prädisponiert sein, wenn sie eine Mutation von ihren Eltern geerbt haben. Die meisten Mutationen treten in Zellen auf, die nicht Teil der Keimbahn sind, so dass die Mutationen nicht an die Nachkommen vererbt werden. Passiert das aber, starten die Nachkommen schon mit einer ersten problematischen Mutation. Brustkrebs ist ein klassisches

Beispiel, bei dem eine prädisponierende Mutation das Risiko für ihr Auftreten stark erhöht. Das Versprechen der personalisierten Medizin besteht darin, dass das Lesen des Genoms aus einer Krebsbiopsie dem Onkologen sagt, welche Medikamente für eine optimale Behandlung zu verwenden sind.

Ein erfolgreiches Beispiel ist ein Krebs namens chronische myeloische Leukämie (CML) [155,156]. Dieser seltene Krebs wird durch eine Umlagerung der Chromosomen verursacht, die als Philadelphia-Chromosom bekannt ist. Bei dieser Umlagerung tauscht ein Fragment von Chromosom 9 [w] die Plätze mit einem Fragment von Chromosom 22 aus. Dies ist eine der komplexeren Genommutationen, die auftreten können und normalerweise verhindert werden. Noch bizarrer ist, dass der Bruch und die Verschmelzung die Hälften zweier nicht verwandter Proteine zusammenbringt und ein chimärisches Protein erzeugen, das sich schlecht benimmt. Es erzeugt eine Proteinkinase, die immer eingeschaltet ist, anstatt schaltbar zu sein. Die beiden Proteine heißen BCR und ABL und die Chimäre ist daher BCR-ABL. Dies treibt die Proliferation in einer bestimmten Art von Blutzellen namens Granulozyten voran, was zu dieser Art von Leukämie führt. Könnte man das Protein ausschalten, würden die Zellen wieder normal. Im Jahr 2009 wurde der Lasker-DeBakey Clinical Medical Research Award an Brian Druker, Nicholas Lydon und Charles Sawyer (Abbildung 57) verliehen für die Entwicklung eines neuen Medikaments namens Gleevec, das den Zugang von ATP zum BCR-ABL-Protein blockiert.

---

[w] Die genetischen Anweisungen für eine funktionierende Zelle befinden sich nicht in einem kontinuierlichen DNA-Strang, sondern in 46 Strängen unterschiedlicher Länge, die Chromosomen genannt werden.

Abbildung 57 Die Entwickler von Gleevec, einem Krebsmedikament, das auf ein ATP-abhängiges Protein abzielt, das das Zellwachstum steuert. Von links: Brian Druker, Nicholas Lydon, Charles Sawyers (Wikimedia commons).

Dies hat einen tödlichen Krebs in eine beherrschbare chronische Erkrankung verwandelt, doch muss das Medikament für immer eingenommen werden. Obwohl alle Proteinkinasen ATP-Bindungsstellen haben, scheinen sie unterschiedlich genug zu sein, um die Erzeugung spezifischer Blocker zu ermöglichen. Die Entwicklung dieses Medikaments zeigte zwei wichtige Fortschritte. Erstens das Versprechen der personalisierten Medizin, dass ein bekannter genetischer Defekt mit einem maßgeschneiderten Medikament behandelt werden kann. Zweitens die Möglichkeit, Krebs mit einem Medikament in Schach zu halten, dadurch dass es einen Haupttreiber der Zellproliferation behindert.

In den meisten Fällen ist dergleichen jedoch weitaus schwieriger. 1982 entdeckten Robert Weinberg und Kollegen, dass das RAS-Gen bei bestimmten Krebsarten mutiert und aktiviert wurde [155]. Anschließend wurden RAS-Mutationen bei vielen weiteren Krebsarten identifiziert. Es wird angenommen, dass RAS eine der wichtigsten krebserregenden Mutationen bei 85% aller Krebsarten ist. Wenn RAS den Anruf von der Empfangsdame erhält, verwendet es kein ATP, um einem anderen Protein ein Phosphat hinzuzufügen. Stattdessen wird es von seinem Cousin GTP aktiviert, der ähnlich wie ATP für mehrere zelluläre Funktionen gebraucht wird. RAS muss jedoch nur GTP binden, um aktiv zu werden. Im Gegenteil, wenn es GTP zu GDP abbaut, beendet das die Aktivierung. Dann wird das GDP gegen ein anderes GTP ausgetauscht, weil es viel mehr GTP als GDP gibt, und der ganze Zyklus beginnt von vorne.

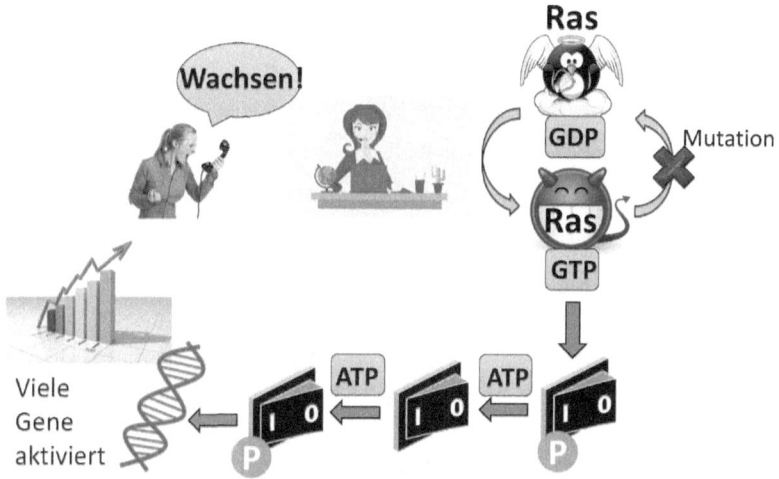

Abbildung 58 Permanente Aktivierung der Zellteilung durch Mutationen im Ras Gen. Das mutierte RAS-Protein wird nicht mehr abgeschaltet, weil es kein GTP spalten kann. Die nachfolgende Staffel von Proteinen, die durch ATP geschaltet werden, ist damit permanent angeschaltet und treibt die Zellteilung.

Der Spaltungsprozess ist langsam, so dass die Kinase für kurze Zeit aktiv bleibt. Die GTP-gebundene Form von RAS rekrutiert dann eine weitere Proteinkinase und überträgt dadurch das Signal. Was erforderlich ist, um dieses Signal ein- und auszuschalten, kann zu einer Falle werden. Wenn eine Mutation auftritt, die RAS unfähig macht, GTP zu spalten, wird es in der Position "Ein" gesperrt. Im Allgemeinen ist es viel wahrscheinlicher, dass Mutationen die Funktion eher zerstören, als etwas Neues und Nützliches zu schaffen. Es ist wie beim modernen Auto: versuchen wir, ein Teil selbst zu ändern, ist es wahrscheinlicher, dass wir die Dinge durcheinanderbringen, als das Funktionieren des Autos zu verbessern. RAS sitzt direkt am Anfang einer Boten-Staffel, die mehrere Proteinkinasen umfasst, die ATP verwenden, um die Zellproliferation voranzutreiben. Ist RAS permanent eingeschaltet, sind auch die Folgesignale permanent eingeschaltet. Auch hier führt nicht nur eine einzige Mutation zu einem bösartigen Krebs, weil es Kontrollen and Gegenmaßnahmen gibt, aber in Kombination mit einer Handvoll zusätzlicher Mutationen beginnt die Krebszelle zu wachsen, und sie schiebt funktionelle Zellen beiseite. Mutiertes RAS stellt eine ungünstige Situation für die Entwicklung von Medikamenten dar [157]. Die meisten Medikamente blockieren ein Enzym oder eine Empfangsdame, aber in diesem Fall ist das RAS-Protein bereits durch die Mutation blockiert, und zwar dauerhaft. In einem Auto tauschen Sie das fehlerhafte Teil gegen ein funktionierendes Ersatzteil aus. Das ist das Versprechen der Gentherapie, aber keine schnelle Lösung für eine Krankheit. GTP bindet stark an das RAS-Protein und wird nicht leicht von einem Medikament verdrängt. Hier kann gründliche Forschung Wege finden, das Problem zu umgehen. Neue Medikamente versuchen, das Verhältnis zwischen GTP- und GDP-Bindung zu verändern, das natürliche Recycling des RAS-Proteins zu erhöhen oder zu verhindern, dass es an die nachfolgenden Botenstaffeln andockt [158].

DAS Krebsheilmittel gibt es nicht, aber die Zukunft wird neue maßgeschneiderte Behandlungen für bestimmte Krebsarten bringen, die auf den Mutationen basieren, die seine Expansion vorantreiben. Es gibt jedoch noch ein weiteres großes Hindernis, das auch ATP involviert. Im vorigen Kapitel haben wir gehört, dass ATP-getriebene Pumpen uns vor Giftstoffen im Darm und an der Blut-Hirn-Schranke schützen. Diese Pflanzengifte sind chemisch vielfältig; und deshalb erkennen die Abwehrpumpen eine Vielzahl von Chemikalien. Leider beinhaltet das auch Chemikalien zur Behandlung von Krebs. In der Tat sind einige Chemotherapeutika pflanzliche Produkte. Es ist eine häufige Beobachtung bei der Behandlung von Krebserkrankungen, dass die erste Runde der Chemotherapie ziemlich gut vertragen wird, und die Wirkung ist fast ein Wunder. Der Krebs schrumpft und ist nicht mehr nachweisbar, und dem Patienten scheint es gut zu gehen. Es gibt einen guten Grund, warum die Krebstherapie zuweilen fünf, manchmal zehn Jahre lang durch diagnostische Untersuchungen nachverfolgt wird. Plötzlich taucht der Krebs wieder auf. Einige Zellen haben irgendwo im Körper überlebt. Noch wichtiger ist, dass die Überlebenden Zellen aus einer großen Gruppe von anfänglichen Krebszellen ausgewählt wurden, weil sie etwas resistenter gegen die Chemotherapie waren. Als die Chemotherapie beendet war, wuchsen sie langsam wieder heran, bis die diagnostische Untersuchung sie wieder detektiert. Zwei Dinge sind geschehen. Erstens haben sich die Zellen bewegt und sind in andere Gewebe eingedrungen, und zweitens sind sie resistenter gegen Chemotherapie, weil die Chemotherapie Zellen mit mehr Pumpen ausgewählt hat, die Giftstoffe ausstoßen, in diesem Fall die Krebsmedikamente. Eine neue Runde der Chemotherapie wird eingeleitet. Diesmal wieder erfolgreich, aber nicht so komplett wie am Anfang. Der Zyklus wiederholt sich und jedes Mal ist der Erfolg geringer. Was eine geniale Erfindung war, um uns vor Pflanzengiften in Lebensmitteln zu schützen, wird zu einem großen Hindernis, wenn wir Krebs behandeln wollen. Sogar Gleevec, die Wunderdroge, verblasst mit der Zeit. Diesmal mangelt es nicht an Forschung, die Arzneimittelresistenzpumpen werden seit Jahrzehnten untersucht. Aber es gibt eben nicht nur eine Pumpe, sondern mehrere.

Die beiden wichtigsten heißen P-Glykoprotein (P-gp) und Multiresistenzprotein 1 (MRP1) [159]. Das P-gp-Protein wurde von Victor Ling und Jack Riordan in Toronto identifiziert und das Gen 1986 von mehreren Gruppen isoliert. Das Gen für MRP1 wurde 1992 von Susan Cole identifiziert.

Die Rolle von ATP wurde festgestellt, nachdem beobachtet wurde, dass nach der Blockade der Energieproduktion in isolierten arzneimittelresistenten Krebszellen die Aufnahme mehrerer Medikamente mehr als hundertfach anstieg [160]. Die Rolle von ATP wurde später mit einem aufgereinigten Pumpenpräparat bestätigt. Die erstaunliche Vielfalt der Verbindungen, die von P-gp entfernt werden, wurde durch das Modell des "hydrophoben

Staubsaugers" erklärt. Hydrophob (wasserscheu) besagt, dass viele Medikamente nicht sehr wasserlöslich sind. Dies ist wichtig, damit sie die Seifenblasenbarriere, die Zellen umgibt, überwinden können. Während sie sich in der Barriere befinden, kann die Pumpe sie aufnehmen und wieder hinauswerfen. Infolgedessen kann die Pumpe jede Verbindung aufnehmen, die in die Seifenblasenbarriere eintauchen kann. Das Einzige, was die Pumpe nicht hinauswerfen darf, ist das Blasenmaterial selbst, das Membranlipide genannt wird. Die Evolution hat einen Weg gefunden, eine Medikamentenpumpe zu optimieren, die selektiv genug ist, um die Aufnahme von Lipiden aus der Membran zu vermeiden, und stattdessen jede andere Verbindung zu entfernen, die in diese Umgebung eindringt.

Inzwischen wurde die dritte Generation von Verbindungen entwickelt, um P-pg zu blockieren, und andere wurden entwickelt, um MRP1 zu blockieren [161]. Da die Pumpen auch das Gehirn schützen, kann Toxizität ein Problem darstellen. Darüber hinaus ist eine Kombinationstherapie erforderlich, aber die regulatorischen Hürden für klinische Studien mit gemischten unbekannten Verbindungen sind unglaublich hoch.

Die Krebsbekämpfung hat noch einen langen Weg vor sich, aber jedes Jahr gibt es Fortschritte für das eine oder andere Behandlungsschema.

11

Der Dämon unter dem Mikroskop

"Das Meer ist alles. Es umfasst sieben Zehntel des Erdglobus. Sein Atem ist rein und gesund. Es ist eine riesige Wüste, in der der Mensch nie einsam ist, denn er spürt, wie sich das Leben auf allen Seiten bewegt. Das Meer ist nur die Verkörperung einer übernatürlichen und wunderbaren Existenz. Es ist nichts als Liebe und Emotion; es ist das Lebendige Unendliche."
Jules Verne, Zwanzigtausend Meilen unter dem Meer.

Setzen Sie zwei Schiffe auf das offene Meer, ohne Wind oder Flut, und letztendlich werden sie zusammenkommen. Wirf zwei Planeten in den Weltraum, und sie werden aufeinander fallen. Platziere zwei Feinde inmitten einer Menschenmenge, und sie werden sich unweigerlich treffen; es ist ein Schicksal, eine Frage der Zeit; das ist alles.
Jules Verne.

Was ist Leben? Dies ist eine der faszinierenden Fragen, die viele Wissenschaftler herausgefordert hat. Die Frage ist eng verbunden mit einer anderen: Wie ist das Leben auf der Erde entstanden? Wir haben sogar Schwierigkeiten, "Leben" zu definieren. Wikipedia sagt: "Es gibt derzeit keinen Konsens über die Definition von Leben. Eine populäre Definition ist, dass Organismen offene Systeme sind, die Homöostase aufrechterhalten, aus Zellen bestehen, einen Lebenszyklus haben, einen Stoffwechsel durchlaufen, wachsen können, sich an ihre Umgebung anpassen, auf Reize reagieren, sich vermehren und entwickeln." Erwin Schrödinger, der die Gleichungen zur Erklärung der Reaktivität von Molekülen entwickelte, war einer der ersten modernen Naturwissenschaftler, die sich ernsthaft mit dem Thema beschäftigten. Sein Buch "What is life" inspirierte viele Wissenschaftler in der zweiten Hälfte des 20. Jahrhunderts, in die Lebenswissenschaft als neue Entdeckungsfront nach der Quantentheorie einzusteigen, insbesondere James Watson und Francis Crick. Ich gehöre sicher nicht zur Liga von Erwin Schrödinger oder anderen Nobelpreisträgern, indessen ist dieses Kapitel mein bescheidener Versuch, um mich dem Thema zu nähern.

Zumindest auf diesem Planeten enthält alles Lebendige ATP. Als Biochemiker würde ich die Definition vorschlagen, dass jedes System, das ATP autonom aufrechterhält, lebt. "Autonom" ist hier das Schlüsselwort. In einem berühmten Experiment stellte Ephraim Racker ein kleines experimentelles Modellsystem her, das eine lichtgetriebene Protonenpumpe (Säurepumpe) und den ATP-Sternmotor enthielt. Ich erinnere daran, dass ATP während der Rotationen des Sternmotors hergestellt wird und dass dieser von einer Protonenbatterie angetrieben wird. Als Ephraim Racker einen Lichtstrahl auf das System lenkte, machte es ATP, was Peter Mitchell's Konzept der ATP-Produktion bewies [162]. Dies bedeutete jedoch kein Leben, da Ephraim Racker die verschiedenen Komponenten isolieren und in Membranen einbauen musste. Außerdem musste er alle Chemikalien dem System zufügen, die er gekauft hatte. Folglich war das System nicht autonom.

Um den Unterschied zwischen künstlichen Systemen und Leben zu verstehen, finde ich es aufschlussreich, eine Zelle unter ein außergewöhnlich starkes Mikroskop zu legen. Ein solches Mikroskop gibt es noch nicht, aber um des Vergleichs willen wollen wir eine Zelle einmilliardenfach vergrößern. Das ist viel, denn es ist, als würde man ein 38 cm langes Lineal strecken, um den Mond zu erreichen. Auf dieser Skala hätte eine normale Zelle in unserem Körper einen Durchmesser von 10 bis 100 km. Wir sprechen von einer Großstadt. Die Stadt ist altmodisch und hat eine Mauer um sich herum, etwa fünf Meter breit. So wird vielleicht auch verständlich, warum ich die Zellmembran früher mit einer Seifenblase verglichen habe. Im Vergleich zur Stadt ist die Membran dünn, und man muss sich vorstellen, dass sie sich in allen drei Dimensionen erstreckt, ohne zusammenzubrechen. Genauer gesagt, ohne zu platzen, weil sie mit Wasser gefüllt ist und bersten würde, wenn die Natriumpumpe die Natriumionen nicht in einem fort herauspumpen würde. Für drei Dimensionen wird der Vergleich etwas gequält, so dass wir nunmehr eine dünne Scheibe der Zelle betrachten, um sie zweidimensional wie eine Stadtfläche zu machen. Die Bibliothek hat ein eigenes Viertel mit einem Durchmesser von 6 km und eine eigene Mauer, aber mit großen Toren, um den Verkehr herein- und hinauszulassen. Die Bibliothek ist bizarr, da die Buchstaben nicht wie in Büchern, sondern in großen Abwasserrohren von etwa 2 m Durchmesser angeordnet sind. Das ist unsere DNA. Jeder Buchstabe ist fast einen Meter lang, so dass nur zwei Buchstaben in das Rohr passen und etwa zehn Stück in 3 m Rohrlänge gestapelt sind. Aber die Rohre sind überall, einige fest zusammengerollt, andere bilden große Schlaufen. Man muss sich die Rohre flexibel vorstellen, und es gibt schwere Maschinen, die an den Schleifen arbeiten und Kopien der Buchstaben in den Röhren erzeugen. Die Kopien sind wie eine lange Kette von mehreren tausend Menschen, die sich an den Händen halten. Diese Kopien werden Botenribonukleinsäuren (mRNA) genannt. Die gesamte Menschenkette wird aus der Bibliothek in den Hauptteil der Stadt geführt. Hier geben sie gigantischen Robotern Anweisungen, Autos und Lastwagen zusammenzubauen. Eine Gruppe von drei Menschen weist die Roboter an, einen bestimmten Teil des Autos oder Lastwagens hinzuzufügen, der zusammengebaut wird. Um die Analogie zu übersetzen, nennen wir die Roboter Ribosomen und die

Autos und Lastwagen Proteine. Die Stadt ist sehr energiehungrig, weil sie mehrere Kraftwerke unterhält. Wie im wirklichen Leben sind Kraftwerke mit einem Durchmesser von 0,5 bis 1 km ziemlich groß. Es gibt viele Autos und Lastwagen in der Stadt, sie repräsentieren die Proteine. Der Verkehr ist hektisch. Man muss ihn sich in der Hauptpendelzeit vorstellen, LKW hinter LKW, Autos dazwischen und keine Regeln, keine Straßen und keine Schilder. Große Städte in Indien sind im Vergleich dazu ein Beispiel für Ordnung und Leere. Die ganze Bodenfläche ist asphaltiert, so dass Lastwagen und Autos einfach zufällig herumfahren. Aber das ist noch nicht alles. Nährstoffe wie Zucker und die Abbauprodukte, die wir zum Beispiel im Arc de Triomphe-Zyklus finden, hätten die Größe von kleinen Personen oder Tieren wie Katzen und Hunde. Zwischen den Lastwagen und Autos ist alles mit Menschen, Hunden und Katzen gefüllt, aber niemand wird verletzt, obwohl Autos, Lastwagen, Menschen, Hunde und Katzen ständig aufeinander stoßen - alle sind unzerbrechlich. Es ist jedoch eine Art Harry-Potter-Stadt. Wenn ein Mensch gegen den richtigen Lastwagen stößt, kann er in zwei Hunde umgewandelt werden, oder ein Hund wird in eine Katze verwandelt. Um den Wahnsinn weiter zu treiben, ist ein Wassermolekül bei dieser Vergrößerung so groß wie ein Fußball. Daher müssen wir die ganze Stadt mit Fußbällen bedecken, aber sie sollten durchscheinend sein und die Bewegung von Lastwagen und Menschen erleichtern. Wahrscheinlich stellt sich der Leser die Szene immer noch zu verschlafen vor. Während sich die Lastwagen in einem Tempo bewegen wie bei uns in der Hauptverkehrszeit, sausen Menschen, Hunde und Katzen mit 300-600 km/h ständig gegen Lastwagen und Autos. Die Wasserbälle sind noch schneller und fliegen mit Schallgeschwindigkeit herum, aber im zick-zack. Dies ist eine weitere Harry-Potter-Magie, die passiert, wenn man sich die Dinge unter einem gigantischen Mikroskop ansieht.

Jetzt müssen wir ATP ansprechen.

In den Kraftwerken wird ATP durch den Sternmotor produziert, der ein 20 m hohes Bauwerk ist. Die Größe von ATP wäre die einer großen Person. Diese Menschen können das Kraftwerk verlassen und überall bei der Arbeit helfen. Zum Beispiel werden die Mauern der Stadt ständig neu angeordnet. Wände werden verlängert, wölben sich, beulen sich aus und ein. Dann entstehen komplett mauerumschlossene Strukturen. Man denke an einen kleinen Zoo voller Tiere und Menschen. Solche Zoos bewegen sich auch, gezogen mit Hilfe von riesigen Kränen und Abschleppwagen, die ATP (menschliche Arbeit) verwenden. Schließlich erreichen die Zooinseln die Stadtmauer. Die Mauer wird geöffnet und mit der Zoomauer verbunden, um die Tiere aus der Stadt zu befreien. Es gibt sogar Krankenhäuser oder Autowerkstätten. Lastwagen und Autos, die nicht gut funktionieren, werden komplett zerlegt und von Grund auf neu aufgebaut.

Wir könnten mit dieser Analogie eine ganze Weile weitermachen, haben aber den Kern wohl deutlich gemacht: Auf der einen Seite ist es eine sehr dynamische Stadt, in der die Dinge ständig aneinanderstoßen, und wenn die Kombination richtig ist, passieren Umwandlungen. Auf der anderen Seite ist die Stadt sehr gut organisiert und unterteilt in Kraftwerke, Zoos, Bibliothek. Überall fliegen Dinge hin und her, aber sie können sich in eine bestimmte Richtung entwickeln, wenn die Nachfrage bestimmte Gruppen entfernt. Wenn zum Beispiel ein Hund in eine Katze umgewandelt wird, kann auch das Gegenteil passieren, eine Katze wird in einen Hund umgewandelt. Infolgedessen ist die Bevölkerung stabil. Wenn jedoch viele Hunde (Nährstoffe) in die Stadt kommen, werden mehr von ihnen umgewandelt, weil die Chancen höher sind, dass ein Hund in eine Katze umgewandelt wird, als umgekehrt, da es so viele neue Hunde gibt. ATP wird nur produziert, wenn es benötigt wird, sonst verlangsamt sich die Produktion. Es wird nicht viel Abfall produziert, überhaupt nicht viele Dinge ohne Zweck. Die Zelle wird jedoch nie ganz aufhören zu arbeiten. Es passiert immer etwas; es ist die ultimative Stadt, die niemals schläft.

Es gibt viele Informationen, die erforderlich sind, um die Organisation der Stadt aufrechtzuerhalten. Obwohl wir Informationen in unseren

Zellen immer mit dem Genom in Beziehung setzen, gibt es viele zusätzliche Informationen in der Zellstruktur. Die Mauer, Rohre, Zoos, Kräne, Lastwagen stellen alle strukturelle Informationen dar, die bei der Organisation einer Stadt helfen. Da Informationen der Schlüssel zum Verständnis des Lebens sind, müssen wir Informationen und ihre Rolle im Leben untersuchen.

Wir behalten unsere mikroskopische Betrachtung bei, nehmen als Analogie diesmal aber Schafe. Wir haben zwei Koppeln mit Schafen, die zufällig herumlaufen. Zwischen beiden Koppeln befindet sich ein Gatter (Abbildung 59). Diesmal ist ein Dämon anwesend, der das Tor schnell öffnen oder schließen kann. Der Dämon beobachtet die Schafe und öffnet das Tor, wenn sich ein Schaf dem Tor in Koppel 1 nähert, öffnet sie aber nie, wenn sich ein Schaf dem Tor in Koppel 2 nähert. Da sich die Schafe zufällig bewegen, werden einige durch das Tor gehen, wenn es sich kurz öffnet, aber nur von Koppel 1 nach 2, wegen des Dämons. Im Laufe der Zeit werden sich mehr Schafe in Koppel 2 ansammeln. Physikalisch gesehen hätte Koppel 2 jetzt einen höheren Druck (mehr Schafe pro Volumen), was eine Form von Energie ist.

Abbildung 59: Analogie, um die Energieerzeugung durch den Maxwell Dämon zu erklären. Der Dämon kontrolliert das Gatter zwischen Koppel 1 and 2. Der Dämon öffnet das Gatter nur für Schafe, die von Koppel 1 nach 2 wandern.

James Clark Maxwell (1831-1879) entwickelte dieses Gedankenexperiment, um auf ein potenzielles Problem in der sich entwickelnden Disziplin der Thermodynamik hinzuweisen. Die Thermodynamik war damals eine spannende Disziplin, weil sie die Dampfmaschine und die Umwandlung ihrer Energie in andere Energien erklären und verbessern konnte. Der Dämon könnte möglicherweise Dampf erzeugen, ohne Energie. Wir haben den zweiten Hauptsatz der Thermodynamik im ersten Kapitel dieses Buches diskutiert. Er besagt, dass sich Energie verteilt und nicht spontan an einem Ort aggregiert. Offensichtlich gibt es ein Problem mit Maxwells Dämon. Der Dämon wurde schließlich von Leo Szilard (1898-1964) und Leon Brillouin (1889-1969) ausgetrieben. Sie erkannten, dass der Dämon Informationen benötigt, wo sich die Schafe befinden, um die ungleiche Verteilung zu erzeugen. Um diese Informationen zu erhalten, ist Energie erforderlich [163]. Tatsächlich entspricht die Energie genau der Energie, die durch die Ansammlung von Schafen in Koppel 2 erzeugt wird. In seinem Gedankenexperiment ging Maxwell davon aus, dass das Tor ohne Reibung ist, so dass das Öffnen und Schließen keine zusätzliche Energie kosten würde. Das war schon immer etwas, das mich gestört hat. Gatter sind auf molekularer Ebene etwas anders als Koppelgatter. Die zellulären Gatter sind so winzig, dass sie immer spontan wackeln und sich öffnen und schließen. Wir erinnern uns an die sich schnell bewegenden Moleküle in unserer Stadtanalogie. Der Grund ist die Temperatur. Je höher die Temperatur, desto mehr rasseln die Moleküle. Wir erinnern uns auch an das erste Kapitel und die Darlegung, dass die Spaltung von ATP eine lokale Wärme erzeugt, die 3900°C entspricht. Das ist eine Menge Rasselei. Wenn die molekularen Tore ständig klappern, ist es genauso wahrscheinlich, dass Schafe von Koppel 1 zu Koppel 2 gehen wie in die entgegengesetzte Richtung. Dies ist vollkommen in Ordnung, kein Dämon erforderlich und kein Gradient, der aus dem Nichts hergestellt wurde. Um das Tor in eine bestimmte Richtung zu schieben oder zu halten, brauchen wir Energie, und wie wir in diesem Buch gesehen haben, verwenden alle unsere

Pumpen ATP zu diesem Zweck. Wir haben auch gesehen, dass unsere Tore Informationen enthalten. Wie bei einem Schloss passt nur ein bestimmter Schlüssel. Diese Informationen sind jedoch in keiner Richtung selektiv. Nehmen wir an, wir haben Schafe und Kühe, aber der Durchgang ist zu klein für die Kühe (Abbildung 60). Wenn wir eine gleiche Anzahl von Schafen und Kühen auf beiden Koppeln haben, wird nichts passieren, weil es gleichermaßen möglich ist, dass ein Schaf von Koppel 1 nach 2 oder umgekehrt geht. Die Information ist in das Tor eingebaut, aber es ist kein Dämon, der den zweiten Hauptsatz der Thermodynamik verletzen kann. Was passiert, wenn wir nur Schafe auf Koppel 1 und nur Kühe auf Koppel 2 haben? Wir werden schließlich auf beiden Seiten gleich viele Schafe haben, vorausgesetzt, die Koppeln sind groß genug, um beide Tiergruppen unterzubringen. Das ist, was auch in Wirklichkeit passiert, und es wird Osmose genannt. Es bewirkt, dass Pflanzen Festigkeit und Elastizität (Turgor) haben, wenn sie mit Wasser versorgt werden. Die Schafe folgen einfach dem Konzentrationsgradienten. Schließlich wird der Druck die Energie ausgleichen, die durch die ungleichmäßige Verteilung der Schafe und Kühe am Anfang bereitgestellt wird. Der Druck in unserer Analogie ist nur die höhere Anzahl von Tieren in Koppel 2.

Die Energie des Lebens

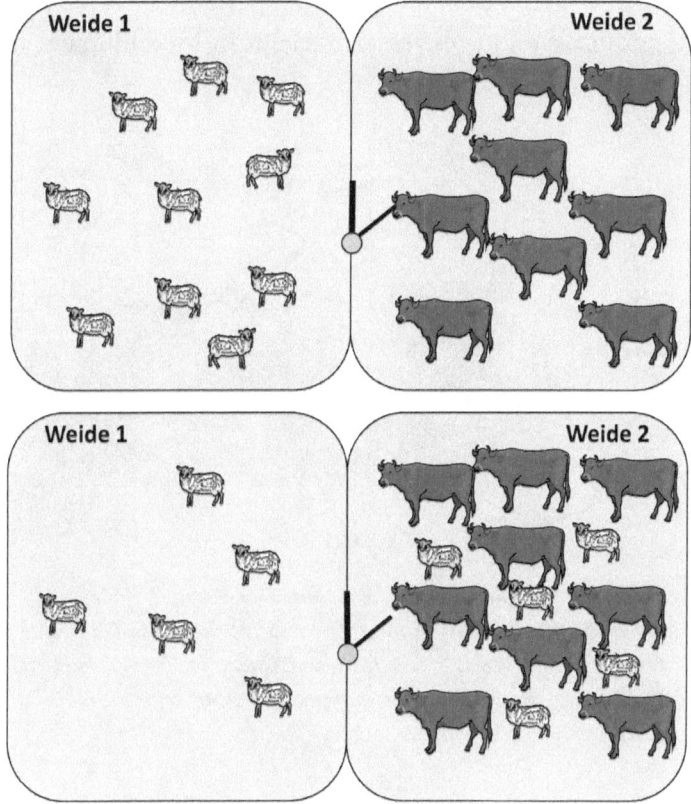

Abbildung 60 Ein selektives Gatter für Schafe zwischen zwei Koppeln verursacht eine Ansammlung von Tieren in Koppel 2, wenn man mit gleicher Anzahl von zwei verschiedenen Tieren beginnt.

Wir können jetzt unser Verständnis des Maxwell-Dämons verbessern. Wenn das Tor tatsächlich reibungsfrei ist, ist es nur die Information, die die Energiebilanz ausmacht. Wenn das Tor real ist, benötigen wir auch Energie, um das Tor in eine bestimmte Richtung zu drücken, z. B. ATP. Biologische Tore sammeln keine Informationen über die herumlaufenden Schafe, aber sie verwenden ATP, um das Tor in eine Richtung zu drücken, wenn ein Schaf versehentlich von der rechten Seite hereinkommt. Wenn das Schaf vom anderen Ende hereinkommt, passiert nichts, weil das Tor in diese Richtung gedrückt wird. Um sehr genau zu sein, gibt es den gelegentlichen

Ausrutscher wegen des ständigen Klapperns, das es einem Schaf ermöglicht, in die entgegengesetzte Richtung zu schlüpfen, aber das ist ein äußerst seltenes Ereignis.

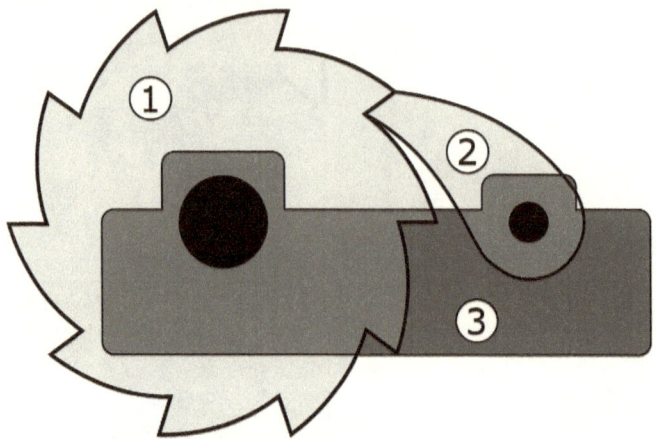

Abbildung 61: Eine Ratsche, 1 Zahnrad, 2 Raste, 3 Rahmen. In der makroskopischen Welt sorgt dieses Gerät dafür, dass nur eine Drehung gegen den Uhrzeigersinn stattfindet. In der molekularen Welt springt die Raste ständig auf und ab, wenn keine zusätzliche Energie verwendet wird.

Je mehr Energie wir investieren, desto unwahrscheinlicher ist der Ausrutscher. Wir können jetzt verstehen, warum makroskopische Ratschen, wie in Abbildung 61, auf molekularer Ebene nicht existieren. Die Raste würde wegen der thermischen Bewegung auf und ab springen. Infolgedessen kann die Ratsche in beide Richtungen gehen. Mit einer Zugabe von ATP könnten wir jedoch die Raste nach unten drücken, was eine Rotation gegen den Uhrzeigersinn begünstigen würde. Gleicherweise gibt es molekulare Ratschen, aber sie benötigen Energie [1]. Wir haben gesehen, dass ein Aufbau von Konzentrationsgradienten Energie und molekülinhärente (Gatter-inhärente) Informationen erfordert. Eine der Definitionen von Leben ist die Kompartimentierung eines Reaktionsraums, der eine konzentrierte Suppe spezifischer Moleküle hat, die miteinander reagieren. ATP steht im Epizentrum, wenn es um die Erzeugung von begrenzten Kompartimenten mit Konzentrationsgradienten geht. Die molekülinhärente Information ist in unserer DNA kodiert. Die Sequenz eines Gens kodiert die Anordnung der Aminosäuren (Perlen) in einem Protein. Wenn die Halskette von einer Nanomaschine zusammengesetzt wird, die Ribosom genannt wird, beginnt sie spontan, sich in ihre komplizierte Form zu falten, wegen der Anziehungskräfte zwischen den Aminosäuren und wegen des Ausschlusses von Wasser. Wenn die letzte Perle das Ribosom verlassen hat, ist die Form des Proteins vollständig. Einige größere Proteine oder Komplexe von Proteinen benötigen Hilfe bei der Faltung, aber im Großen und Ganzen ist es ein spontaner Prozess.

Noch einmal wollen wir unsere Stadtanalogie verwenden, aber wir beginnen weit zurück in der Geschichte, um die Entstehung von Leben und die Rolle, die Informationen dabei spielen, zu erklären. Nehmen wir an, dass die gesamte menschliche Gesellschaft einen Organismus darstellt und jeder Mensch ein Molekül ist. Anfangs haben wir Gruppen von Jägern und Sammlern, und sie interagieren auf einfache Weise: Lebensmittel austauschen, auf die Jagd gehen, einen primitiven Unterschlupf bauen. Der Unterschlupf könnte ein primitives Protein oder eine zelluläre Struktur sein. Es gibt nur begrenzte Informationen, die an die nächste Generation weitergegeben werden können: Wie man jagt, welche Pflanzen essbar sind, welche giftig sind, wie man ein Kind großzieht. Später werden Tiere domestiziert, und einige Pflanzen werden systematisch angebaut, um Nahrung zu liefern. Die Gesellschaft verwandelt sich vom Jäger-und-Sammler-Stadium in eine Agrargesellschaft. Jetzt gibt es viel mehr Informationen zu überliefern: Wann man Pflanzen aussät, wann und wie man erntet, wie man Lebensmittel konserviert, Tiere füttert, schlachtet... Es wird immer schwieriger, alle Informationen auf einmal weiterzugeben, so dass sich die Menschen spezialisieren. Darüber hinaus wird eine Form des Schreibens erforderlich, um Informationen weiterzugeben. Wie viel Weizen ist gelagert, wann wurde er geerntet, wie verarbeitet? Mit dem Schreiben beschleunigt sich der Fortschritt, und Siedlungen können sich in Städte verwandeln. Schließlich wird schriftliches Material systematisch gespeichert, zuerst auf Papyri, später in Büchern. Wenn die Produktivität steigt, haben manche Menschen Zeit, über Dinge nachzudenken, die für das Überleben nicht unbedingt wesentlich sind. Erfindungen werden gemacht, Werkzeuge generiert, um bei der Arbeit zu helfen, aber auch, um sich gegenseitig zu bekämpfen. Jede Erfindung wird dokumentiert, so dass sie für die Zukunft erhalten bleibt. Die industrielle Revolution beginnt. Dampfmaschinen werden produziert, Strom wird als neue Art von Energie genutzt, die in andere Energien wie Licht oder mechanische Energie umgewandelt werden kann. Innovative Ideen werden in wissenschaftlichen Zeitschriften veröffentlicht, die zwischen den Ländern ausgetauscht werden. Das beschleunigt die Entwicklung von Ideen und Erfindungen. Große Städte erscheinen mit komplexen Strukturen wie Kraftwerken, Abwassersystemen, Schulen, Krankenhäusern, und öffentlichen Verkehrsmitteln. Überstrukturen wie Regierungen und Firmen werden immer wichtiger. Man baut Flugzeuge, die 2,3 Millionen Teile enthalten. Eine einzelne Person könnte keinen Dreamliner zusammenbauen, aber eine große, organisierte Gruppe von Menschen mit Informationen kann es. Qualitätskontrolle und Funktionstests sind unerlässlich, um sicherzustellen, dass das Endprodukt funktioniert. Dies erfordert nicht nur die Gruppe von Menschen, die das Flugzeug zusammenbauen, sondern auch viele Personen, die die Teile und den Transport liefern, die die Teile in die Fabrik bringen. Darüber hinaus sind weitere Menschen bei Unternehmen beschäftigt, die Gehälter und Steuern ausrechnen, Personen für eine Beschäftigung auswählen und Fähigkeiten und Informationen für die Montage eines Flugzeugs auf dem neuesten Stand halten müssen.

Es gibt eine offensichtliche Ähnlichkeit zwischen einer komplexen menschlichen Gesellschaft und einem komplexen Organismus. Sie hilft zu erklären, wie sich ganz einfache Konglomerate von Molekülen (Menschen) zu komplexen Organismen (Gesellschaften, Städten, Ländern) zusammensetzen können, wenn eine Anleitung zur Verfügung steht, die an die nächste Generation weitergegeben werden kann. Die Analogie geht an einigen Stellen weit. Ich habe zum Beispiel erwähnt, dass die gesteigerte Produktivität den Menschen mehr Zeit gibt, über ihre Umwelt nachzudenken und innovative Ideen zu entwickeln. In der biologischen Sprache kann ein Gen zufällig dupliziert werden, und die zweite Kopie kann sich zu etwas Neuem entwickeln, ohne die Funktion des ursprünglichen Gens zu beeinträchtigen. Da unsere DNA die Informationen bewahrt und an die nächste Generation weitergibt, kann die Information verwendet werden, um durch Mutation, Genduplikation, Veränderung der Genaktivität und so weiter etwas Neues zu erzeugen. Ein klarer Unterschied demgegenüber ist die zielgerichtete Natur menschlicher Aktivitäten. Um das Flugzeug zusammenzubauen, suchen wir nach einem bestimmten Teil oder stellen es her und platzieren es dort, wo es hingehört. Im zellulären Leben hüpfen Moleküle herum, und wenn sie passen, werden sie akzeptiert. Selbst wenn DNA kopiert wird, springen alle Arten von Molekülen in die Maschinerie, passen aber nicht unbedingt. Erst wenn die richtigen Bausteine (die sogenannten Desoxynukleotide dATP, dCTP, dCTP und dTTP) kommen, passt eines von ihnen. Es ist, als würde man ein Puzzle zusammensetzen, indem man hektisch alle Teile in die Lücke wirft, bis eines passt. Die Energie der Freisetzung des an das Nukleotid gebundenen Phosphats verwendet die Natur, um sie zu verbinden und zur nächsten Position des Puzzles zu gehen und dasselbe noch einmal zu tun. Aus diesem Grund ist es wichtig, dass alle Moleküle so hektisch herumspringen und sich in der Zelle konzentrieren; und der Konzentrationsprozess erfordert ATP, wie wir bereits gesehen haben.

Somit haben wir inzwischen einen plausiblen Überblick darüber, wie das Leben im Laufe der Zeit komplexer wurde, sobald Informationen als DNA weitergegeben werden konnten. Indessen bleibt ein schwieriges Problem: der Anfang. Wie wurden Informationen überhaupt festgelegt. Und noch schwieriger: wie wurden Informationen abgerufen und verwendet? Die ersten Mikroorganismen, für die zuverlässige Fossilien verfügbar sind, wurden in der Pilbara-Region in Westaustralien gefunden. Sie wurden auf ein Alter von 3,5 Milliarden Jahren datiert. Wir gehen jedoch davon aus, dass sie ihre Informationen bereits in DNA gespeichert, RNA verwendet und Proteine auf Ribosomen hergestellt haben. In unserer Analogie ist das so, als würde man zu den alten Griechen zurückkehren, die bereits aufschrieben, was sie wussten, und einen gut organisierten Staat hatten. Woher wissen wir, dass Organismen vor langer Zeit schon so ausgeklügelt waren? Die Idee hier ist, dass, während viele alte Organismen ausgestorben sind, viele weiterhin gediehen und sich wenig veränderten, weil sie bereits ziemlich gut an ihre Umgebung angepasst waren. Bakterien sind Nachkommen primitiverer Lebensformen als ein Hund oder ein Mensch. Der Vergleich der DNA-Sequenzen vieler Vertreter des Lebens gibt uns eine Vorstellung von den Genen, die für einen Organismus essentiell sind, und diese sind oft relativ ähnlich selbst zwischen entfernt verwandten modernen Organismen, was darauf hindeutet, dass sie auch vor langer Zeit ähnlich waren. Einer der einfachsten Organismen, Mycoplasma genitalium, hat nur 482 Gene im Vergleich zu unseren 21000 und kann dennoch glücklich in der gemütlichen Umgebung unseres Genitaltraktes existieren.

Aber was ist, um an unseren Vergleich anzuknüpfen, das molekulare Äquivalent einer frühen Agrargesellschaft? Wie wir alle wissen, ist DNA ein Doppelstrang, so dass die Informationen gut erhalten und leicht dupliziert werden können. Es handelt sich dabei jedoch um ein starres und stabiles Molekül, das nicht für viel anderes verwendet werden kann. Wir wollen es auch nur zur Archivierung benutzen, um die Bibliothek nicht durcheinanderzubringen. Also kopieren wir die DNA-Information auf RNA und das ist ein viel flexibleres Molekül, das sich fast wie die Aminosäuren in einem Protein zusammenfalten kann. Wir haben diese sogenannte Boten-RNA als eine flexible Menschenkette vorgestellt. Es ist faszinierend, die Nanomaschine zu betrachten, die neue Proteine herstellt, das sogenannte Ribosom (Abbildung 62). Die helleren Spaghetti sind RNA, während das dunkle Zeug Protein ist. Dies ist ein sehr altes Protein/RNA-Komposit, das neue Proteine herstellen kann, vorausgesetzt, es steht eine zusätzliche Boten-RNA zur Verfügung, die wie ein Lochband in die Maschine eingespeist werden kann. Das Ribosom näht dann Perlen (Aminosäuren) in der angegebenen Reihenfolge zu einer Halskette zusammen. ATP oder allgemeiner die Nukleotide ATP, GTP, UTP, CTP stehen im Mittelpunkt dieser Maschine. Die gesamte ribosomale RNA besteht aus diesen vier Molekülen, die jeweils zwei Phosphate verlieren, wenn sie sich zu A-G-U-C zu verbinden. Sie bringen die Energie mit, um sich zu verbinden. Das Zusammenfügen der ribosomalen RNA passiert an einer anderen Proteinmaschine einer sogenannten RNA-Polymerase. Obwohl wir uns dem Beginn des Lebens nähern, ist es immer noch ein langer Weg, um ein Ribosom und all das Zeug, das damit einhergeht, herzustellen. Wir brauchen Aminosäuren, nicht als reine Aminosäuren, sondern in aktivierter Form, die an einem RNA-Molekül hängen. Wir brauchen viele Proteine, um das Ribosom zusammenzusetzen und mit dem Zusammennähen der Perlen zu beginnen. Wir brauchen auch viel Energie. Wir brauchen ATP, um die Aminosäuren auf das RNA-Molekül zu laden, und wir brauchen GTP, um das Ribosom entlang des mRNA-Moleküls marschieren zu lassen. Es ist wie ein dreiteiliges Ei-und-Huhn-Problem. Wir brauchen eine RNA, um ein Ribosom herzustellen, brauchen ein Ribosom, um ein Protein herzustellen und brauchen ein Protein, um die RNA herzustellen. Um unser Problem zu vereinfachen, können wir weiter zurückgehen und Proteine ganz loswerden und uns auf zusammengerollte RNA verlassen, um Reaktionen zu katalysieren, einschließlich des Zusammennähens von Nukleotiden, um RNA herzustellen. Dies ist möglich, RNA-Enzyme oder Ribozyme sind seit einiger Zeit bekannt.

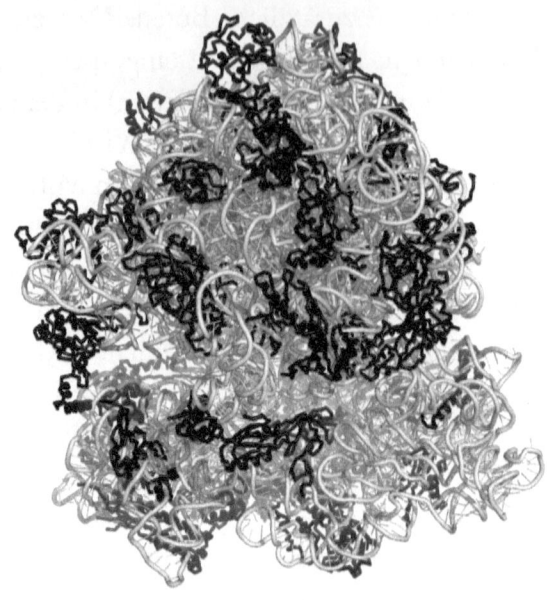

Abbildung 62: Struktur des Ribosoms. Diese Nanomaschine besteht aus RNA (hell) und Protein (dunkel). Beide spielen eine entscheidende Rolle in seiner Funktion.

Tatsächlich ist das Ribosom auch ein Ribozym [164,165]. Wie von Thomas Cech und Sidney Altmann entdeckt, schneiden und spleißen die Ribozyme hauptsächlich RNA und DNA, aber sie können im Labor entworfen werden, um auch andere Reaktionen zu erleichtern. Erwähnenswert ist die Möglichkeit, RNA-Moleküle zu modifizieren, um beim Schneiden von DNA zu helfen. Diese Technologie, bekannt als CrispR/Cas9, wurde von Jennifer Doudna und Emmanuelle Charpentier [166] entdeckt. Thomas Cech und Sidney Altmann erhielten 1989 den Nobelpreis, Jennifer Doudna und Emmanuelle Charpentier den Nobelpreis im Jahr 2020. Ribozyme sind nicht so gut wie Proteine bei der Umwandlung von Hunden in Katzen, so dass sie verschwanden, sobald bessere Alternativen verfügbar waren. Um eine Bibliothek zu generieren, sind sie jedoch durchaus geeignet. Wenn die Oberfläche eines anderen RNA-Moleküls die Vorlage sein könnte, um Nukleotide in der richtigen Reihenfolge zusammenzunähen, könnte dies zu einer unkomplizierten

Möglichkeit werden, Informationen an die nächste Generation weiterzugeben. Darüber hinaus könnte ein freies Nukleotid in eine Lücke eines RNA-Moleküls passen, das als Katalysator wirkt, um ein solches Molekül zu modifizieren. Somit kann RNA sowohl Information als auch Enzym sein. Mittels Evolution im Reagenzglas ist es möglich, Ribozyme zu entwickeln, die langsam Nukleotide zu kurzen RNA-Stücken zusammenbauen [167].

Dieses Szenario wird als RNA-Welt bezeichnet [168]. Es gibt immer noch viele unerklärliche Dinge in der RNA-Welt, aber es ist ein plausibles früheres Szenario des aufsteigenden Lebens. Wie sind Nukleotide aus dem Durcheinander organischer Moleküle entstanden? [167] Wie wurden Nukleotide miteinander verkettet? Wie wurde die RNA kopiert? Wie hat die natürliche Selektion zu einem funktionsfähigen Organismus geführt? [169] Selbst wenn sie eine Suppe aus ATP, GTP, UTP und CTP haben, wird nicht viel passieren. Sie verbinden sich nicht miteinander, weil es viel wahrscheinlicher ist, nur ein oder zwei Phosphate freizusetzen und Wärme zu erzeugen. Infolgedessen ist die RNA-Welt bereits das Äquivalent der Agrargesellschaft, und wir müssen zum Jäger-Sammler-Äquivalent zurückkehren.

Dies bringt uns zurück zum Stoffwechsel, wo wenig Informationen benötigt werden, um einfache Reaktionen durchzuführen. Wir wissen, dass Sauerstoff auf der Erde erst erzeugt wurde, nachdem sich photosynthetische Bakterien entwickelt hatten. Die ursprüngliche Atmosphäre enthielt Kohlendioxid, Methan, Wasserstoff, Stickstoff und einige andere Gase. Unter diesen Bedingungen könnten sich Cyanid und Formaldehyd gebildet haben, die sehr reaktive Moleküle sind. Harold Urey (1893-1981) und Stanley Miller (1930-2007) führten 1952 das klassische Experiment durch, bei dem Aminosäuren in einer Uratmosphäre und Suppe mit Hilfe von elektrischen Funken synthetisiert wurden. Damit begann ein ganzes Forschungsfeld. Seitdem wurden zahlreiche Experimente durchgeführt, um Reaktionen unter den Bedingungen der frühen Erde, der sogenannten Ursuppe, durchzuführen. Juan Oro (1923-2004) und A. P. Kimball gelang es dann, Adenin zu synthetisieren. Die Synthese von Zuckern wurde ebenfalls erreicht, aber der knifflige Teil besteht darin, sie zu einem Nukleotid zusammenzusetzen [169].

Die Erde bildete sich vor 4,6 Milliarden Jahren, aber in den ersten 800 Millionen Jahren war sie der Entstehung von Leben nicht förderlich. Das lässt "nur" etwa 300 Millionen Jahre für die Ursuppe übrig, um etwas Nützliches zu produzieren. In Abbildung 63 habe ich drei Moleküle verglichen. Eines ist ATP, das andere ist Eulers Koferment (NADH) und das dritte heißt Coenzym A. Wir sind auf Coenzym A als Einstiegsbeschleuniger für das Radrennen Arc de Triomphe gestoßen. Es wurde von Fritz Lipmann entdeckt. Es ist kein Zufall, dass alle drei Moleküle, die für den Abbau von Nährstoffen und die Erzeugung von ATP unerlässlich sind, auf demselben Grundgerüsst, nämlich ADP, aufgebaut sind. Und dieses Grundgerüsst wird auch noch benutzt, um DNA und RNA zu bilden. Offensichtlich gab es ein ursprüngliches Molekül, das sich spontan veränderte und dann weitere Aufgaben übernehmen konnte. Welche Reaktion könnte die passenden Moleküle erzeugt haben? Wir benötigen Energie, um solche Moleküle herzustellen, doch sind solche Ökosysteme in heißen Quellen verfügbar. Ein weiteres Problem ist die Verfügbarkeit von Phosphat. Es gibt viel Phosphat auf unserem Planeten, aber es ist typischerweise in Mineralien gebunden, die sich nicht in Wasser auflösen. Das umgekehrte Problem trifft auf Kalziumionen zu. Davon gibt es viel, aber sie gehen nicht gut mit ATP zusammen. Sobald ATP für die Energieversorgung benutzt wird, müssen Kalziumionen ausgeschlossen werden, damit sich keine unlöslichen Komplexe bilden [170].

In Abwesenheit von Sauerstoff greift das Leben auf einen einfacheren Lebensstil zurück, der Fermentation genannt wird. Die Fermentierung bedarf viel weniger Gene. Der Harnstoffzyklus, den wir bei der Diskussion über die Rolle von ATP in der Leber getroffen haben, kann in einen linearen einfachen Fermentationsweg umgestaltet werden, der mit Arginin beginnt und ATP aus ADP herstellen könnte. L.H. Stickland fand 1934 eine Reaktionsreihe, bei der eine Aminosäure hilft, eine andere Aminosäure umzuwandeln. Bei dieser Reaktion können Elektronen den Besitzer wechseln, ohne dass Sauerstoff beteiligt ist. In einem lebenden Organismus können wir mit dieser Reaktion ATP herstellen. Dabei kann es sich um einfache Aminosäuren wie Glycin handeln, die in reichlicher Menge in einer Ursuppe ohne jegliches Leben erzeugt werden können. In lebenden Organismen sind NADH, ATP und Coenzym A beteiligt, die Reaktionen erleichtern. So sind ATP und seine Cousins gleich zu Beginn des Lebens zu finden. Es war jedoch nicht möglich, ATP unter Bedingungen zu erzeugen, die die Ursuppe nachahmen. Die Verkettung mehrerer Nukleotide zu einer kurzen RNA ist ebenfalls schwierig, da Wasser die Spaltung der resultierenden Moleküle begünstigt. Dennoch wurden kurze RNA-Stücke erzeugt, die auf leicht anderen Nukleotiden basieren als die, die wir heute kennen [169].

Tiefseeschlote gelten seit geraumer Zeit als Orte, an denen Leben hätte entstehen können. Insbesondere hydrothermale Felder, die "untergegangene Städte" genannt werden, bieten eine Umgebung, in der Methan, Wasserstoff und Wärmeenergie reichlich vorhanden und stabil sind [171]. Die Chemie könnte etwas anders funktioniert haben, indem Schwefelwasserstoff Reaktionen erleichterte. Günter Wächtershäuser entwickelte mehrere Reaktionen, um die Erzeugung früher Biomoleküle zu erklären [172]. Er schlug auch vor, dass der Stoffwechsel vor der Erzeugung der RNA-Welt stattfand. Es gibt heute eine reiche bakterielle Umgebung in Tiefseeschloten, die diese Energiequellen nutzen. Ihr Stoffwechsel ist ähnlich dem der vermuteten ältesten Bakterien [173]. Es gibt viel Energie und Wasserstoff, der zusätzlich zu Kohlendioxid benötigt wird, um organische Moleküle zu erzeugen. Es wurde ein einfacher Weg der Kohlendioxidfixierung entdeckt, der die in Abbildung 63 dargestellten Schlüsselmoleküle nutzt. Dies ist ein weiterer zyklischer Weg, der ein Molekül aus zwei Kohlenstoffen erzeugt, das reaktiv genug ist, um weitere Biomoleküle zu erzeugen [174]. Der Einbau von Kohlendioxid in ein organisches Molekül ist jedoch energetisch kostspielig und erfordert immer ATP, da Kohlendioxid ein so stabiles Molekül ist. Es ist jedoch möglich, dass Kohlenmonoxid, das viel reaktiver ist, eine Alternative bieten könnte.

Als weitere Möglichkeit eines frühen Stoffwechselweges wurde auch ein umgekehrter Arc de Triomphe-Zyklus vorgeschlagen [172,175], aber auch für unwahrscheinlich erklärt wegen seiner Chemie [176].

Die Schlote bieten auch signifikante pH-Gradienten zwischen dem Inneren der Schlote das alkalisch ist, und dem Meerwasser, das leicht sauer ist. Dies könnte die Grundlage für die chemiosmotische ATP-Produktion bilden [173], aber es ist unklar, wie die Proteine erzeugt würden, um die Reaktionen auszulösen.

Ribose, der Zucker, der in DNA, RNA, ATP, NADH und Coenzym A vorkommt, ist jedoch bei höheren Temperaturen ziemlich instabil. Die Phosphatbindung, die für das Leben so wichtig ist, wie wir gesehen haben, auch ziemlich instabil.

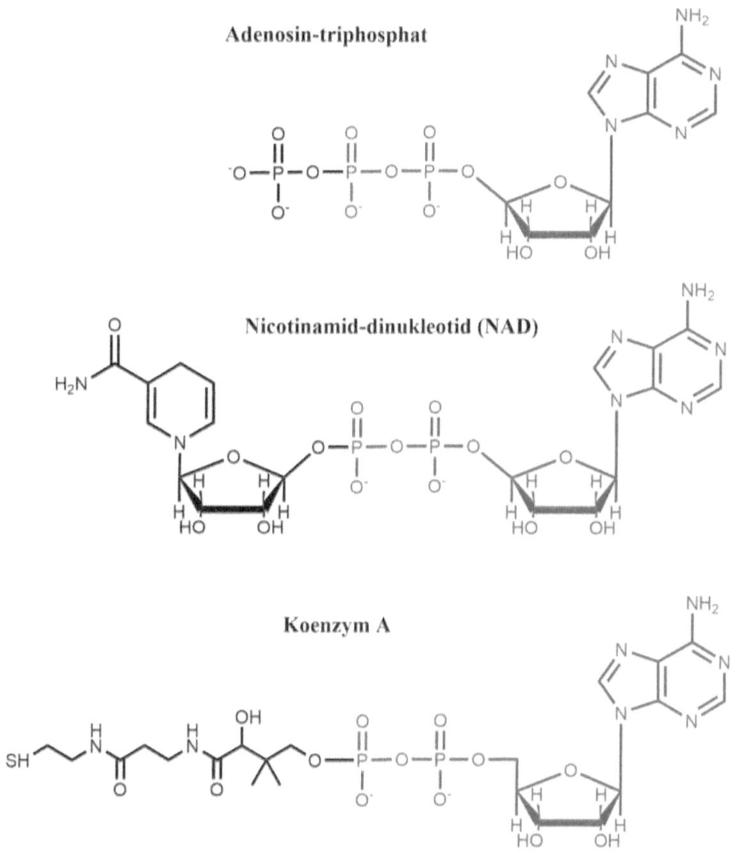

Die Energie des Lebens

Adenosin-triphosphat

Nicotinamid-dinukleotid (NAD)

Koenzym A

Abbildung 63: Alte Cofaktoren, die die wichtigsten chemischen Reaktionen in Organismen katalysieren.

Ein weiteres schwieriges Problem ist die Membran um Zellen [177]. Wie wir gesehen haben, ist sie wichtig, um hohe lokale Konzentrationen von Reaktionspartnern zu ermöglichen, aber gleichzeitig ist sie eine Barriere. Es bedarf Gatter in der Membran, um Nährstoffe selektiv ein- und auszulassen, aber dafür sind bereits Proteine erforderlich. Es ist nicht möglich, ein RNA-Molekül durch eine Membran zu schleusen. Eine andere Lösung ist, dass das Leben in heißen Quellen an Land entstand, wie im Yellowstone-Nationalpark. Es gibt viel Energie, aber auch einen beengten Reaktionsraum. Schlamm kann austrocknen und dann wieder rehydrieren. Solche Zyklen können die Erzeugung von Polymeren erleichtern. David Deamer gelang es, Nukleotide unter plausiblen Ursuppen-Bedingungen zu polymerisieren, die membranumschlossene Strukturen beinhalten [178]. Die Bedingungen sind halbwegs plausibel, denn im Labor müssen Wissenschaftler Prozesse, die Tausende von Jahren gedauert haben, auf Tage komprimieren. Insbesondere vermied er die Benutzung von ATP oder seiner Brüder GTP, UTP und CTP, sondern benutzte AMP das keine reaktiven Phosphate enthält.

Das löst, wenigstens zum Teil, eines der größten Rätsel der Entstehung des Lebens. Die hochenergetische Bindung in ATP ist anfällig für Spaltungen, da sie einen hohen Energiegehalt aufweist und die Produkte viel stabiler sind. Das Vorhandensein von Wasser erleichtert die Spaltung. Aber in einer Umgebung, in der die Wasseraktivität reduziert wird, wie z.B. einen Teich, der austrocknet und sich dann wieder mit Wasser füllt können AMP oder verwandte Moleküle zusammengeknüpft werden. Periodisch sich ändernde Reaktionsbedingungen sind wahrscheinlich für die Erzeugung von Leben unerlässlich, da sie die Energie liefern können, die erforderlich ist, um die Tendenz zur Erhöhung der zufälligen Verteilung zu überwinden. Wir haben auch gesehen, dass wir Informationen brauchen, um Leben zu erzeugen. Das könnten zunächst strukturierte Oberflächen besorgen, die bestimmte Reaktionen erleichtern könnten. Wir haben gesehen, dass ein Schloss und ein Schlüssel genügend Informationen liefern können, um einen Konzentrationsgradienten zu generieren, wenn Energie bereitgestellt wird.

Der Sprung zur Beteiligung eines ATP-ähnlichen Moleküls ist der nächste Schritt, um dem Verständnis der "Lebens" näherzukommen. Vielleicht führt er durch Zyklen von trocken und nass. Aber dann muss immer noch die Frage der Zellmembran beantwortet werden.

Die einfachen Fermentationsreaktionen sind wahrscheinlich die Analogie zur Jäger-und- Sammler-Gesellschaft. Aber es ist ein

Die Energie des Lebens

großer Sprung zur Benutzung von ATP- oder AMP-ähnlichen Molekülen. Der nächste Schritt, das Zusammenknüpfen, brauchte dann Zyklen von Trockenheit und Nässe. Danach brauchen wir noch eine Membran um das Ganze.

Schließlich und am wichtigsten ist, dass wir den Maxwell-Dämon (auch bekannt als Information) brauchen, um Strukturen aufzubauen, die der nächsten Generation primitiven Lebens zugedacht werden können. Es ist ein schwieriges Problem, das vorerst ungelöst bleibt. Dennoch entwickeln Forscher Schritt für Schritt mögliche Schemata. Was wir wissen, ist, dass die heute vorliegenden Schemata funktionieren und dass es 300 Millionen Jahre gedauert hat, um die zugrunde liegenden Funktionen zu entwickeln, die wir heute im Labor beschleunigt nachvollziehen können. ATP steht ganz am Anfang. Vielleicht gab es chemisch ähnliche Vorläufer, die als Kofermente an Oxidationen und Reduktionen beteiligt waren [173]. Sobald es RNA gab, muss es aber auch Nukleotide gegeben haben.

Wenn sich irgend/anderswo im Universum auf einem blauen Planeten Leben entwickelt haben sollte, wofür wir bislang keine Beweise haben, gäbe es da auch ATP? Nicht unbedingt. Schließlich haben auch andere Moleküle energiereiche Bindungen und könnten ATP ersetzen. Die organische Chemie hat viele feste Regeln, wie Moleküle miteinander reagieren können, und es scheint nicht unwahrscheinlich, dass ähnliche Moleküle wie Aminosäuren und organische Säuren im extraterrestrischen Leben wirksam wären. Somit könnte sich Leben auch anderswo in Universum entwickelt haben. Das spielt jedoch für uns keine Rolle. Wir müssen immer noch herausfinden, wie sich das Leben auf diesem Planeten entwickelt hat, und wir wissen immerhin, dass ATP gleich zu Beginn dabei war.

Epilog

Australier sagen gerne: "Es gibt kein kostenloses Mittagessen", und ich stimme von ganzem Herzen zu. Wenn das Mittagessen serviert wird, hat zuvor eine Kuh viel ATP aufgewendet, um das Rindfleisch bereitzustellen. Die Pflanzen haben ATP eingesetzt, um das Gemüse hervorzubringen. Und viele Leute haben mit Hilfe von ATP die Zutaten zu besorgen und die Mahlzeit zuzubereiten. Wir könnten also den australischen Spruch abwandeln zu: "Es gibt kein Mittagessen ohne ATP." Gleichermaßen gilt die Weisheit für das Leben überhaupt: "Es gibt kein kostenloses Leben. Zumindest kostet es eine Menge ATP."

Ich hoffe, ich habe mich für ATP ausgesprochen. Es verdient ein eigenes Buch, und selbst Nicht-Experten werden seine entscheidende Rolle für das Leben auf der Erde, wie wir es kennen, zu schätzen wissen. Ich war überrascht, wie viele Nobelpreise von ATP berührt wurden oder direkt ATP betreffen. Die Bekanntgabe der Nobelpreisträger jedes Jahr im Oktober schlägt für einen kurzen Moment eine Brücke zwischen Wissenschaft und Öffentlichkeit. Die Medien eilen herbei, um zu erklären, was da geschafft oder geschaffen wurde, aber die Nachrichten verblassen schnell. Indem wir aber die Anlässe so vieler Nobelpreise einmal verbinden, können wir vielleicht schätzen lernen, wie sich die Wissenschaft entwickelt. Viele der Preise in der ersten Hälfte des 20. Jahrhunderts wurden für grundlegende Erkenntnisse ohne kommerzielles Interesse vergeben. In der zweiten Hälfte des 20. Jahrhunderts änderte sich dies dramatisch. Wir haben uns medizinische Bildgebung und Blockbuster-Medikamente angesehen. Viele wichtige Entdeckungen wurden nicht mit Nobelpreisen gewürdigt und haben dennoch das Leben vieler Menschen verändert. Die Analogie der Entwicklung der menschlichen Gesellschaft als eines komplexen Organismus' zeigt, wie wichtig die Vererbung von Informationen ist. Das erlaubt uns die Entropie lokal zu verringern und komplexe Strukturen zusammenzubauen. Aber das geht nur, weil wir die Entropie unserer Umgebung erhöhen. Abbildung 64 zeigt mich neben Ludwig Boltzmann im Innenhof der Universität Wien. Ludwig Boltzmann etablierte das Verhältnis zwischen Ordnung und Entropie. Wie wir gesehen haben, wird Energie benötigt, um Informationen zu erzeugen und zu speichern. Auf unserem Planeten ist ATP unerlässlich und steht überall und jederzeit bereit, um genau das zu tun.

Abbildung 64: Der Autor neben einer Skulptur von Ludwig Boltzmann im Innenhof der Universität Wien.

Referenzen

1 Hoffmann, P. M. *Life's Ratchet*. (Basic Books, 2012).
2 Schatz, G. *Feuersucher*. (Wiley-VCH, 2011).
3 Brown, G. *The energy of life*. (Harper Collins Publishers, 1999).
4 McElroy, W. D. The Energy Source for Bioluminescence in an Isolated System. *Proc Natl Acad Sci U S A* **33**, 342-345 (1947). https://doi.org:10.1073/pnas.33.11.342
5 Ball, E. G. in *A symposium on respiratory enzymes, Madison, The University of Wisconsin Press*.
6 Bell, M. S. *Lavoisier in the Year One: the Birth of a New Science in an Age of Revolution*. (WW Norton & Company, 2005).
7 Culotta, C. A. Tissue oxidation and theoretical physiology: Bernard Ludwig, and Pfluger. *Bulletin of the History of Medicine* **44**, 109-140 (1970).
8 Holmes, F. L. *Between biology and medicine: The formation of intermediary metabolism*. Vol. 12 (University of California Office for History of Science and Technology, 1992).
9 Liebig, J. Ueber die Bestandtheile der Flüssigkeiten des Fleisches. *Justus Liebigs Annalen der Chemie* **62**, 257-369 (1847). https://doi.org:https://doi.org/10.1002/jlac.18470620302
10 Holmes, F. L. Elementary Analysis and the Origins of Physiological Chemistry. *Isis* **54**, 50-81 (1963). https://doi.org:Doi 10.1086/349664
11 Holmes, F. L. Claude Bernard, the milieu interieur, and regulatory physiology. *Hist Philos Life Sci* **8**, 3-25 (1986).
12 Lagerkvist, U. *Enigma Of Ferment, The: From The Philosopher's Stone To The First Biochemical Nobel Prize*. (World Scientific, 2005).
13 Buchner, E. Alkoholische Gährung ohne Hefezellen. *Berichte der deutschen chemischen Gesellschaft* **30**, 117-124 (1897). https://doi.org:https://doi.org/10.1002/cber.18970300121
14 Harden, A. & Young, W. J. The alcoholic fermentation of yeast-juice. *Proc. R. Soc. Lond. B* **77**, 405-420 (1906). https://doi.org:https://doi.org/10.1098/rspb.1906.0029
15 Harden, A. & Young, W. J. The alcoholic ferment of yeast-juice. Part III.- The function of phosphates in the fermentation of glucose by yeast-juice. *Proc. R. Soc. Lond. B.* **80**, 299-311 (1908). https://doi.org:https://doi.org/10.1098/rspb.1908.0029

16 NobelPrize.org. *Arthur Harden – Biographical*, <<https://www.nobelprize.org/prizes/chemistry/1929/harden/biographical/>> (2022).
17 Nachmansohn, D. Biochemistry as part of my life. *Annu Rev Biochem* **41**, 1-28 (1972). https://doi.org:10.1146/annurev.bi.41.070172.000245
18 NobelPrize.org. *Otto Warburg – Biographical*, <<https://www.nobelprize.org/prizes/medicine/1931/warburg/biographical/>> (2022).
19 Peters, R. A. Otto Meyerhof, 1884 - 1951. *Obit. Not. Fell. R. Soc.* 9 *174–200* (1954). https://doi.org:http://doi.org/10.1098/rsbm.1954.0013
20 States, D. M. Otto Meyerhof and the Physiology Institute: the Birth of Modern Biochemistry. *NobelPrize.org* (2021).
21 Emmerich, M. Cells flexing their muscles. *Max Planck Research* **1**, 86-87 (2009).
22 Parnas, J. Obituary Prof. G. Embden. *Nature*, 994-995 (1933).
23 Fletcher, W. M. & Hopkins, F. G. Lactic acid in amphibian muscle. *J Physiol* **35**, 247-309 (1907). https://doi.org:10.1113/jphysiol.1907.sp001194
24 Young, F. G. Claude Bernard and the discovery of glycogen; a century of retrospect. *Br Med J* **1**, 1431-1437 (1957). https://doi.org:10.1136/bmj.1.5033.1431
25 Embden, G. & Zimmermann, M. Über die Chemie des Lactacidogens. *Biol. Chem.* **167**, 114 (1927).
26 Parnas, J., Oostern, P. & Mann, T. Linkage of Chemical Changes in Muscle. Nature 134, 1007 (1934). https://doi.org/10.1038/1341007a0. *Nature*, 1007 (1934).
27 Eggleton, P. & Eggleton, G. P. The Inorganic Phosphate and a Labile Form of Organic Phosphate in the Gastrocnemius of the Frog. *Biochem J* **21**, 190-195 (1927). https://doi.org:10.1042/bj0210190
28 Fiske, C. H. & Subbarow, Y. The Nature of the "Inorganic Phosphate" in Voluntary Muscle. *Science* **65**, 401-403 (1927). https://doi.org:10.1126/science.65.1686.401
29 Hill, A. V. The revolution in muscle physiology. *Physiological Reviews* **12**, 56-67 (1932).
30 Embden, G., Hirsch-Kauffmann, H., Lehnartz, E. & Deuticke, H. J. Über den Verlauf der Milchsäurebildung beim Tetanus. *Biological Chemistry* **151**, 209-231 (1926). https://doi.org:https://doi.org/10.1515/bchm2.1926.151.4-6.209
31 Lohmann, K. Über die pyrophosphatfraktion im muskel. *Naturwissenschaften* **17**, 624-625 (1929).
32 Fiske, C. H. & Subbarow, Y. Phosphorus compounds of muscle and liver. *Science* **70**, 381-382 (1929).
33 Mukheerjee, S. *The Emperor of all Maladies*. 30-31 (Scribner, 2010).
34 Meyerhof, O., Lohmann, K. & Meyer, K. Über das Koferment der Milchsäurebildung im Muskel. *Biochem. Z.* **237**, 437-444 (1931).

35 Embden, G., Deuticke, H. J. & Kraft, G. Über die intermediären Vorgänge bei der Glykolyse in der Muskulatur. *Klinische Wochenschrift* **12**, 213-215 (1933).
36 Meyerhof, O. 337 (Nature Publishing Group, 1933).
37 Maruyama, K. The Discovery of Adenosine-Triphosphate and the Establishment of Its Structure. *Journal of the History of Biology* **24**, 145-154 (1991).
38 Negelein, E. & Brömel, H. *Biochem Z.* **301**, 135 (1939).
39 Lohmann, K. Über die enzymatische Aufspaltung der Kreatinphosphorsäure; zugleich ein Beitrag zum Chemismus der Muskelkontraktion. *Biochem. z* **271**, 264-277 (1934).
40 Lipmann, F. Metabolic generation and utilization of phosphate bond energy. *Advances in enzymology and related areas of molecular biology* **1**, 99-162 (1941).
41 Lipmann, F. A long life in times of great upheaval. *Annu Rev Biochem* **53**, 1-33 (1984). https://doi.org:10.1146/annurev.bi.53.070184.000245
42 Florkin, M. & Stotz, E. H. *A History of Biochemistry Part III. History of the Identification of the sources of free energy in organisms.* Vol. 31 (Elsevier Scientific Publishing Company, 1975).
43 Kalckar, H. M. The nature of energetic coupling in biological synthesis. *Chem. Rev.* **28**, 71-178 (1941).
44 Slater, E. C. Keilin, cytochrome, and the respiratory chain. *J Biol Chem* **278**, 16455-16461 (2003). https://doi.org:10.1074/jbc.X200011200
45 Langen, P. & Hucho, F. Karl Lohmann and the discovery of ATP. *Angew Chem Int Ed Engl* **47**, 1824-1827 (2008). https://doi.org:10.1002/anie.200702929
46 Krebs, H. A. Otto Heinrich Warburg, 1883-1970 *Biogr. Mems Fell. R. Soc.* **18**, 18628–18699 (1972).
47 Cori, C. F. & Cori, G. T. Glycogen Formation in the liver from D- and L-lactic acid. *Journal of Biological Chemistry* **81**, 389-403 (1929). https://doi.org:10.1016/S0021-9258(18)83822-4
48 Lassen, J. *What does it feel like to run a marathon?*, <https://www.quora.com/What-does-it-feel-like-to-run-a-marathon> (2018).
49 Wigglesworth, V. B. The utilization of reserve substances in Drosophila during flight. *J Exp Biol* **26**, 150-163, illust (1949).
50 Lane, N. *Life Ascending*. 88-117 (Profile Books Ltd, 2010).
51 Claude, A. in *Harvey Society Lectures 44* (The Rockefeller University, 1948).
52 Krebs, H. A. The history of the tricarboxylic acid cycle. *Perspectives in Biology and Medicine* **14**, 154-172 (1970).
53 Manchester, K. L. Albert Szent-Gyorgyi and the unravelling of biological oxidation. *Trends Biochem Sci* **23**, 37-40 (1998). https://doi.org:10.1016/s0968-0004(97)01167-5

54 Obatomi, D. K. & Bach, P. H. Biochemistry and toxicology of the diterpenoid glycoside atractyloside. *Food Chem Toxicol* **36**, 335-346 (1998). https://doi.org:10.1016/s0278-6915(98)00002-7
55 Anwar, M., Kasper, A., Steck, A. R. & Schier, J. G. Bongkrekic Acid-a Review of a Lesser-Known Mitochondrial Toxin. *J Med Toxicol* **13**, 173-179 (2017). https://doi.org:10.1007/s13181-016-0577-1
56 Klingenberg, M. When a common problem meets an ingenious mind. *EMBO Rep* **6**, 797-800 (2005). https://doi.org:10.1038/sj.embor.7400520
57 Lehninger, A. L. Phosphorylation coupled to oxidation of dihydrodiphosphopyridine nucleotide. *J Biol Chem* **190**, 345-359 (1951).
58 Prebble, J. Peter Mitchell and the ox phos wars. *Trends Biochem Sci* **27**, 209-212 (2002). https://doi.org:10.1016/s0968-0004(02)02059-5
59 Boyer, P. D. et al. Oxidative phosphorylation and photophosphorylation. *Annu Rev Biochem* **46**, 955-966 (1977). https://doi.org:10.1146/annurev.bi.46.070177.004515
60 Engelhardt, V. A. & Lyubimova, M. N. Myosin and adenosinetriphosphatase. *Nature* **144**, 668-669 (1939).
61 Szent-Gyorgyi, A. G. The early history of the biochemistry of muscle contraction. *J Gen Physiol* **123**, 631-641 (2004). https://doi.org:10.1085/jgp.200409091
62 Huxley, H. E. Fifty years of muscle and the sliding filament hypothesis. *Eur J Biochem* **271**, 1403-1415 (2004). https://doi.org:10.1111/j.1432-1033.2004.04044.x
63 Hasselbach, W. & Makinose, M. [The calcium pump of the "relaxing granules" of muscle and its dependence on ATP-splitting]. *Biochem Z* **333**, 518-528 (1961).
64 Valenstein, E. S. *The war of the soups and the sparks*. 51-67 (Columbia University Press, 2005).
65 Dale, H. H. & Gaddum, J. H. Reactions of denervated voluntary muscle, and their bearing on the mode of action of parasympathetic and related nerves. *J Physiol* **70**, 109-144 (1930). https://doi.org:10.1113/jphysiol.1930.sp002682
66 MacLaren, D. & Morton, J. *Biochemistry for Sport and Exercise Metabolism*. 2-10 (John Wiley & Sons Ltd, 2012).
67 Cheung, K., Hume, P. & Maxwell, L. Delayed onset muscle soreness : treatment strategies and performance factors. *Sports Med* **33**, 145-164 (2003). https://doi.org:10.2165/00007256-200333020-00005
68 Ballard, H. J. ATP and adenosine in the regulation of skeletal muscle blood flow during exercise. *Sheng li xue bao : [Acta physiologica Sinica]* **66**, 67-78 (2014).

69 Hardie, D. G. & Sakamoto, K. AMPK: a key sensor of fuel and energy status in skeletal muscle. *Physiology (Bethesda)* **21**, 48-60 (2006). https://doi.org:10.1152/physiol.00044.2005

70 Aird, W. C. Discovery of the cardiovascular system: from Galen to William Harvey. *J Thromb Haemost* **9 Suppl 1**, 118-129 (2011). https://doi.org:10.1111/j.1538-7836.2011.04312.x

71 Pinnell, J., Turner, S. & Howell, S. Cardiac muscle physiology. *Continuing Education in Anaesthesia, Critical Care & Pain* **7**, 85-88 (2007).

72 Stanley, W. C., Recchia, F. A. & Lopaschuk, G. D. Myocardial substrate metabolism in the normal and failing heart. *Physiol Rev* **85**, 1093-1129 (2005). https://doi.org:10.1152/physrev.00006.2004

73 Dunn, J.-O. C., Mythen, M. G. & Grocott, M. P. Physiology of oxygen transport. *BJA Education* **16**, 341-348 (2016). https://doi.org:10.1093/bjaed/mkw012

74 Moore, L. G. Measuring high-altitude adaptation. *J Appl Physiol (1985)* **123**, 1371-1385 (2017). https://doi.org:10.1152/japplphysiol.00321.2017

75 Ashcroft, F. M. *Life at the extremes*. (Harper Collins, 2000).

76 Davis, R. W. A review of the multi-level adaptations for maximizing aerobic dive duration in marine mammals: from biochemistry to behavior. *J Comp Physiol B* **184**, 23-53 (2014). https://doi.org:10.1007/s00360-013-0782-z

77 Ferry, G. *Max Perutz and the secret of life*. (2007).

78 Arthurs, G. J. Carbon dioxide transport. *Continuing Education in Anaesthesia, Critical Care & Pain* **5**, 207-210 (2005).

79 Taha, M. & Lopaschuk, G. D. Alterations in energy metabolism in cardiomyopathies. *Ann Med* **39**, 594-607 (2007). https://doi.org:10.1080/07853890701618305

80 Kalogeris, T., Baines, C. P., Krenz, M. & Korthuis, R. J. Cell biology of ischemia/reperfusion injury. *Int Rev Cell Mol Biol* **298**, 229-317 (2012). https://doi.org:10.1016/B978-0-12-394309-5.00006-7

81 Bear, M. F., Connors, B. W. & Paradiso, M. A. *Neuroscience: Exploring the brain*. (Williams & Wilkins, 1996).

82 Millett, D. Hans Berger: from psychic energy to the EEG. *Perspect Biol Med* **44**, 522-542 (2001). https://doi.org:10.1353/pbm.2001.0070

83 Cowan, W. M. & Kandel, E. R. in *Synapses* (eds W.M. Cowan, T. Sudhof, & C.F. Stevens) Ch. 1, 1-87 (The Johns Hopkins University Press, 2001).

84 Hodgkin, A. L. & Keynes, R. D. Active transport of cations in giant axons from Sepia and Loligo. *J Physiol* **128**, 28-60 (1955). https://doi.org:10.1113/jphysiol.1955.sp005290

85 Caldwell, P. C., Hodgkin, A. L., Keynes, R. D. & Shaw, T. L. The effects of injecting 'energy-rich' phosphate compounds on the active transport of

ions in the giant axons of Loligo. *J Physiol* **152**, 561-590 (1960). https://doi.org:10.1113/jphysiol.1960.sp006509

86 Attwell, D. & Laughlin, S. B. An energy budget for signaling in the grey matter of the brain. *J Cereb Blood Flow Metab* **21**, 1133-1145 (2001). https://doi.org:10.1097/00004647-200110000-00001

87 Watkins, J. C. & Jane, D. E. The glutamate story. *Br J Pharmacol* **147 Suppl 1**, S100-108 (2006). https://doi.org:10.1038/sj.bjp.0706444

88 Khakh, B. S. & Burnstock, G. The double life of ATP. *Sci Am* **301**, 84-90, 92 (2009). https://doi.org:10.1038/scientificamerican1209-84

89 Snyder, S. H. & Pasternak, G. W. Historical review: Opioid receptors. *Trends Pharmacol Sci* **24**, 198-205 (2003). https://doi.org:10.1016/S0165-6147(03)00066-X

90 Newman, A. J. Functional magnetic resonance imaging (fMRI). *Research Methods in Second Language Psycholinguistics. Edited by Jill Jegerski and Bill VanPatten*, 153-184 (2013).

91 Raichle, M. E. & Mintun, M. A. Brain work and brain imaging. *Annu Rev Neurosci* **29**, 449-476 (2006). https://doi.org:10.1146/annurev.neuro.29.051605.112819

92 Meyers, M. A. *Prize Fight: the Race and the Rivalry to be the First in Science.*, (Palgrave MacMillan, 2012).

93 Kandel, E. R. *Kandel, Eric R. In search of memory: The emergence of a new science of mind.* . (WW Norton & Company, 2007).

94 Aston-Jones, G. & Cohen, J. D. An integrative theory of locus coeruleus-norepinephrine function: adaptive gain and optimal performance. *Annu Rev Neurosci* **28**, 403-450 (2005). https://doi.org:10.1146/annurev.neuro.28.061604.135709

95 Iversen, L. Julius Axelrod 30 May 1912 — 29 December 2004. *Biogr. Mems Fell. R. Soc.*, 521–531 (2006). https://doi.org:http://doi.org/10.1098/rsbm.2006.0002

96 Feldberg, W. & Sherwood, S. L. Injections of drugs into the lateral ventricle of the cat. *J Physiol* **123**, 148-167 (1954). https://doi.org:10.1113/jphysiol.1954.sp005040

97 Huang, Z. L., Zhang, Z. & Qu, W. M. Roles of adenosine and its receptors in sleep-wake regulation. *Int Rev Neurobiol* **119**, 349-371 (2014). https://doi.org:10.1016/B978-0-12-801022-8.00014-3

98 Retey, J. V. et al. A functional genetic variation of adenosine deaminase affects the duration and intensity of deep sleep in humans. *Proc Natl Acad Sci U S A* **102**, 15676-15681 (2005). https://doi.org:10.1073/pnas.0505414102

99 Sims, N. R. & Muyderman, H. Mitochondria, oxidative metabolism and cell death in stroke. *Biochim Biophys Acta* **1802**, 80-91 (2010). https://doi.org:10.1016/j.bbadis.2009.09.003

100 Cox, D. W., Morris, P. G., Feeney, J. & Bachelard, H. S. 31P-n.m.r. studies on cerebral energy metabolism under conditions of hypoglycaemia and hypoxia in vitro. *Biochem J* **212**, 365-370 (1983). https://doi.org:10.1042/bj2120365

101 Stein, Z., Susser, M., Saenger, G. & Marolla, F. *Famine and human development: The Dutch hunger winter of 1944-1945*. (Oxford University Press, 1975).

102 Klein, S., Gastaldelli, A., Yki-Jarvinen, H. & Scherer, P. E. Why does obesity cause diabetes? *Cell Metab* **34**, 11-20 (2022). https://doi.org:10.1016/j.cmet.2021.12.012

103 Tucker, T. *The great starvation experiment: Ancel Keys and the men who starved for science*. (U of Minnesota Press, 2007).

104 Kalm, L. M. & Semba, R. D. They starved so that others be better fed: remembering Ancel Keys and the Minnesota experiment. *J Nutr* **135**, 1347-1352 (2005). https://doi.org:10.1093/jn/135.6.1347

105 Muller, M. J. *et al*. Metabolic adaptation to caloric restriction and subsequent refeeding: the Minnesota Starvation Experiment revisited. *Am J Clin Nutr* **102**, 807-819 (2015). https://doi.org:10.3945/ajcn.115.109173

106 Cahill, G. F., Jr. Starvation in man. *N Engl J Med* **282**, 668-675 (1970). https://doi.org:10.1056/NEJM197003192821209

107 Cahill, G. F., Jr. Fuel metabolism in starvation. *Annu Rev Nutr* **26**, 1-22 (2006). https://doi.org:10.1146/annurev.nutr.26.061505.111258

108 Enerback, S. Human brown adipose tissue. *Cell Metab* **11**, 248-252 (2010). https://doi.org:10.1016/j.cmet.2010.03.008

109 Cannon, B. & Nedergaard, J. The biochemistry of an inefficient tissue: brown adipose tissue. *Essays Biochem* **20**, 110-164 (1985).

110 Bostrom, P. *et al*. A PGC1-alpha-dependent myokine that drives brown-fat-like development of white fat and thermogenesis. *Nature* **481**, 463-468 (2012). https://doi.org:10.1038/nature10777

111 Timmons, J. A., Baar, K., Davidsen, P. K. & Atherton, P. J. Is irisin a human exercise gene? *Nature* **488**, E9-10; discussion E10-11 (2012). https://doi.org:10.1038/nature11364

112 Albrecht, E. *et al*. Irisin - a myth rather than an exercise-inducible myokine. *Sci Rep* **5**, 8889 (2015). https://doi.org:10.1038/srep08889

113 Grundlingh, J., Dargan, P. I., El-Zanfaly, M. & Wood, D. M. 2,4-dinitrophenol (DNP): a weight loss agent with significant acute toxicity and risk of death. *J Med Toxicol* **7**, 205-212 (2011). https://doi.org:10.1007/s13181-011-0162-6

114 Axelrod, C. L. *et al*. BAM15-mediated mitochondrial uncoupling protects against obesity and improves glycemic control. *EMBO Mol Med* **12**, e12088 (2020). https://doi.org:10.15252/emmm.202012088

115 Fruton, J. S. A history of pepsin and related enzymes. *Q Rev Biol* **77**, 127-147 (2002). https://doi.org:10.1086/340729

116 Li, J. J. *Blockbuster drugs: The rise and fall of the pharmaceutical industry.* . (Oxford University Press, 2014).

117 Matthews, D. M. *Protein absorption: development and present state of the subject.*, (Wiley-Liss Inc., 1990).

118 Bárány, E. & Sperber, E. Absorption of glucose against a concentration gradient by the small intestine of the rabbit 1. *Skand Arch Physiol* **81**, 290-299 (1939).

119 Hamilton, K. L. Robert K. Crane-Na(+)-glucose cotransporter to cure? *Front Physiol* **4**, 53 (2013). https://doi.org:10.3389/fphys.2013.00053

120 Crane, R. K. Robert Kellogg Crane: a scientist remembers. *IUBMB Life* **62**, 642-645 (2010). https://doi.org:10.1002/iub.366

121 Kinter, W. B. & Wilson, T. H. Autoradiographic Study of Sugar and Amino Acid Absorption by Everted Sacs of Hamster Intestine. *J Cell Biol* **25**, 19-39 (1965). https://doi.org:10.1083/jcb.25.2.19

122 Dean, R. B. in *Biol. Symp* Vol. 3 331-348 (1941).

123 Larsen, H. I. Hans Henriksen Ussing. 30 December 1911 — 22 December 2000. *Biogr. Mems Fell. R. Soc.* **55**, 305–335 (2009). https://doi.org:http://doi.org/10.1098/rsbm.2009.0002

124 Kunze, W. A. & Furness, J. B. The enteric nervous system and regulation of intestinal motility. *Annu Rev Physiol* **61**, 117-142 (1999). https://doi.org:10.1146/annurev.physiol.61.1.117

125 Walker, A. M. & Hudson, C. L. The reabsorption of glucose from the renal tubule in amphibia and the action of phlorhizin upon it. *American Journal of Physiology-Legacy Content* **118**, 130-143 (1936).

126 Kleinzeller, A., Kolinska, J. & Benes, I. Transport of glucose and galactose in kidney-cortex cells. *Biochem J* **104**, 843-851 (1967). https://doi.org:10.1042/bj1040843

127 Sutherland, E. W. Nobel Lecture. *NobelPrize.org.* **Nobel Prize Outreach** (2022).

128 Farabaugh, K. T. The "Levine effect" and the father of modern diabetes research. *J Biol Chem* **297**, 101356 (2021). https://doi.org:10.1016/j.jbc.2021.101356

129 Utter, M. F. Pathways of phosphoenolpyruvate synthesis in glycogenesis. *Iowa State J. Sci* **38**, 97-113 (1963).

130 Wood, H. G. & Hanson, R. W. Merton Franklin Utter: March 23, 1917-November 28, 1980. *Biographical memoirs. National Academy of Sciences (US)* **56**, 475-499 (1986).

131 Lewis, G. H. *Obituary Salih J. Wakil PhD*, <https://www.dignitymemorial.com/en-ca/obituaries/houston-tx/salih-wakil-8777028> (2019).

132 Krebs, H. A. & Decker, K. Feodor Lynen, 6 April 1911 - 6 August 1979. *Biogr. Mems Fell. R. Soc.* **28**, 261-317 (1982). https://doi.org:doi.org/10.1098/rsbm.1982.0012

133 Nickelsen, K. & Graßhoff, G. in *Going amiss in experimental research* 91-117 (Springer, 2009).

134 Szakacs, G., Varadi, A., Ozvegy-Laczka, C. & Sarkadi, B. The role of ABC transporters in drug absorption, distribution, metabolism, excretion and toxicity (ADME-Tox). *Drug Discov Today* **13**, 379-393 (2008). https://doi.org:10.1016/j.drudis.2007.12.010

135 Jonker, J. W. *et al.* The breast cancer resistance protein protects against a major chlorophyll-derived dietary phototoxin and protoporphyria. *Proc Natl Acad Sci U S A* **99**, 15649-15654 (2002). https://doi.org:10.1073/pnas.202607599

136 Dietrich, C. G., Geier, A. & Oude Elferink, R. P. ABC of oral bioavailability: transporters as gatekeepers in the gut. *Gut* **52**, 1788-1795 (2003). https://doi.org:10.1136/gut.52.12.1788

137 Roulet, A. *et al.* MDR1-deficient genotype in Collie dogs hypersensitive to the P-glycoprotein substrate ivermectin. *Eur J Pharmacol* **460**, 85-91 (2003). https://doi.org:10.1016/s0014-2999(02)02955-2

138 Ahmed, A. M. History of diabetes mellitus. *Saudi Med J* **23**, 373-378 (2002).

139 Vecchio, I., Tornali, C., Bragazzi, N. L. & Martini, M. The Discovery of Insulin: An Important Milestone in the History of Medicine. *Front Endocrinol (Lausanne)* **9**, 613 (2018). https://doi.org:10.3389/fendo.2018.00613

140 Cooper, T. & Ainsberg, A. *Breakthrough: Elizabeth Hughes, the discovery of insulin, and the making of a medical miracle.* (St. Martin's Press, 2010).

141 Houssay, B. A. Diabetes as a disturbance of endocrine regulation. *Am. J. Med. Sci.* **193**, 581-606 (1937).

142 Dean, P. M. & Matthews, E. K. Electrical activity in pancreatic islet cells. *Nature* **219**, 389-390 (1968). https://doi.org:10.1038/219389a0

143 Henquin, J. C. D-glucose inhibits potassium efflux from pancreatic islet cells. *Nature* **271**, 271-273 (1978). https://doi.org:10.1038/271271a0

144 Rorsman, P. & Trube, G. Glucose dependent K+-channels in pancreatic beta-cells are regulated by intracellular ATP. *Pflugers Arch* **405**, 305-309 (1985). https://doi.org:10.1007/BF00595682

145 Malaisse, W. J., Sener, A., Herchuelz, A. & Hutton, J. C. Insulin release: the fuel hypothesis. *Metabolism* **28**, 373-386 (1979). https://doi.org:10.1016/0026-0495(79)90111-2

146 Ashcroft, F. M. The Walter B. Cannon Physiology in Perspective Lecture, 2007. ATP-sensitive K+ channels and disease: from molecule to malady. *Am J Physiol Endocrinol Metab* **293**, E880-889 (2007). https://doi.org:10.1152/ajpendo.00348.2007

147 Hager, T. *The demon under the microscope: from battlefield hospitals to Nazi labs, one doctor's heroic search for the world's first miracle drug.* (Broadway Books, 2006).

148 Henquin, J. C. The fiftieth anniversary of hypoglycaemic sulphonamides. How did the mother compound work? *Diabetologia* **35**, 907-912 (1992). https://doi.org:10.1007/BF00401417

149 Howard, J. A. Dorothy Hodgkin and her contributions to biochemistry. *Nat Rev Mol Cell Biol* **4**, 891-896 (2003). https://doi.org:10.1038/nrm1243

150 Hall, S. S. Invisible frontiers: The race to synthesize a human gene. (1987).

151 Hughes, S. S. *Genentech: the beginnings of biotech.* (University of Chicago Press, 2011).

152 Rasmussen, N. *Gene jockeys: Life science and the rise of biotech enterprise.* (JHU Press, 2014).

153 Warburg, O. H. Uber den Stoffwechsel der Tumoren. (1926).

154 Rasko, J. & Power, C. *Flesh made new: The unnatural history and broken promise of stem cells.* (ABC Books, 2021).

155 Stockwell, B. R. *Quest for the cure: The science and stories behind the next generation of medicines.*, (Columbia University Press, 2011).

156 Wapner, J. *The Philadelphia chromosome: a genetic mystery, a lethal cancer, and the improbable invention of a lifesaving treatment.* (The Experiment, 2014).

157 Stockwell, B. R. *Quest for the cure: The science and stories behind the next generation of medicines.*, (Columbia University Press, 2011).

158 Hyun, S. & Shin, D. Small-Molecule Inhibitors and Degraders Targeting KRAS-Driven Cancers. *Int J Mol Sci* **22** (2021). https://doi.org:10.3390/ijms222212142

159 Fletcher, J. I., Williams, R. T., Henderson, M. J., Norris, M. D. & Haber, M. ABC transporters as mediators of drug resistance and contributors to cancer cell biology. *Drug Resist Updat* **26**, 1-9 (2016). https://doi.org:10.1016/j.drup.2016.03.001

160 Gottesman, M. M. & Ling, V. The molecular basis of multidrug resistance in cancer: the early years of P-glycoprotein research. *FEBS Lett* **580**, 998-1009 (2006). https://doi.org:10.1016/j.febslet.2005.12.060

161 Thomas, H. & Coley, H. M. Overcoming multidrug resistance in cancer: an update on the clinical strategy of inhibiting p-glycoprotein. *Cancer Control* **10**, 159-165 (2003). https://doi.org:10.1177/107327480301000207

162 Grote, M. *Membranes to Molecular Machines: Active Matter and the Remaking of Life.* (The University of Chicago Press, 2019).

163 Harold, F. M. *The vital force: A study of bioenergetics.* (W.H. Freeman and Company, 1986).

164 Cech, T. R. Structural biology. The ribosome is a ribozyme. *Science* **289**, 878-879 (2000). https://doi.org:10.1126/science.289.5481.878

165 Steitz, T. A. & Moore, P. B. RNA, the first macromolecular catalyst: the ribosome is a ribozyme. *Trends Biochem Sci* **28**, 411-418 (2003). https://doi.org:10.1016/S0968-0004(03)00169-5

166 Isaacson, W. *The code breaker: Jennifer Doudna, gene editing, and the future of the human race.* (Simon and Schuster, 2021).

167 Joyce, G. F. The antiquity of RNA-based evolution. *Nature* **418**, 214-221 (2002). https://doi.org:10.1038/418214a

168 Gilbert, W. Origin of life: The RNA world. *nature* **319**, 618-618 (1986).

169 Orgel, L. E. Prebiotic chemistry and the origin of the RNA world. *Crit Rev Biochem Mol Biol* **39**, 99-123 (2004). https://doi.org:10.1080/10409230490460765

170 Plattner, H. & Verkhratsky, A. Inseparable tandem: evolution chooses ATP and Ca2+ to control life, death and cellular signalling. *Philos Trans R Soc Lond B Biol Sci* **371** (2016). https://doi.org:10.1098/rstb.2015.0419

171 Martin, W., Baross, J., Kelley, D. & Russell, M. J. Hydrothermal vents and the origin of life. *Nat Rev Microbiol* **6**, 805-814 (2008). https://doi.org:10.1038/nrmicro1991

172 Wachtershauser, G. Before enzymes and templates: theory of surface metabolism. *Microbiol Rev* **52**, 452-484 (1988). https://doi.org:10.1128/mr.52.4.452-484.1988

173 Lane, N. & Martin, W. F. The origin of membrane bioenergetics. *Cell* **151**, 1406-1416 (2012). https://doi.org:10.1016/j.cell.2012.11.050

174 Herter, S., Fuchs, G., Bacher, A. & Eisenreich, W. A bicyclic autotrophic CO2 fixation pathway in Chloroflexus aurantiacus. *J Biol Chem* **277**, 20277-20283 (2002). https://doi.org:10.1074/jbc.M201030200

175 Smith, E. & Morowitz, H. J. Universality in intermediary metabolism. *Proc Natl Acad Sci U S A* **101**, 13168-13173 (2004). https://doi.org:10.1073/pnas.0404922101

176 Orgel, L. E. The implausibility of metabolic cycles on the prebiotic Earth. *PLoS Biol* **6**, e18 (2008). https://doi.org:10.1371/journal.pbio.0060018

177 Joyce, G. F. & Szostak, J. W. Protocells and RNA Self-Replication. *Cold Spring Harb Perspect Biol* **10** (2018). https://doi.org:10.1101/cshperspect.a034801

178 Rajamani, S. *et al.* Lipid-assisted synthesis of RNA-like polymers from mononucleotides. *Orig Life Evol Biosph* **38**, 57-74 (2008). https://doi.org:10.1007/s11084-007-9113-2

www.ingramcontent.com/pod-product-compliance
Lightning Source LLC
Chambersburg PA
CBHW020636220526
45464CB00001B/166